21世纪高等院校应用型创新人才

大学计算机
应用基础

甘昕艳 主编

潘家英 凌泽农 罗俊 副主编

高翔 甄翠明 兰天莹 唐晓年 秦川 韦程馨 唐孙茹 朱寿华 编

人民邮电出版社

北京

图书在版编目（CIP）数据

大学计算机应用基础 / 甘昕艳主编. -- 北京 : 人民邮电出版社, 2017.8
ISBN 978-7-115-46331-9

Ⅰ. ①大… Ⅱ. ①甘… Ⅲ. ①电子计算机－高等学校－教材 Ⅳ. ①TP3

中国版本图书馆CIP数据核字(2017)第200259号

内容提要

本书以微型计算机为基础，全面系统地介绍计算机基础知识及其基本操作。全书共13个项目，主要内容包括了解计算机基础知识、学习计算机系统知识、认识Windows 7操作系统、管理计算机中的资源、编辑Word文档、排版文档、制作Excel表格、计算和分析Excel数据、制作幻灯片、设置并放映演示文稿、使用计算机网络、做好计算机维护、互联网思维与互联网+等知识。

本书采用项目驱动式讲解方式，并参考了计算机等级考试一级MS Office的考试大纲要求，训练学生在计算机应用中的操作能力及培养学生的信息素养。

本书适合作为各级各类高等院校学生的计算机基础教材或参考书，也可作为计算机培训班教材或计算机等级考试一级MS Office的自学参考书。

◆ 主　　编　甘昕艳
副 主 编　潘家英　凌泽农　罗　俊
编　　　　高　翔　甄翠明　兰天莹　唐晓年　秦　川
　　　　　韦程馨　唐孙茹　朱寿华
责任编辑　左仲海
责任印制　焦志炜

◆ 人民邮电出版社出版发行　北京市丰台区成寿寺路11号
邮编　100164　电子邮件　315@ptpress.com.cn
网址　http://www.ptpress.com.cn
北京捷迅佳彩印刷有限公司印刷

◆ 开本：787×1092　1/16
印张：14　　　2017年8月第1版
字数：325千字　　　2024年9月北京第17次印刷

定价：39.80元

读者服务热线：(010)81055256　印装质量热线：(010)81055316
反盗版热线：(010)81055315
广告经营许可证：京东市监广登字20170147号

前言 FOREWORD

随着经济和科技的快速发展，计算机在人们的工作和生活中已经变得越来越重要，成为一种必不可少的工具。与此同时，当今的计算机技术在信息社会中已全方位地应用到军事、科研、经济和文化等领域，其作用和意义已超出了科学和技术层面，上升到了社会文化的层面。因此，能够运用计算机进行信息处理已成为每位大学生必备的基本能力。

“大学计算机基础”作为一门公共基础必修课程，其学习的意义很大，对学生今后的工作也会有较大的帮助。从目前大多数学校对这门课程的学习和应用的调查情况来看，由于是公共基础课，加上有一部分理论知识，所以学生学习起来比较枯燥。本书在写作时综合考虑了目前大学计算机基础教育的实际情况和计算机技术本身发展的状况，采用项目任务式讲解方式，以任务来带动知识点的学习，从而激发学生的学习兴趣，并符合全国计算机等级考试一级 MS Office 的操作要求。

本书的内容

本书内容包括以下 7 个部分。

- 计算机基础知识（项目一～项目四）。该部分主要讲解计算机的发展、计算机中信息的表示和存储、多媒体技术、计算机系统组成、认识 Windows 7 操作系统、定制 Windows 7 工作环境、系统工作环境的定制、管理文件和文件夹资源、管理程序和硬件资源等。
- Word 2010 办公应用（项目五～项目六）。该部分主要通过编辑学习计划、招聘启事、公司简介、图书采购单、考勤管理规范和毕业论文等文档，详细讲解 Word 2010 的基本操作、字符格式的设置、段落格式的设置，图片的插入与设置，表格的使用和图文混排的方法，以及编辑目录和长文档等 Word 文档制作与编辑的相关知识。
- Excel 2010 办公应用（项目七～项目八）。该部分主要通过制作学生信息表、产品价格表、产品销售测评表、员工绩效表和销售分析表等表格，详细讲解 Excel 2010 的基本操作、输入数据、设置工作表格式、使用公式与函数进行运算、筛选和数据分类汇总、用图表分析数据等相关知识。
- PowerPoint 2010 办公应用（项目九～项目十）。该部分通过制作工作总结演示文稿、产品上市策划演示文稿、市场分析演示文稿和课件演示文稿，详细讲解幻灯片制作软件 PowerPoint 2010 的基本操作，为幻灯片添加文字、图片和表格等对象的方法，如何设置演示文稿，以及幻灯片的切换、动画效果、放映效果和打包演示文稿等知识。
- 网络应用（项目十一）。该部分主要讲解计算机网络基础知识、Internet 基础与应用知识和网络安全等知识。
- 系统维护与安全（项目十二）。该部分主要讲解磁盘与计算机系统的维护，以及计算机病毒及其防治等知识。
- 互联网思维与互联网+（项目十三）。该部分主要把互联网的思维、互联网+医疗信息和互联网+创新创业融入学生的日常生活思维中去。

本书的特色

本书具有以下特色。

（1）任务驱动，目标明确。每个项目分为几个不同的任务来完成，每个任务讲解时先结合情景式教学模式给出“任务要求”，便于学生了解实际工作需求并明确学习目的，然后列出完成任务需要具备的相关知识，再将操作实施过程分为几个具体的操作阶段来学习。

（2）讲解深入浅出，实用性强。本书在注重系统性和科学性的基础上，突出了实用性及可操作性，对重点概念和操作技能进行详细讲解，语言流畅，内容丰富，深入浅出，符合计算机基础教学的规律，并满足社会人才培养的要求。

在讲解过程中，还通过各种“提示”和“注意”为学生提供了更多解决问题的方法和掌握更为全面的知识，并引导读者尝试如何更好、更快地完成工作任务以及类似工作任务的方法等。

（3）配有一百余个微课视频，提供上机指导与习题集。本书所有操作讲解内容均已录制成视频，并上传至“微课云课堂”，读者只需扫描书中提供的各个二维码，便可以随扫随看，轻松掌握相关知识。本书还同步推出了配套教材《大学计算机应用基础上机指导与习题集》，以加强学生实际应用技能的培养。

本书的平台支撑

“微课云课堂”（www.ryweike.com）目前包含近 50 000 个微课视频，在资源展现上分为“微课云”“云课堂”两种形式。

本书提供微课视频、实例素材和效果文件、课后练习答案等教学资源，可通过扫描书中的二维码随时观看微课视频和获取课后练习答案。此外，为了方便教学，可以通过 www.ryjiaoyu.com 网站下载本书的素材和效果文件等相关教学资源。

编者

2017 年 5 月

目录 CONTENTS

项目一
了解计算机基础知识

电子计算机简称计算机，俗称电脑（Computer），是20世纪人类最伟大的发明之一，它的出现使整个人类的科技飞速发展，并迅速步入了互联网大数据信息化的社会。计算机是一门科学，同时也是一种能够按照指令，对各种数据和信息进行自动加工和处理的电子设备。因此，掌握以计算机为核心的信息技术的一般应用，已成为各行业对从业人员的基本素质要求之一。本项目将通过3个任务，介绍计算机的基础知识，包括计算机的发展、计算机中信息的表示和存储，以及多媒体技术的相关知识，为后面项目的学习奠定基础。

课堂学习目标

- 认识计算机的发展
- 了解计算机中信息的表示和存储
- 认识多媒体技术

任务一 认识计算机的发展

任务要求

肖磊上大学时选择了与计算机相关的专业，他平时在生活中也会使用计算机。作为一名计算机相关专业的学生，肖磊迫切想要了解计算机是如何诞生与发展的，计算机有哪些功能和分类，计算机在信息技术中充当着怎样的角色，计算机的未来发展又会是怎样的。

本任务要求了解计算机的诞生及发展过程，了解计算机的发展趋势，认识计算机的特点、应用和分类，并熟悉信息技术的相关概念。

任务实现

（一）了解计算机的诞生及发展过程

17 世纪，德国数学家莱布尼茨发明了二进制，为计算机内部数据的表示方法创造了条件。20 世纪初，电子技术得到飞速发展，1904 年，英国电气工程师弗莱明研制出真空二极管。1906 年，美国科学家福雷斯特发明真空三极管，为计算机的诞生奠定了基础。

20 世纪 40 年代后期，1943 年正值第二次世界大战，由于军事上的需要，宾夕法尼亚大学电子工程系的教授莫克利和他的研究生埃克特计划采用真空管建造一台通用电子计算机。1946 年 2 月，由美国的宾夕法尼亚大学研制的世界上第一台计算机——电子数字积分计算机（Electronic Numerical Integrator And Computer，ENIAC）诞生了，如图 1-1 所示。

微课：计算机的诞生及发展过程

图 1-1 世界上第一台计算机 ENIAC

ENIAC 的主要元件是电子管，每秒可完成 5 000 次加法运算，300 多次乘法运算，比当时最快的计算工具要快 300 倍。ENIAC 重 30 多吨，占地 170m^2，采用了 18 000 多个电子管、1 500 多个继电器、70 000 多个电阻和 10 000 多个电容，耗电 150 千瓦。虽然 ENIAC 的体积庞大、性能不佳，但它的出现具有跨时代的意义，它开创了电子技术发展的新时代——计算机时代。

同一时期，ENIAC 项目组的一个美籍匈牙利研究人员冯·诺依曼开始研制他自己的离散变量自动电子计算机（Electronic Discrete Variable Automatic Computer，EDVAC），该计算机是当时最快的计算机，其主要设计理论是采用二进制和存储程序方式。因此人们把该理论称为冯·诺依曼体系结构，并沿用至今，冯·诺依曼也被誉为“现代电子计算机之父”。

从第一台计算机 ENIAC 诞生至今的几十年，计算机技术成为发展最快的现代技术之一，根据计算机所采用的物理器件，可以将计算机的发展划分为 4 个阶段，如表 1-1 所示。

表 1-1　计算机发展的 4 个阶段

阶段	划分年代	采用的元器件	运算速度（每秒指令数）	主要特点	应用领域
第一代计算机	1946—1957 年	电子管	几千条	主存储器采用磁鼓，体积庞大、耗电量大、运行速度低、可靠性较差和内存容量小	国防及科学研究工作
第二代计算机	1958—1964 年	晶体管	几万～几十万条	主存储器采用磁芯，开始使用高级程序及操作系统，运算速度提高、体积减小	工程设计、数据处理
第三代计算机	1965—1970 年	中小规模集成电路	几十万～几百万条	主存储器采用半导体存储器，集成度高、功能增强和价格下降	工业控制、数据处理
第四代计算机	1971 年至今	大规模、超大规模集成电路	上千万～万亿条	计算机走向微型化，性能大幅度提高，软件也越来越丰富，为网络化创造了条件。同时计算机逐渐走向人工智能化，并采用了多媒体技术，具有听、说、读和写等功能	工业、生活等各个方面

（二）认识计算机的特点、应用和分类

随着科学技术的发展，计算机已被广泛应用于各个领域，在人们的生活和工作中起着重要的作用。下面介绍计算机的特点、应用和分类。

1. 计算机的特点

计算机之所以具有如此强大的功能，是由它的特点所决定的。计算机主要有以下 6 个特点。

- 运算速度快。计算机的运算速度指的是单位时间内执行指令的条数，一般以每秒能执行多少条指令来描述。早期的计算机由于技术的原因，工作频率较低，而随着集成电路技术的发展，计算机的运算速度得到飞速提升，目前世界上已经有超过每秒亿亿次速度的计算机。
- 计算精度高。计算机的运算精度取决于采用机器码的字长（二进制码），即常说的 8 位、16 位、32 位和 64 位等，字长越长，有效位数就越多，精度也就越高。
- 逻辑判断准确。除了计算功能外，计算机还具备数据分析和逻辑判断能力，高级计算机还具有推理、诊断和联想等模拟人类思维的能力，因此计算机俗称为“电脑”而具有准确、可靠的逻辑判断能力是计算机能够实现信息处理自动化的重要原因之一。
- 存储能力强大。计算机具有许多存储记忆载体，可以将运行的数据、指令程序和运算的结果存储起来，供计算机本身或用户使用，还可即时输出文字、图像、声音和视频等各种信息。
- 自动化程度高。计算机内具有运算单元、控制单元、存储单元和输入/输出单元，计算机可以按照编写的程序（一组指令）实现工作自动化，不需要人的干预，而且还可反复执行。
- 具有网络与通信功能。通过计算机网络技术可以将不同城市、不同国家的计算机连在一起形成一个计算机网，在网上的所有计算机用户都可以共享资料和交流信息，从而改变了人类的交流方式和信息获取方式。

提示

除此之外，计算机还具有可靠性高和通用性强等特点。

2. 计算机的应用

在计算机诞生的初期，计算机主要应用于科研和军事等领域，负责的工作内容主要是针对大型的高科技研发活动。近年来，随着社会的发展和科技的进步，计算机的性能不断提高，在社会的各个领域都得到了广泛的应用。计算机的应用可以概括为以下 7 个方面。

- 科学计算。科学计算即通常所说的数值计算，是指利用计算机来完成科学研究和工程设计中提出的一系列复杂的数学问题的计算。计算机不仅能进行数字运算，还可以解答微积分方程以及不等式。目前，基于互联网的云计算，甚至可以体验每秒 10 万亿次的超强运算能力。
- 数据处理和信息管理。对大量的数据进行分析、加工和处理等工作早已开始使用计算机来完成，这些数据不仅包括“数”，还包括文字、图像和声音等数据形式。利用计算机进行信息管理，为实现办公自动化和管理自动化创造了有利条件。
- 过程控制。过程控制也称为实时控制，它是指利用计算机对生产过程和其他过程进行自动监测以及自动控制设备工作状态的一种控制方式，被广泛应用于各种工业环境中，并替代人在危险、有害的环境中作业，不受疲劳等因素的影响，大大提高了经济效益。
- 人工智能。人工智能（Artificial Intelligence，AI）是指设计智能的计算机系统，让计算机具有人的智能特性，让计算机模拟人类的某些智力活动，如“学习”“识别图形和声音”“推理过程”和“适应环境”等。
- 计算机辅助。计算机辅助也称为计算机辅助工程应用，是指利用计算机协助人们完成各种设计工作。计算机的辅助功能是目前正在迅速发展并不断取得成果的重要应用领域，主要包括计算机辅助设计（Computer Aided Design，CAD）、计算机辅助制造（Computer Aided Manufacturing，CAM）、计算机辅助教育（CAE）、计算机辅助教学（Computer Assisted Instruction，CAI）和计算机辅助测试（Computer Aided Testing，CAT）等。
- 网络通信。网络通信是计算机技术与现代通信技术相结合的产物。网络通信是指利用计算机网络实现信息的传递功能，随着 Internet 技术的快速发展，人们可以在不同地区和国家间进行数据的传递，并可通过计算机网络进行各种商务活动。
- 多媒体技术。多媒体技术（Multimedia Technology）是指通过计算机对文字、数据、图形、图像、动画和声音等多种媒体信息进行综合处理和管理，使用户可以通过多种感官与计算机进行实时信息交互的技术。

提示

计算机辅助设计（CAD）是指利用计算机来帮助设计人员完成具体设计任务、提高设计工作的自动化程度和质量的一门技术。目前，CAD 技术广泛应用于机械、电子、汽车、纺织、服装、建筑和工程建设等各个领域；计算机辅助制造（CAM）是指利用计算机进行生产规划、管理和控制产品制造的过程，随着生产技术的发展，CAD 和 CAM 功能可以融为一体；计算机辅助教学（CAI）是指利用计算机实现教学功能的一种现代化教育形式，计算机可代替教师帮助学生学习，并能不断改善学习效果，提高教学水平和教学质量，学生可通过与计算机的交互活动达到学习目的。

3. 计算机的分类

微课：计算机的分类

计算机的种类非常多，划分的方法也有很多种。

按计算机的用途可将其分为专用计算机和通用计算机两种。其中，专用计算机是指为适应某种特殊计算有限几类数学公式需要而设计的计算机，如计算导弹弹道的计算机就专门对抛物线加速度等数学运算公式做了设计上的加强。通用计算机广泛适用于一般科学运算、学术研究、工程设计和数据处理等领域，凡是人能算的数学公式不管简单还是复杂等能实现运算，具有功能多、配置全、用途广和通用性强等特点，目前市场上销售的计算机大多属于通用计算机。

按计算机的性能、规模和处理能力，可以将计算机分为巨型机、大型机、中型机、小型机和微型机 5 类，具体介绍如下。

- 巨型机。巨型机（见图 1-2）也称超级计算机或高性能计算机，是速度最快、处理能力最强的计算机，是为少数部门的特殊需要而设计的。通常，巨型机多用于国家高科技领域和尖端技术研究，是一个国家科研实力的体现，现有的超级计算机运算速度大多可以达到每秒一万亿次以上。
- 大型机。大型机（见图 1-3）或称大型主机，其特点是运算速度快、存储量大和通用性强，主要针对计算量大、信息流通量多、通信能力高的用户，如银行、政府部门和大型企业等。目前，生产大型主机的公司主要有 IBM、惠普、戴尔、联想、中科曙光等。
- 中型机。中型机的性能低于大型机，其特点是处理能力强，常用于中小型企业和公司。
- 小型机。小型机是指采用精简指令集处理器，性能和价格介于微型机服务器和大型机之间的一种高性能 64 位计算机。小型机的特点是结构简单、可靠性高和维护费用低，常用于中小型企业。随着微型计算机的飞速发展，小型机最终被微型机取代的趋势已非常明显。

图 1-2　巨型机

图 1-3　大型机

- 微型机。微型计算机简称微机，是应用最普及的机型，占了计算机总数中的绝大部分，而且价格便宜、功能齐全，被广泛应用于机关、学校、企事业单位和家庭中。微型机按结构和性能可以划分为单片机、单板机、个人计算机（PC）、工作站和服务器等，其中个人计算机又可分为台式计算机和便携式计算机（如笔记本电脑）两类，分别如图 1-4、图 1-5 所示。

图 1-4　台式计算机

图 1-5　笔记本电脑

提示

工作站是一种高端的通用微型计算机，它可以提供比个人计算机更强大的性能，通常配有高分辨率的大屏、多屏显示器及容量很大的内存储器和外部存储器，并具有极强的信息和高性能的图形、图像处理功能，主要用于图像处理和计算机辅助设计领域。服务器是提供计算服务的设备，它可以是大型机、小型机或高档微机，在网络环境下，根据服务器提供的服务类型不同，可分为文件服务器、数据库服务器、应用程序服务器和 Web 服务器等。

（三）了解计算机的发展趋势

从计算机的历史发展来看，计算机的体积越来越小、耗电量越来越小、速度越来越快、性能越来越佳、价格越来越便宜、操作越来越容易。

1. 计算机的发展方向

未来计算机的发展呈现出巨型化、微型化、网络化和智能化 4 个趋势。

- 巨型化。巨型化是指计算机的计算速度更快、存储容量更大、功能更强大和可靠性更高。巨型化计算机的应用范围主要包括天文、天气预报、军事和生物仿真等，这些领域需进行大量的数据处理和运算，需要性能强的计算机才能完成。
- 微型化。随着超大规模集成电路的进一步发展，个人计算机将更加微型化。膝上型、书本型、笔记本型和掌上型等微型化计算机将不断涌现，并受到越来越多的用户的喜爱。
- 网络化。随着计算机的普及，计算机网络逐步成为人们工作和生活中不可或缺的事物，计算机网络化可以让人们足不出户就能获得大量的信息以及与世界各地的亲友进行通信、网上贸易等。
- 智能化。早期，计算机只能按照人的意愿和指令去处理数据，而智能化的计算机能够代替人的脑力劳动，具有类似人的智能，如能听懂人类的语言，能看懂各种图形，可以自己学习等，即计算机可以进行知识的处理，从而代替人的部分工作。

2. 未来新一代计算机芯片技术

由于计算机最重要的核心部件是芯片，因此计算机芯片技术的不断发展也是推动计算机未来发展的动力。Intel 公司的创始人之一戈登·摩尔在 1965 年曾预言了计算机集成技术的发展规律，那就是每 18 个月在同样面积的芯片中集成的晶体管数量将翻一番，而成本将下降一半。

几十年来，计算机芯片的集成度严格按照摩尔定律进行发展，不过该技术的发展并不是无限的。因为计算机采用电流作为数据传输的信号，而电流主要靠电子的迁移而产生，电子最基本的通路是原子；一个原子的直径大约等于 1nm，目前芯片的制造工艺已经达到了 90nm 甚至更小，也就是说一条传输电流的导线的直径即为 90 个原子并排的长度。那么最终晶体管的尺寸将接近纳米级，即达到一个原子的直径长度。但是这样的电路是极不稳定的，因为电流极易造成原子迁移，那么电路也就断路了。

由于晶体管计算机存在上述物理极限，因而世界上许多国家在很早的时候就开始了各种非晶体管计算机的研究，如超导计算机、生物计算机、光子计算机和量子计算机等，这类计算机也被称为第五代计算机或新一代计算机，它们能在更大程度上仿真人的智能，这类技术也是目前世界各国计算机发展技术研究的重点。

提示

信息高速公路就是把信息的快速传输比喻为“高速公路”，它的实质就是一个高速度、大容量和多媒体的信息传输网络。信息高速公路在全世界的建设与实施，标志着人类正在走向信息社会化。

任务二 了解计算机中信息的表示和存储

任务要求

肖磊知道利用计算机技术可以采集、存储和处理各种用户信息，也可将这些用户信息转换成用户可以识别的文字、声音或音视频进行输出，然而让肖磊疑惑的是，这些信息在计算机内部又是如何表示的呢？该如何对信息进行量化呢？肖磊认为，学习好这方面的知识，才能更好地使用计算机。

本任务要求认识计算机中的数据及其单位，了解数制及其转换，认识二进制数的运算，并了解计算机中字符的编码规则。

任务实现

（一）认识计算机中的数据及其单位

在计算机中，各种信息都是以数据的形式出现的，对数据进行处理后产生的结果为信息，因此数据是计算机中信息的载体，数据本身没有意义，只有经过处理和描述，才能赋予其实际意义，如单独一个数据“32℃”并没有什么实际意义，但如果表示为“今天的气温是 32℃”时，这条信息就有意义了。

计算机中处理的数据可分为数值数据和非数值数据（如字母、汉字和图形等）两大类，无论什么类型的数据，在计算机内部都是以二进制的形式存储和运算的。计算机在与外部交流时会采用人们熟悉和便于阅读的形式表示，如十进制数据、文字表达和图形显示等，这之间的转换则由计算机系统来完成。

在计算机内存储和运算数据时，通常要涉及的数据单位有以下 3 种。

- 位（bit）。计算机中的数据都是以二进制来表示的，二进制的代码只有“0”“1”两个数码，采用多个数码（0 和 1 的组合）来表示一个数，其中的每一个数码称为一位，位是计算机中最小的数据单位。
- 字节（Byte）。在对二进制数据进行存储时，以 8 位二进制代码为一个单元存放在一起，称为一个字节，即 1 Byte =8 bit。字节是计算机中信息组织和存储的基本单位，也是计算机体系结构的基本单位。在计算机中，通常用 B（字节）、KB（千字节）、MB（兆字节）或 GB（吉字节）为单位来表示存储器（如内存、硬盘和 U 盘等）的存储容量或文件的大小。所谓存储容量指存储器中能够包含的字节数，存储单位 B、KB、MB、GB 和 TB 的换算关系如下。

1 KB（千字节）=1 024 B（字节）=2^{10}B（字节）

1 MB（兆字节）=1 024 KB（千字节）=2^{20}B（字节）

1 GB（吉字节）=1 024 MB（兆字节）=2^{30}B（字节）

1 TB（太字节）=1 024 GB（吉字节）=2^{40}B（字节）

- 字长。人们将计算机一次能够并行处理的二进制代码的位数，称为字长。字长是衡量计算机性能的一个重要指标，字长越长，数据所包含的位数越多，计算机的数据处理速度越快。计算机的字长通常是字节的整倍数，如 8 位、16 位、32 位、64 位和 128 位等。

（二）了解数制及其转换

数制是指用一组固定的符号和统一的规则来表示数值的方法。其中，按照进位方式计数的数制称为进位计数制。在日常生活中，人们习惯用的进位计数制是十进制，而计算机则使用二进制；除此以外，还包括八进制和十六进制等。顾名思义，二进制就是逢二进一的数字表示方法；依次类推，十进制就是逢十进一，八进制就是逢八进一等。

无论在何种进位计数制中，数值都可写成按位权展开的形式，如十进制数 828.41 可写成：

$828.41=8\times100+2\times10+8\times1+4\times0.1+1\times0.01$

或者：

$828.41=8\times10^2+2\times10^1+8\times10^0+4\times10^{-1}+1\times10^{-2}$

上式为数值按位权展开的表达式，其中 10^i称为十进制数的位权数，其基数为 10，使用不同的基数，便可得到不同的进位计数制。设 R表示基数，则称为 R进制，使用 R个基本的数码，R^i就是位权，其加法运算规则是“逢 R进一”，则任意一个 R进制数 D均可以展开表示为

$$(D)_R=\sum_{i=-m}^{n-1}K_i\times R^i$$

上式中的 K_i为第 i 位的系数，可以为 0,1,2…，$R-1$ 中的任何一个数，R^i表示第 i位的权。表 1-2 所示为计算机中常用的几种进位计数制的表示。

表 1-2　计算机中常用的几种进位数制的表示

进位制	基数	基本符号（采用的数码）	权	形式表示
二进制	2	0,1	2^i	B
八进制	8	0,1,2,3,4,5,6,7	8^i	O
十进制	10	0,1,2,3,4,5,6,7,8,9	10^i	D
十六进制	16	0,1,2,3,4,5,6,7,8,9,A,B,C,D,E,F	16^i	H

通过表 1-2 可知，对于数据 4A9E，从使用的数码可以判断出其为十六进制数，而对于数据 492 来说，如何判断属于哪种数制呢？在计算机中，为了区分不同进制的数，可以用括号加数制基数下标的方式来表示不同数制的数，例如，$(492)_{10}$表示十进制数，$(1001.1)_2$表示二进制数，$(4A9E)_{16}$表示十六进制数，也可以用带有字母的形式分别表示为$(492)_D$、$(1001.1)_B$和$(4A9E)_H$。在程序设计中，为了区分不同进制数，常在数字后直接加英文字母后缀来区别，如 492D、1001.1B 等。

上述几种常用数制的对照关系见表 1-3。

表 1-3　常用数制对照关系表

十进制数	二进制数	八进制数	十六进制数
0	0000	0	0
1	0001	1	1
2	0010	2	2
3	0011	3	3
4	0100	4	4
5	0101	5	5
6	0110	6	6
7	0111	7	7
8	1000	10	8
9	1001	11	9
10	1010	12	A
11	1011	13	B
12	1100	14	C
13	1101	15	D
14	1110	16	E
15	1111	17	F

提示

通过表 1-3 可以看出，采用不同的数制表示同一个数时，基数越大，则使用的位数越少，如十进数 12，需要 4 位二进制数来表示，需要 2 位八进制数来表示，只需 1 位十六制数来表示。所以，在一些 C 语言的程序中，常采用八进制和十六进制来表示数据。

（三）了解计算机中字符的编码规则

编码就是利用计算机中的 0 和 1 两个代码的不同长度表示不同信息的一种约定方式。由于计算机是以二进制的形式存储和处理数据的，因此只能识别二进制编码信息，对于数字、字母、符号、汉字、语音和图形等非数值信息都要用特定规则进行二进制编码才能进入计算机。对于西文与中文字符，由于形式的不同，使用的编码也不同。

1. 西文字符的编码

计算机对字符进行编码，通常采用 ASCII 和 Unicode 两种编码。

- ASCII。美国标准信息交换标准代码（American Standard Code for Information Interchange，ASCII）是基于拉丁字母的一套编码系统，主要用于显示现代英语和其他西欧语言，它被国际标准化组织指定为国际标准（ISO 646 标准）。标准 ASCII 是使用 7 位二进制数来表示所有的大写和小写字母，数字 0～9、标点符号，以及在美式英语中使用的特殊控制字符，共有 $2^7=128$ 个不同的编码值，可以表示 128 个不同字符的编码，如表 1-4 所示。其中，低 4 位编码 $b_3b_2b_1b_0$ 用作行编码，而高 3 位 $b_6b_5b_4$ 用作列编码，其中包括 95 个编码对应计算机键盘上的符号或其他可显示或打印的字符，另外 33 个编码被用作控制码，用于控制计算机某些外部设备的工作特性和某些计算机软件的运行情况。例如，字母 A 的编码为二进制数 1000001，对应十进制数 65 或十六进制数 41。

表 1-4 标准 7 位 ASCII

低 4 位 $b_3b_2b_1b_0$	高 3 位 $b_6b_5b_4$							
	000	001	010	011	100	101	110	111
0000	NUL	DLE	SP	0	@	P	`	p
0001	SOH	DC1	!	1	A	Q	a	q
0010	STX	DC2	"	2	B	R	b	r
0011	ETX	DC3	#	3	C	S	c	s
0100	EOT	DC4	$	4	D	T	d	t
0101	ENQ	NAK	%	5	E	U	e	u
0110	ACK	SYN	&	6	F	V	f	v
0111	BEL	ETB	'	7	G	W	g	w
1000	BS	CAN	(	8	H	X	h	x
1001	HT	EM	)	9	I	Y	i	y
1010	LF	SUB	*	:	J	Z	j	z
1011	VT	ESC	+	;	K	[	k	{
1100	FF	FS	,	<	L	\	l	|
1101	CR	GS	–	=	M	]	m	}
1110	SO	RS	.	>	N	^	n	~
1111	SI	US	/	?	O	_	o	DEL

- Unicode。Unicode 也是一种国际标准编码，采用两个字节编码，能够表示世界上所有的书写语言中可能用于计算机通信的文字和其他符号。目前，Unicode 在网络、Windows 操作系统和大型软件中得到应用。

2. 汉字的编码

在计算机中，汉字信息的传播和交换必须有统一的编码才不会造成混乱和差错。因此计算机中处理的汉字是指包含在国家或国际组织制定的汉字字符集中的汉字，常用的汉字字符集包括 GB2312、GB18030、GBK 和 CJK 编码等。为了使每个汉字有一个全国统一的代码，我国颁布了汉字编码的国家标准，即 GB2312-80《信息交换用汉字编码字符集》基本集，这个字符集是目前国内所有汉字系统的统一标准。

汉字的编码方式主要有以下 4 种。

- 输入码。输入码也称外码，是指为了将汉字输入计算机而设计的代码，包括音码、形码和音形码等。
- 区位码。将 GB2312 字符集放置在一个 94 行（每一行称为“区”）、94 列（每一列称为“位”）的方阵中，方阵中的每个汉字所对应的区号和位号组合起来就得到了该汉字的区位码。区位码用 4 位数字编码，前两位叫作区码，后两位叫作位码，如汉字“中”的区位码为 5448。
- 国标码。国标码采用两个字节表示一个汉字，将汉字区位码中的十进制区号和位号分别转换成十六制数，再分别加上 20H，就可以得到该汉字的国际码。例如，“中”字的区位码为 5448，区号 54 对应的十六进转数为 36，加上 20H，即为 56H，而位号 48 对应的十六进制数为 30，加上 20H，即为 50H，所以“中”字的国标码为 5650H。
- 机内码。在计算机内部进行存储与处理所使用的代码，称为机内码。对汉字系统来说，汉字机内码规定在汉字国标码的基础上，每字节的最高位置为 1，每字节的低 7 位为汉字信息。将国标码的两个字节编码分别加上 80H（即 10000000B），便可以得到机内码，如汉字“中”的机内码为 D6D0H。

任务三 认识多媒体技术

任务要求

肖磊所在的学校近期要组织一场活动，他负责搜集活动中需要的背景音乐、过程的视频录制；同时领导还要求肖磊在活动结束后将这些多媒体视频文件发布到学校的网站上。为了能够更加顺利地完成这项任务，肖磊特意了解了关于多媒体技术的相关信息。

本任务要求认识媒体与多媒体技术，了解多媒体技术的特点，认识多媒体设备和软件，并了解常用的多媒体文件格式。

任务实现

（一）认识媒体与多媒体技术

媒体（Medium）主要有两层含义，一是指存储信息的实体（媒质），如磁盘、光盘、磁带和半导体存储器等；二是指传递信息的载体（媒介），如文本、声音、图形、图像、视频、音频和动画等。

多媒体（Multimedia）是由单媒体复合而成的，融合了两种或两种以上的人机交互式信息交流和传播媒体。多媒体不仅是指文本、声音、图形、图像、视频、音频和动画这些媒体信息本身，还包含处理和应用这些媒体信息的一整套技术，我们称为多媒体技术。多媒体技术是指能够同时获取、处理、编辑、存储和演示两种以上不同类型信息的媒体技术。在计算机领域中，多媒体技术就是用计算机实时地综合处理图、文、声和像等信息的技术，这些多媒体信息在计算机内都是转换成0和1的数字化信息进行处理的。

多媒体技术的快速发展和应用将极大推动许多产业的变革和发展，并逐步改变人类社会的生活与工作方式。多媒体技术的应用已渗透到人类社会的各个领域，它不仅覆盖了计算机的绝大部分应用领域，同时还在教育与培训、商务演示、咨询服务、信息管理、宣传广告、电子出版物、游戏与娱乐和广播电视等领域中得到普通应用。此外，可视电话和视频会议等也为人们提供了更全面的信息服务。目前，多媒体技术主要包括音频技术、视频技术、图像技术、图像压缩技术和通信技术。

（二）了解多媒体技术的特点

多媒体技术主要具有以下5种关键特性。

- 多样性。多媒体技术的多样性是指信息载体的多样性，计算机所能处理的信息从最初的数值、文字、图形已扩展到音频和视频信息等多种媒体。
- 集成性。多媒体技术的集成性是指以计算机为中心综合处理多种信息媒体，使其集文字、声音、图形、图像、音频和视频于一体。此外，多媒体处理工具和设备的集成能够为多媒体系统的开发与实现建立一个理想的集成环境。
- 交互性。多媒体技术的交互性是指用户可以与计算机进行交互操作，并提供多种交互控制功能，使人们获取信息和使用信息变被动为主动，并改善人机操作界面。
- 实时性。多媒体技术的实时性是指多媒体技术需要同时处理声音、文字和图像等多种信息，其中声音和视频还要求实时处理，从而应具有能够对多媒体信息进行实时处理的软硬件环境的支持。

- 协同性。多媒体技术的协同性是指多媒体中的每一种媒体都有其自身的特性，因此各媒体信息之间必须有机配合，并协调一致。

微课：多媒体计算机的硬件

（三）认识多媒体设备和软件

一个完整的多媒体系统是由多媒体硬件系统和多媒体软件系统两个部分构成的。下面主要针对多媒体计算机系统，来介绍多媒体设备和软件。

1. 多媒体计算机的硬件

多媒体计算机的硬件系统除了计算机常规硬件外，还包括声音/视频处理器、多种媒体输入/输出设备及信号转换装置、通信传输设备及接口装置等。具体来说，主要包括以下 3 种硬件项目。

- 音频卡。音频卡即声卡，它是多媒体技术中最基本的硬件组成部分，是实现声波/数字信号相互转换的一种硬件。
- 视频卡。视频卡也叫视频采集卡，用于将模拟摄像机、录像机、LD 视盘机和电视机输出的视频数据或者视频和音频的混合数据输入计算机，并转换成计算机可识别的数字数据。
- 各种外部设备。多媒体处理过程中会用到的外部设备主要包括摄像机/录放机、数字照相机/头盔显示器、扫描仪、激光打印机、光盘驱动器、光笔/鼠标/传感器/触摸屏、话筒/喇叭、传真机和可视电话机等。

2. 多媒体计算机的软件

多媒体计算机的软件种类较多，根据功能可以分为多媒体操作系统、媒体处理系统工具和用户应用软件 3 种。

- 多媒体操作系统。多媒体操作系统应具有实时任务调度，多媒体数据转换和同步控制，多媒体设备的驱动和控制，以及图形用户界面管理等功能。
- 媒体处理系统工具。媒体处理系统工具主要包括媒体创作软件工具、多媒体节目写作工具和媒体播放工具，以及其他各类媒体处理工具，如多媒体数据库管理系统等。
- 用户应用软件。用户应用软件是根据多媒体系统终端用户要求来定制的应用软件，目前国内外已经开发出了很多服务于图形、图像、音频和视频处理的软件，通过这些软件，可以创建、收集和处理多媒体素材，制作出丰富多样的图形、图像和动画。目前，比较流行的应用软件有 Photoshop，Flash、Illustrator、3ds Max、Authorware、Director 和 PowerPoint 等。

提示

声音播放软件包括 Windows 自带的录音机播放软件和 Windows Media Player 等，动画播放软件有 Flash PlayerWindows Media Player 等，视频播放软件有 Windows Media Player 和暴风影音等。

（四）了解常用媒体文件格式

在计算机中，利用多媒体技术可以将声音、文字和图像等多种媒体信息进行综合式交互处理，并以不同的文件类型进行存储，下面分别介绍常用的媒体文件格式。

1. 音频文件格式

在多媒体系统中，语音和音乐是必不可少的，存储声音信息的文件格式有多种，包括 WAV、MIDI、MP3、RM、Audio 和 VOC 文件等，具体如表 1-5 所示。

表 1-5 常见声音文件格式

文件格式	文件扩展名	相关说明
WAV	.wav	WAV 文件来源于对声音模拟波形的采样，主要针对话筒和录音机等外部音源录制，经声卡转换成数字化信息，播放时再还原成模拟信号由扬声器输出。这种波形文件是最早的数字音频格式。WAV 文件较大，主要用于存储简短的声音片断
MIDI	.mid/.rmi	音乐设备接口（Musical Instrument Digital Interface，MIDI）是乐器和电子设备之间进行声音信息交换的一组标准规范。MIDI 文件比 WAV 文件存储的空间要小得多，且易于编辑节奏和音符等音乐元素，且过于依赖 MIDI 硬件质量
MP3	.mp3	MP3 采用 MPEG Layer 3 标准对音频文件进行有损压缩，压缩比高，音质接近 CD 唱盘，制作简单，且便于交换，适用于网上传播，是目前使用较多的一种格式
RM	.rm	RM 采用音频/视频流和同步回放技术在互联网上提供优质的多媒体信息，其特点是可随着网络带宽的不同而改变声音的质量
Audio	.au	它是一种经过压缩的数字声音文件格式，主要在网上使用
VOC	.voc	它是一种波形音频文件格式，也是声霸卡使用的音频文件格式

2. 图像文件格式

图像是多媒体中最基本和最重要的数据，包括静态图像和动态图像。其中，静态图像又可分为矢量图形和位图图像两种，动态图像又分为视频和动画两种。常见的静态图像文件格式如表 1–6 所示。

表 1-6 常见静态图像文件格式

文件格式	文件扩展名	相关说明
BMP	.bmp	BMP（Bitmap）是 Windows 操作系统中的标准图像文件格式，它采用位映射存储格式，除了图像深度可选以外，不采用其他任何压缩，因此，BMP 文件所占用的空间很大
GIF	.gif	GIF 的原义是“图像互换格式”，GIF 图像文件的数据是经过压缩的，而且是采用了可变长度等压缩算法。GIF 文件主要用于保存网页中需要高传输速率的图像文件
TIFF	.tiff	标签图像文件格式（Tag Image File Format，TIFF）是一种灵活的位图格式，主要用来存储包括照片和艺术图在内的图像，它是一种当前流行的高位彩色图像格式
JPEG	.jpg/.jpeg	JPEG 格式是第一个国际图像压缩标准，它能够在提供良好的压缩性能的同时，提供较好的重建质量，被广泛应用于图像、视频处理领域
PNG	.png	可移植网络图形格式（PNG）是一种最新的网络图像文件存储格式，其设计目的是试图替代 GIF 和 TIFF 文件格式，一般应用于 Java 程序和网页中
WMF	.wmf	WMF 是 Windows 中常见的一种图元文件格式，属于矢量文件格式，具有文件小、图案造型化的特点，其图形往往较粗糙

3. 视频文件格式

视频文件一般比其他媒体文件要大一些，比较占用存储空间。常见的视频文件格式如表 1–7 所示。

表 1-7 常见视频文件格式

文件格式	文件扩展名	相关说明
AVI	.avi	AVI 是由 Microsoft 公司开发的一种数字视频文件格式，允许视频和音频同步播放，但由于 AVI 文件没有限定压缩标准，因此不同压缩标准生成的 AVI 文件，必须使用相应的解压缩算法才能播放

续表

文件格式	文件扩展名	相关说明
MOV	.mov	（MOV）是 Apple 公司开发的一种音频、视频文件格式，具有跨平台和存储空间小等特点，已成为目前数字媒体软件技术领域的工业标准
MPEG	.mpeg	MPEG 是运动图像压缩算法的国际标准，它能在保证影像质量的基础上，采用有损压缩算法减少运动图像中的冗余信息，压缩效率较高、质量好，它包括 MPEG-1、MPEG-2 和MPEG-4 等在内的多种视频格式
ASF	.asf	ASF 是微软公司开发的一种可直接在网上观看视频节目的视频文件压缩格式，其优点有本地或网络回放、可扩充的媒体类型、部件下载以及扩展性等
WMV	.wmv	WMV 格式是微软公司针对 Quick Time 之类的技术标准而开发的一种视频文件格式，可使用 Windows Media Player 播放，是目前比较常见的视频格式

提示

由于音频和视频等多媒体信息的数据量非常庞大，为了便于存取和交换，在多媒体计算机系统中通常采用压缩的方式来进行有效的压缩，使用时再将数据进行解压缩还原。数据压缩可以分为无损压缩和有损压缩两种，其中无损压缩的压缩率比较低，但能够确保解压后的数据不失真，而有损压缩则是以损失文件中某些信息为代价来获取较高的压缩率。

项目二
学习计算机系统知识

计算机系统由硬件系统和软件系统组成，硬件是计算机赖以工作的实体，相当于人的身躯；软件是计算机的精髓，相当于人的思想和灵魂，它们共同协作运行应用程序并处理各种实际问题。本项目将通过 2 个任务，分别介绍计算机的硬件系统和软件系统。

课堂学习目标

- 认识计算机的硬件系统
- 认识计算机的软件系统

任务一 认识计算机的硬件系统

任务要求

随着计算机的逐渐普及，使用计算机的人也越来越多，肖磊跟其他大多数使用计算机的人一样，并不是很了解计算机是如何工作的，计算机内部的硬件结构是怎么样的，计算机的软件程序有哪些。

本任务要求认识计算机的基本结构，了解计算机工作的基本原理，并对微型计算机的各组成硬件，如主机及主机内部的硬件，显示器、键盘和鼠标等硬件有一个基本的认识和了解。

任务实现

计算机系统由硬件系统和软件系统两部分组成。在一台计算机中，硬件和软件两者缺一不可，如图 2-1 所示。计算机软硬件之间是一种相互依靠、相辅相成的关系，如果没有软件，计算机便无法正常工作（通常将没有安装任何软件的计算机称为“裸机”）。因此，计算机硬件是计算机软件的物质基础，计算机软件必须建立在计算机硬件的基础上才能运行。

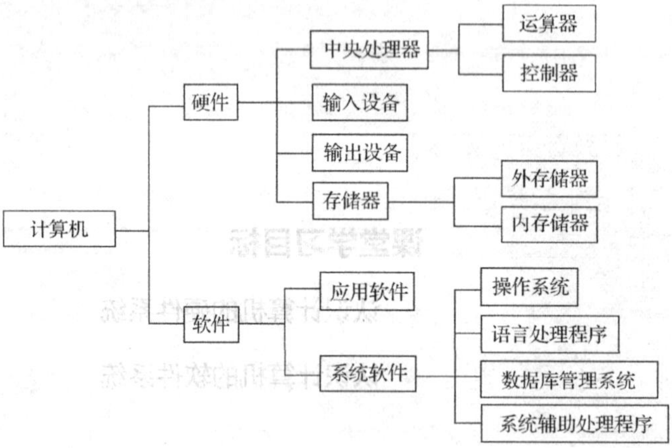

图 2-1 计算机的组成

（一）认识计算机的基本结构

尽管各种计算机在性能和用途等方面都有所不同，但是其基本结构都遵循冯·诺依曼体系机构，因此人们便将符合这种设计的计算机称为冯·诺依曼计算机。

冯·诺依曼体系结构的计算机主要由运算器、控制器、存储器、输入和输出设备 5 个部分组成，这 5 个组成部分的职能和相互关系如图 2-2 所示。从图中可知，计算机工作的核心是控制器、运算器和存储器 3 个部分，其中：

控制器：是计算机的指挥中心，它根据程序执行每一条指令，并向存储器、运算器以及输入/输出设备发出控制信号，控制计算机自动地、有条不紊地进行工作；

运算器：是在控制器的控制下对存储器里所提供的数据进行各种算术运算（加、减、乘、除）、逻辑运算（与、或、非）和其他处理（存数、取数等），控制器与运算器构成了中央处理器（Central Processing Unit, CPU），被称为“计算机的心脏”；

存储器：是计算机的记忆装置，它以二进制的形式存储程序和数据，可以分为外存储器和内存储器。内存储器是影响计算机运行速度的主要因素之一；外存储器主要有光盘、软盘和 U 盘等，存储器中能够存放的最大信息数量称为存储容量，常见的存储单位有 KB、MB、GB 和 TB 等。

输入设备：是计算机中重要的人机接口，用于接收用户输入的命令和程序等信息，并负责将命令转换成计算机能够识别的二进制代码，放入内存中。输入设备主要包括键盘、鼠标等。

输出设备：用于将计算机处理的结果以人们可以识别的信息形式输出，常用的输出设备有显示器、打印机等。

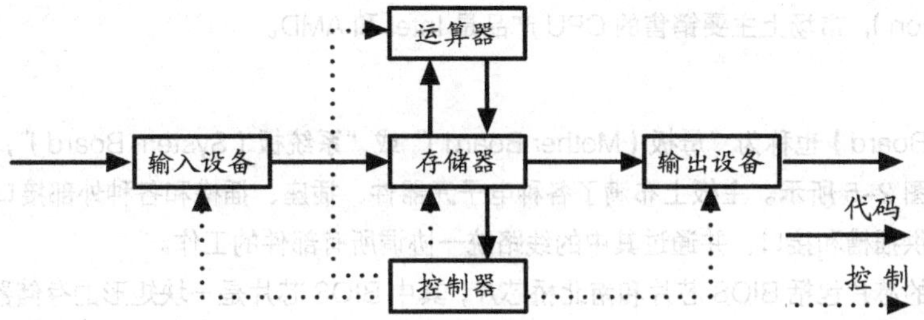

图 2-2　计算机的基本结构

（二）了解计算机的工作原理

根据冯·诺依曼体系结构，计算机内部以二进制的形式表示和存储指令及数据，要让计算机工作，就必须先把程序编写出来，然后将编写好的程序和原始数据存入存储器中，接下来计算机在不需要人员干预的情况下，自动逐条读取并执行指令。因此，计算机只能执行指令并被指令所控制。

指令是指挥计算机工作的指示和命令，程序是一系列按一定顺序排列的指令，每条指令通常是由操作码和操作数两部分组成。操作码表示运算性质，操作数指参加运算的数据及其所在的单元地址。执行程序和指令的过程就是计算机的工作过程。

计算机执行一条指令时，首先是从存储单元地址中读取指令，并把它存放到 CPU 内部的指令寄存器暂存；然后由指令译码器分析该指令（译码），即根据指令中的操作码确定计算机应进行什么操作；最后是执行指令，即根据指令分析结果，由控制器发出完成操作所需的一系列控制电位，以便指挥计算机有关部件完成这一操作，同时还为读取下一条指令做好准备，重复执行上述过程，直至执行到指令结束。

（三）认识台式计算机的硬件组成

计算机硬件是指计算机中看得见、摸得着的一些实体设备。从台式机（或称台式计算机、桌面电脑）、笔记本电脑到上网本和平板电脑以及超级本等都属于个人计算机的范畴。本书将重点介绍台式计算机，从外观上看，个人台式计算机主要由主机、显示器、鼠标和键盘、音响设备等部分组成。其中台式计算机主机背面有许多插孔和接口，用于接通电源和连接键盘和鼠标等外设；而主机内包括光驱、CPU、主板、内存和硬盘等硬件，如图 2-3 所示为台式计算机的外观组成及主机内部硬件。

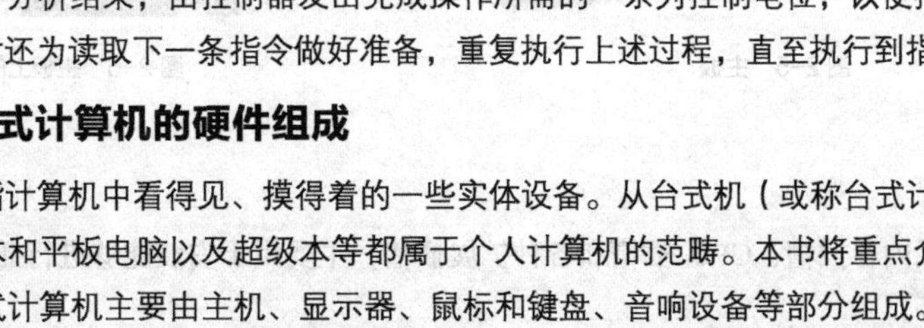

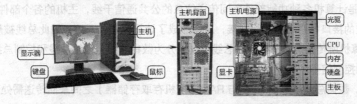

图 2-3　台式计算机的外观组成和主机内部硬件

下面将按类别分别对台式计算机的主要硬件进行详细介绍。

1. 微处理器

微处理器是由一片或少数几片大规模集成电路组成的中央处理器（CPU），这些电路执行控制部件和算术逻辑部件的功能。CPU 既是计算机的指令中枢，也是系统的最高执行单位，如图 2-4 所示。CPU 主要负责指令的执行，作为计算机系统的核心组件，在计算机系统中占有举足轻重的地位，也是影响计算机系统运算速度的重要因素。目前，CPU 的生产厂商主要有 Intel、AMD、威盛（VIA）和龙芯（Loongson），市场上主要销售的 CPU 产品是 Intel 和 AMD。

图 2-4 CPU

2. 主板

主板（MainBoard）也称为“母板（Mother Board）”或“系统板（System Board）”，它是机箱中最重要的电路板，如图 2-5 所示。主板上布满了各种电子元器件、插座、插槽和各种外部接口，它可以为计算机的所有部件提供插槽和接口，并通过其中的线路统一协调所有部件的工作。

主板上主要的芯片包括 BIOS 芯片和南北桥芯片，其中 BIOS 芯片是一块矩形的存储器，里面存有与该主板搭配的基本输入/输出系统程序，能够让主板识别各种硬件，还可以设置引导系统的设备和调整 CPU 外频等，如图 2-6 所示；南北桥芯片通常由南桥芯片和北桥芯片组成，南桥芯片主要负责硬盘等存储设备和 PCI 总线之间的数据流通，北桥芯片主要负责处理 CPU、内存和显卡三者之间的数据交流。随着大规模集成电路的集成度的提高，主板最新的发展型号中已经把南北桥的结构取消了，南桥的功能并入北桥，北桥的功能并入 CPU。

图 2-5 主板

图 2-6 主板上的 BIOS 芯片

提示

主板上的插槽包括内存插槽、CPU 插槽和各种扩展插槽，主要用于安装能够进行插拔的配件，如内存条、显卡和声卡等。

3. 总线

总线（Bus）是计算机各种功能部件之间传送信息的公共通信干线，主机的各个部件通过总线相连接，外部设备通过相应的接口电路与总线相连接，从而形成了计算机硬件系统，因此总线被形象地比喻为“高速公路”。按照计算机所传输的信息类型，总线可以划分为数据总线、地址总线和控制总线，分别用来传输数据、数据地址和控制信号。

- 数据总线。数据总线用于在 CPU 与 RAM（随机存取存储器）之间来回传送需处理、储存的数据。
- 地址总线。地址总线上传送的是 CPU 向存储器、I/O 接口设备发出的地址信息。

- 控制总线。控制总线用来传送控制信息，这些控制信息包括 CPU 对内存和输入/输出接口的读写信号，输入/输出接口对 CPU 提出的中断请求等信号，以及 CPU 对输入/输出接口的回答与响应信号，输入/输出接口的各种工作状态信号和其他各种功能控制信号。

目前，常见的总线标准有 ISA 总线、PCI 总线、AGP 总线和 EISA 总线。

4. 内存

计算机中的存储器包括内存储器和外存储器两种。其中，内存储器也叫主存储器，简称内存。内存是计算机中用来临时存放数据的地方，也是 CPU 处理数据的中转站，内存的容量和存取速度直接影响 CPU 处理数据的速度，图 2-7 所示为内存条。内存主要由内存芯片、电路板和金手指等部分组成。

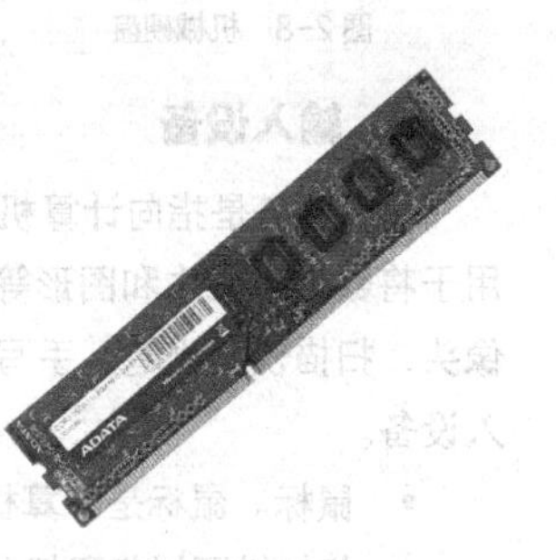

图 2-7　内存条

从工作原理上说，内存一般采用半导体存储单元，包括随机存储器（RAM）、只读存储器（ROM）和高速缓冲存储器（Cache）。平常所说的内存通常是指随机存储器，它既可以从中读取数据，也可以写入数据，当计算机电源关闭时，存于其中的数据会丢失；只读存储器的信息只能读出，一般不能写入，即使停电，这些数据也不会丢失，如 BIOS ROM；高速缓冲存储器是指介于 CPU 与内存之间的高速存储器（通常由静态存储器 SRAM 构成）。

内存按工作性能分类，主要有 DDR SDRAM、DDR2 和 DDR3、DDR4 等，目前市场上的主流内存为 DDR4，其数据传输能力要比 DDR3 强大，能够达到 2 600 MHz 的速度，其内存容量一般为 4GB 和 8 GB。一般而言，内存容量越大越有利于系统的运行。

5. 外存

外存储器简称外存，是指除计算机内存及 CPU 缓存以外的储存器，此类储存器一般断电后仍然能保存数据，常见的外存储器有硬盘、光盘和可移动存储器（如 U 盘等）。

① 硬盘。硬盘是计算机中最大的存储设备，通常用于存放永久性的数据和程序，硬盘现分为两大类：传统的机械硬盘和新型的固态硬盘。

- **机械硬盘**（Hard Disk Drive）。机械硬盘（见图 2-8）即是传统普通硬盘。这种类型的硬盘的内部结构比较复杂，主要由主轴电机、盘片、磁头和传动臂等部件组成。
- **固态硬盘**（Solid State Drives）。固态硬盘（见图 2-9）简称固盘，是用固态电子存储芯片阵列而制成的硬盘，由控制单元和存储单元（FLASH 芯片、DRAM 芯片）组成。固态硬盘具有读写速度快、防震抗摔性好、低功耗、无噪音、工作温度范围大等优点，不足的地方是使用寿命短，价格昂贵。随着技术的提升和成本的降低，固态硬盘在接下来几年将会取代机械硬盘。

硬盘容量是选购硬盘的主要性能指标之一，包括总容量、单碟容量和盘片数 3 个参数。其中，总容量是表示硬盘能够存储多少数据的一项重要指标，通常以 GB 为单位，目前主流的硬盘容量从 40GB 到 4TB 不等。此外，通常对硬盘的分类是按照其接口的类型进行分类，主要有 ATA 和 SATA 两种接口类型。

② 光盘。光盘驱动器简称光驱（见图 2-10），光驱用来存储数据的介质称为光盘，光盘是以光信息作为存储的载体并用来存储数据，其特点是容量大、成本低和保存时间长。光盘可分为不可擦写光盘（即只读型光盘，如 CD-ROM、DVD-ROM 等）、可擦写光盘（如 CD-RW、DVD-RAM 等）。目前，CD 光盘的容量约 700 MB，DVD 光盘容量约 4.7 GB。

③ 可移动存储设备。可移动存储设备包括移动 USB 盘（简称 U 盘）和移动硬盘等，这类设备即插即用，容量也能满足人们的需求，是计算机必不可少的附属配件，如图 2-11 所示为 U 盘。

图 2-8　机械硬盘

图 2-9　固态硬盘

图 2-10　光驱

图 2-11　U 盘

6. 输入设备

输入设备是指向计算机输入数据和信息的设备，是用户和计算机系统之间进行信息交换的主要装置，用于将数据、文本和图形等转换为计算机能够识别的二进制代码，并将其输入计算机。键盘、鼠标、摄像头、扫描仪、光笔、手写输入板、游戏杆和语音输入装置等都属于输入设备。下面介绍常用的 3 种输入设备。

- 鼠标。鼠标是计算机的主要输入设备之一，因为其外形与老鼠类似，所以被称为“鼠标”。根据鼠标按键可以将鼠标分为 3 键鼠标和两键鼠标；根据鼠标的工作原理可以将其分为机械鼠标和光电鼠标。另外，还包括无线鼠标和轨迹球鼠标。
- 键盘。键盘是计算机的另一种主要输入设备，是用户和计算机进行交流的工具，可以直接向计算机输入各种字符和命令，简化计算机的操作。不同生产厂商所生产出的键盘型号各不相同，目前常用的键盘有 107 个键位。
- 扫描仪。扫描仪是利用光电技术和数字处理技术，以扫描方式将图形或图像信息转换为数字信号的设备，其主要功能是文字和图像的扫描输入。

7. 输出设备

输出设备是计算机硬件系统的终端设备，用于将各种计算结果数据或信息转换成用户能够识别的数字、字符、图像和声音等形式。常见的输出设备有显示器、打印机、绘图仪、影像输出系统、语音输出系统和磁记录设备等。下面介绍常用的 5 种输出设备。

- 显示器。显示器是计算机的主要输出设备，其作用是将显卡输出的信号（模拟信号或数字信号）以肉眼可见的形式表现出来。目前主要有两种显示器，一种是液晶显示器（LCD 显示器），另一种是使用阴极射线管的显示器（CRT 显示器），如图 2-12 所示。LCD 显示器是目前市场上的主流显示器，具有无辐射危害、屏幕不会闪烁、工作电压低、功耗小、重量轻和体积小等优点。显示器的尺寸包括 17 英寸、19 英寸、20 英寸、22 英寸、24 英寸和 26 英寸等。

图 2-12　CRT 显示器、LCD 显示器和 VR 显示设备

- VR。虚拟现实技术是一种可以创建和体验虚拟世界的计算机仿真系统，它利用计算机生成一种模拟环境，是一种多源信息融合的、交互式的三维动态视景和实体行为的系统仿真，可以使用户沉浸到该环境中。
- 音箱。音箱在音频设备中的作用类似于显示器，可直接连接到声卡的音频输出接口中，并将声卡传输的音频信号输出为人们可以听到的声音。

- 打印机。打印机也是计算机常见的一种输出设备，在办公中经常会用到，其主要功能是将文字和图像进行打印输出。
- 耳机。耳机是一种音频设备，它接收媒体播放器或接收器所发出的信号，利用贴近耳朵的扬声器将其转化成人们可以听到的音波。

提示

显卡又称显示适配器或图形加速卡，其功能主要是将计算机中的数字信号转换成显示器能够识别的信号（模拟信号或数字信号），再将显示的数据进行处理和输出，可分担 CPU 的图形处理工作；声卡将声音进行数字信号处理并输出到音箱或其他的声音输出设备，目前集成声卡（声卡以芯片的形式集成到主板中）是市场的主流声卡。

任务二 认识计算机的软件系统

任务要求

肖磊为了学习需要，购买了一台计算机，在新买的计算机中，除了已安装操作系统软件外，其他软件暂时都没有安装，可以在需要使用什么软件时再安装。

本任务要求了解计算机软件的定义，认识系统软件的分类，并了解有哪些常用的应用软件。

任务实现

（一）了解计算机软件的定义

计算机软件（Computer Software）简称软件，是指计算机系统中的程序及其文档，程序是计算任务的处理对象和处理规则的描述，是按照一定顺序执行的、能够完成某一任务的指令集合，而文档则是为了便于了解程序所需的说明性资料。

计算机之所以能够按照用户的要求运行，是因为计算机采用了程序设计语言（计算机语言），该语言是人与计算机之间沟通时需要使用的语言，用于编写计算机程序。可以说，程序设计语言是计算机软件的基础和组成部分。

计算机软件总体分为系统软件和应用软件两大类。

（二）认识系统软件

系统软件是指控制和协调计算机及外部设备，支持应用软件开发和运行的软件，其主要功能是调度、监控和维护计算机系统，同时负责管理计算机系统中各种独立的硬件，使它们可以协调工作。系统软件是应用软件运行的基础，所有应用软件都是在系统软件上运行的。

系统软件主要分为操作系统、语言处理程序、数据库管理系统和系统辅助处理程序等，具体介绍如下。

- 操作系统。操作系统（Operating Systems，OS）是计算机系统的指挥调度中心，它可以为各种程序提供运行环境。常见的操作系统有 DOS、Windows、UNIX 和 Linux 等，如本书项目三中讲解的 Windows 7 就是一个操作系统。

- 语言处理程序。语言处理程序是为用户设计的编程服务软件，是用来编译、解释和处理各种程序所使用的计算机语言，是人与计算机相互交流的一种工具，包括机器语言、汇编语言和高级语言 3 种。计算机只能直接识别和执行机器语言，因此要在计算机上运行高级语言程序就必须配备翻译程序，翻译程序本身是一组程序，不同的高级语言都有相应的翻译程序。
- 数据库管理系统。数据库管理系统（Database Management System，DBMS）是一种操作和管理数据库的大型软件，它是位于用户和操作系统之间的数据管理软件，也是用于建立、使用和维护数据库的管理软件，它能将不同性质的数据组织起来，以便能够有效地查询、检索和管理这些数据。常用的数据库管理系统有 SQL Server、Oracle 和 Access 等。
- 系统辅助处理程序。系统辅助处理程序也称为软件研制开发工具或支撑软件，主要有编辑程序、装备和连接程序、调试程序等，这些程序的作用是维护计算机的正常运行，如 Windows 操作系统中自带的磁盘整理程序等。

微课：认识应用软件

（三）认识应用软件

应用软件是指一些具有特定功能的软件，是为解决各种实际应用问题而编制的程序，包括用各种程序设计语言编制的应用程序。表 2-1 所示列举了一些主要应用领域的应用软件，用户可以结合工作或生活的需要进行选择。

表 2-1 主要应用领域的应用软件

软件种类	举例
办公软件	Microsoft Office、WPS Office
图形处理与设计	Photoshop、3ds Max 和 AutoCAD
程序设计	Visual C++、Visual Studio、Delphi
图文浏览软件	ACDSee、Adobe Reader、超星图书阅览器、ReadBook
翻译与学习	金山词霸、金山快译和金山打字通
多媒体播放和处理	Windows Media Player、酷狗音乐、会声会影、Premiere
网站开发	Dreamweaver、Flash
磁盘分区	Fdisk、PartitionMagic
数据备份与恢复	Norton Ghost、FinalData、EasyRecovery
网络通信	腾讯 QQ、Foxmail
上传与下载	CuteFTP、FlashGet、迅雷
计算机病毒防护	金山毒霸、360 杀毒、木马克星

项目三

认识 Windows 7 操作系统

Windows 7 是由 Microsoft（微软）公司开发的一款具有革命性变化的操作系统，也是当前主流的微机操作系统之一，同时具有操作简单、启动速度快、安全和连接方便等特点，使计算机操作变得更加简单和快捷。本项目将通过 3 个典型任务，介绍 Windows 7 操作系统的基本操作，包括启动与退出、窗口与菜单操作、对话框操作、系统工作环境定制等内容。

课堂学习目标

- 了解 Windows 7 操作系统
- 操作窗口、对话框与“开始”菜单
- 定制 Windows 7 工作环境

任务一 了解 Windows 7 操作系统

任务要求

小赵是一名大学毕业生，应聘上了一份办公室行政工作，上班第一天发现公司计算机都安装的是 Windows 7 操作系统，在界面外观上与在学校时使用的 Windows XP 操作系统有较大差异。为了日后高效工作，小赵决定先熟悉一下 Windows 7 操作系统。

本任务要求了解操作系统的概念、功能与种类，了解 Windows 操作系统的发展史，掌握启动与退出 Windows 7 的方法，并熟悉 Windows 7 的桌面组成。

任务实现

（一）了解操作系统的概念、功能与种类

在认识 Windows 7 操作系统前，先了解操作系统的概念、功能与种类。

1. 操作系统的概念

操作系统（Operating System，OS）是一种系统软件，用于管理计算机系统的硬件与软件资源，控制程序的运行，改善人机操作界面，为其他应用软件提供支持等的服务界面。其所处的地位如图 3-1 所示。

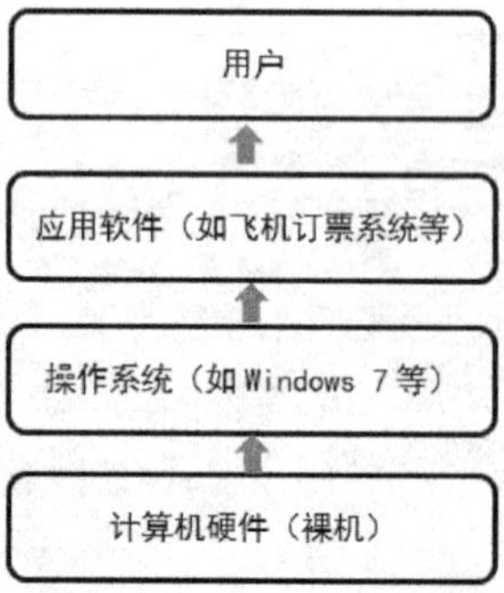

图 3-1 操作系统的地位

2. 操作系统的功能

通过前面介绍的操作系统的概念可以看出，操作系统的功能是控制和管理计算机的硬件资源和软件资源，从而提高计算机的利用率，方便用户使用。具体来说，它包括以下 6 个方面的管理功能。

- 进程与处理机管理。通过操作系统处理机管理模块来确定对处理机的分配策略，实施对进程或线程的调度和管理，包括调度（作业调度、进程调度）、进程控制、进程同步和进程通信等内容。
- 存储管理。存储管理的实质是对存储“空间”的管理，主要指对内存的管理。操作系统的存储管理负责将内存单元分配给需要内存的程序以便让它执行，在程序执行结束后再将程序占用的内存单元收回以便再使用。此外，存储管理还要保证各用户进程之间互不影响，保证用户进程不能破坏系统进程，并提供内存保护。
- 设备管理。设备管理指对硬件设备的管理，包括对各种输入/输出设备的分配、启动、完成和回收。
- 文件管理。文件管理又称信息管理，指利用操作系统的文件管理子系统，为用户提供一个方便、快捷、可以共享、同时又提供保护的文件的使用环境，包括文件存储空间管理、文件操作、目录管理、读写管理和存取控制。
- 网络管理。随着计算机网络功能的不断加强，网络应用不断深入人们生活的各个角落，因此操作系统必须具备计算机与网络进行数据传输和网络安全防护的功能。
- 提供良好的用户界面。操作系统是计算机与用户之间的接口，因此，操作系统必须为用户提供一个良好的用户界面。

3. 操作系统的分类

操作系统可以从以下 3 个角度分类。

- 从用户角度分类。操作系统可分为 3 种：单用户、单任务（如 DOS 操作系统）；单用户、多任务（如 Windows 9x 操作系统）；多用户、多任务（如 Windows 7 操作系统）。
- 从硬件的规模角度分类。操作系统可分为微型机操作系统、中小型机操作系统和大型机操作系统等 3 种。
- 从系统操作方式的角度分类。操作系统可分为批处理操作系统、分时操作系统、实时操作系统、PC 操作系统、网络操作系统和分布式操作系统等 6 种。

目前微机上常见的操作系统有 DOS、OS/2、UNIX、LINUX、Windows 和 Netware 等，虽然操作系统的型态非常多样，但所有的操作系统都具有并发性、共享性、虚拟性和不确定性 4 个基本特征。

提示

多用户就是在一台计算机上可以建立多个用户，单用户就是一台计算机上只能建立一个用户。如果用户在同一时间可以运行多个应用程序（每个应用程序被称作一个任务），则这样的操作系统被称为多任务操作系统；在同一时间只能运行一个应用程序，则称为单任务操作系统。

（二）了解 Windows 操作系统的发展史

微软自 1985 年推出 Windows 操作系统以来，其版本从最初运行在 DOS 下的 Windows 3.0，到现在风靡全球的 Windows XP、Windows 7、Windows 8 和最近发布的 Windows 10。Windows 操作系统的发展主要经历了以下几个阶段。

- Windows 是由微软在 1983 年 11 月宣布，并在 1985 年 11 月发行的，标志着计算机开始进入了图形用户界面时代。1987 年 11 月正式在市场上推出 Windows 2.0，增强了键盘和鼠标界面。
- 1995 年 8 月发布了 Windows 95，具有需要较少硬件资源的优点，是一个完整的、集成化的 32 位操作系统。
- 1998 年 6 月发布了 Windows 98，具有许多加强功能，包括执行效能的提高、更好的硬件支持以及扩大了网络功能。
- 2000 年 2 月发布的 Windows 2000 是由 Windows NT 发展而来的，同时从该版本开始，正式抛弃了 Windows 9X 的内核。
- 2001 年 10 月发布了 Windows XP，它在 Windows 2000 的基础上增强了安全特性，同时加大了验证盗版的技术， Windows XP 是最为易用的操作系统之一。
- 2009 年 10 月发布了 Windows 7，该版本吸收了 Windows XP 的优点，已成为当前市场上的主流操作系统之一。
- 2012 年 10 月发布了 Windows 8，采用全新的用户界面，被应用于个人计算机和平板电脑上，且启动速度更快、占用内存更少，并兼容 Windows 7 所支持的软件和硬件。
- Windows 10 是微软于 2015 年发布的最后一个 Windows 版本，自 2014 年 10 月 1 日开始公测，Windows 10 经历了 Technical Preview（技术预览版）及 Insider Preview（内测者预览版）。

（三）Windows 7 的版本

Windows 7 的版本名称、功能及特点如表 3-1 所示。Windows 7 可供家庭及商业工作环境的笔记本电脑和平板电脑以及在多媒体中心等使用。

表 3-1　Windows 7 的版本名称、功能及特点

版本名称	功能及特点
旗舰版（Ultimate）	是针对大中型企业和电脑爱好者的最佳版本，功能最全,在专业版上新增了 Bitlocker 这个功能
专业版（Professional）	适合于小型企业及家庭办公的商业用户使用。面向拥有多台电脑或服务器的企业用户
家庭高级版（Home Premium）	是针对个人用户的主流版本，提供了基于最新硬件设备的全部功能，易于联网，并提供丰富的视觉体验环境
家庭普通版（Home Basic）	是针对使用经济型电脑用户的入门级版本，用于访问互联网并运行基本的办公软件

提示

高一级的版本包含所有低一级版本的功能。

（四）启动与退出 Windows 7

在计算机上安装 Windows 7 操作系统后，启动计算机便可进入 Windows 7 的操作界面。

微课：启动 Windows 7

1. 启动 Windows 7

开启计算机主机箱和显示器的电源开关，Windows 7 将载入内存，接着开始对计算机的主板和内存等进行检测，系统启动完成后将进入 Windows 7 欢迎界面，若只有一个用户且没有设置用户密码，则直接进入系统桌面。

2. 认识 Windows 7 桌面

启动 Windows 7 后，在屏幕上即可看到 Windows 7 桌面。在默认情况下，Windows 7 的桌面是由桌面图标、鼠标指针、任务栏和语言栏 4 个部分组成，如图 3-2 所示。

- 右击文件或程序的一个图标，可以通过弹出的右键快捷菜单中的属性，查看某个快捷图标的实际打开文件或程序的路径，如图 3-3 所示。

图 3-2　Windows 7 的桌面

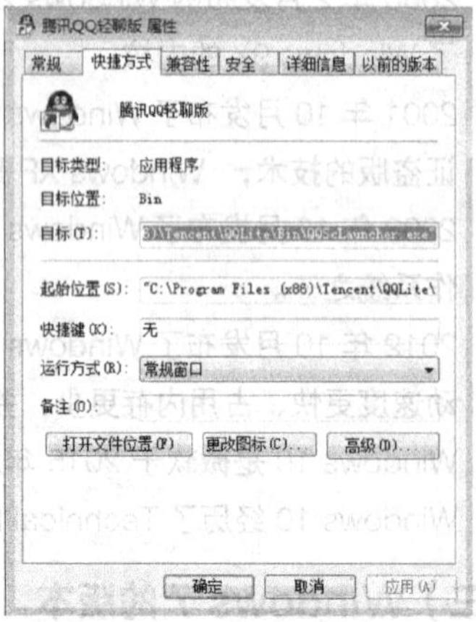

图 3-3　快捷方式的属性

鼠标指针形状与含义见表 3-2。

表 3-2　鼠标指针形状与含义

鼠标指针	表示的状态	鼠标指针	表示的状态	鼠标指针	表示的状态
	准备状态		调整对象垂直大小		精确调整对象
	帮助选择		调整对象水平大小		文本输入状态
	后台处理		等比例调整对象 1		禁用状态
	忙碌状态		等比例调整对象 2		手写状态
	移动对象		候选		超链接选择

任务栏默认情况下位于桌面的最下方，由“开始”按钮、任务区、通知区域和“显示桌面”按钮（单击可快速显示桌面）4 个部分组成，如图 3-4 所示。

图 3-4　任务栏

在 Windows 7 中，语言栏一般浮动在桌面上，用于选择系统所用的语言和输入法。单击语言栏右上角的“最小化”按钮，将语言栏最小化到任务栏上，且该按钮变为“还原”按钮。

提 示

如果计算机出现死机或故障等问题，可以尝试重新启动计算机来解决。方法是：单击图 3-5 中的“关机”按钮右侧的按钮，在打开的下拉列表中选择“重新启动”选项。

图 3-5　退出 Windows 7

任务二　操作窗口、对话框与“开始”菜单

任务要求

小赵现在使用的计算机，之前是别人使用的。小赵想知道这台计算机中都有哪些文件和软件，于是就打开“计算机”窗口，开始一一查看各磁盘下有些什么文件，以便日后进行分类管理。后来小赵双击了桌面上的几个图标对桌面的软件进行运行，还通过“开始”菜单启动了几个软件，这时小赵准备切换到之前

的浏览窗口继续查看其中的文件，发现之前打开的窗口界面怎么也找不到了，此时该怎么办呢？

本任务要求认识操作系统的窗口、对话框和“开始”菜单，掌握窗口的基本操作、熟悉对话框各组成部分的操作，同时掌握利用“开始”菜单启动程序的方法。

相关知识

（一）Windows 7 窗口

在 Windows 7 中，几乎所有的操作都要在窗口中完成，在窗口中的相关操作一般是通过鼠标和键盘来进行的。例如，双击桌面上的“计算机”图标，将打开“计算机”窗口，如图 3-6 所示，这是一个典型的 Windows 7 窗口，各个组成部分的作用介绍如下。Windows 7 中的菜单类型如图 3-7 所示。

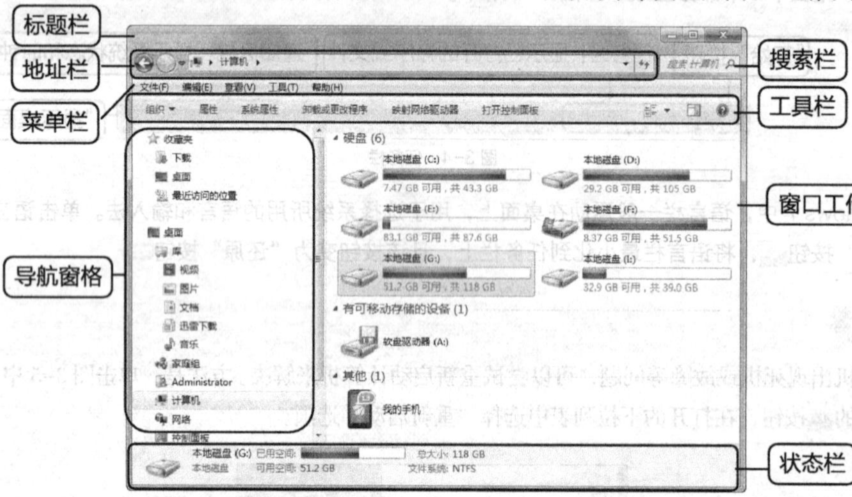

图 3-6 “计算机”窗口的组成

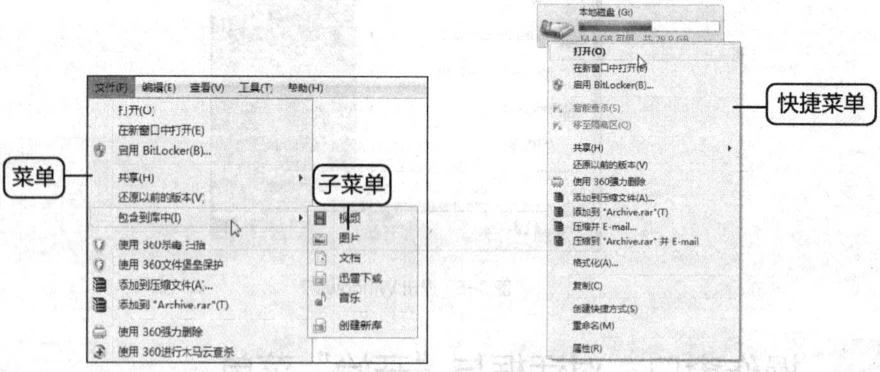

图 3-7 Windows 7 中的菜单类型

提示

在菜单中有一些常见的符号标记，其中，字母标记表示该命令的快捷键；✓标记表示已将该命令选中并应用了效果，同时其他相关的命令也将同时存在，可以同时应用；●标记表示已将该命令选中并应用，同时其他相关的命令将不再起作用；…标记表示执行该命令后，将打开一个对话框，可以进行相关的参数设置。

（二）Windows 7 对话框

对话框实际上是一种特殊的窗口，执行某些命令后将打开一个用于对该命令或操作对象进行下一步设置的对话框，用户可通过选择选项或输入数据来进行设置。选择不同的命令，所打开的对话框也各不相同，但其中包含的参数类型是类似的。如图 3-8 所示为 Windows 7 对话框中各组成元素的名称。

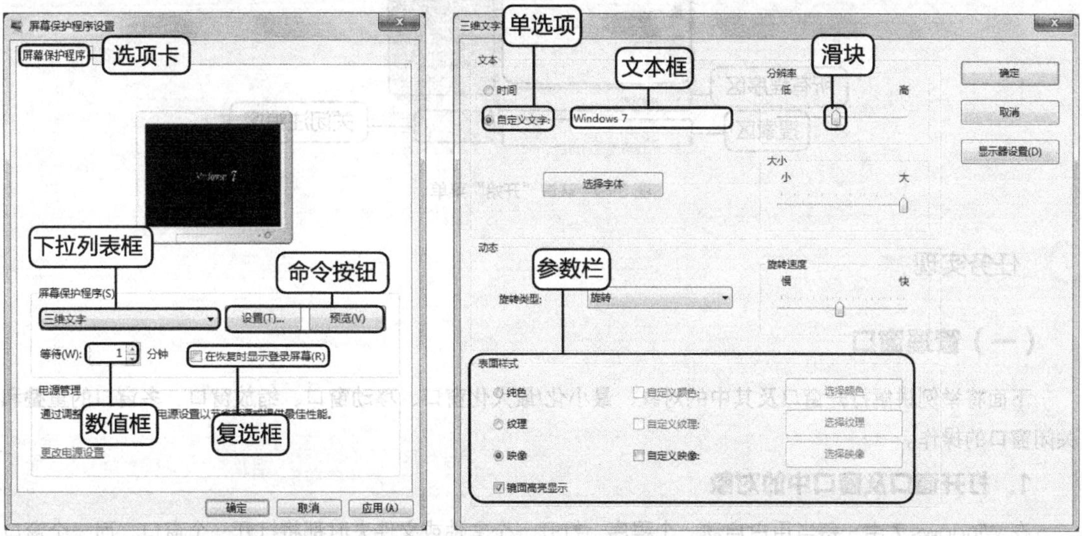

图 3-8　Windows 7 对话框

- 选项卡。当对话框中有很多内容时，Windows 7 将对话框按类别分成几个选项卡，每个选项卡都有一个名称，并依次排列在一起。单击其中一个选项卡，将会显示其相应的内容。
- 下拉列表框。下拉列表框中包含多个选项，单击下拉列表框右侧的按钮，将打开一个下拉列表，从中可以选择所需的选项。
- 命令按钮。命令按钮用来执行某一操作，如 设置(T)... 、 预览(V) 和 应用(A) 等都是命令按钮。
- 数值框。数值框是用来输入具体数值的。如图 3-8（左图）所示的“等待”数值框用于输入屏幕保护激活的时间。
- 复选框。复选框是一个小的方框，用来表示是否选择该选项，可同时选择多个选项。
- 单选项。单选项是一个小圆圈，用来表示是否选择该选项，只能选择选项组中的一个选项，只需单击该单选项前的圆圈即可。
- 文本框。文本框在对话框中为一个空白方框，主要用于输入文字。
- 滑块。有些选项是通过左右或上下拉动滑块来设置相应数值的。
- 参数栏。参数栏主要是将当前选项卡中用于设置某一效果的参数放在一个区域，以方便使用。

（三）“开始”菜单

单击桌面任务栏左下角的“开始”按钮，即可打开“开始”菜单，计算机中几乎所有的应用都可在“开始”菜单中执行。“开始”菜单是操作计算机的重要门户，即使桌面上没有显示的文件或程序，通过“开始”菜单也能轻松找到相应的程序。“开始”菜单主要组成部分如图 3-9 所示。

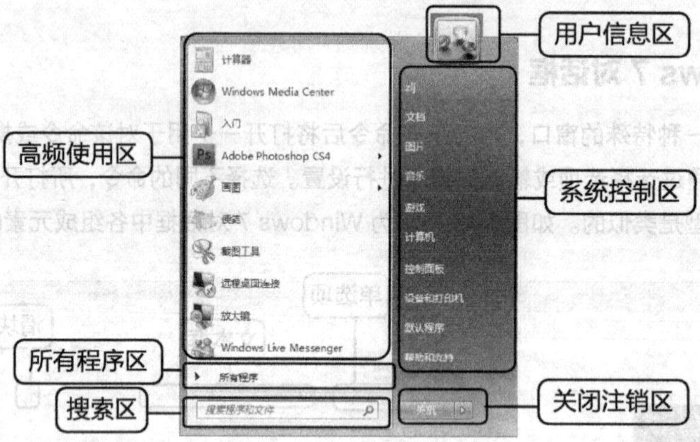

图 3-9　认识“开始”菜单

任务实现

（一）管理窗口

下面将举例讲解打开窗口及其中的对象、最小化/最大化窗口、移动窗口、缩放窗口、多窗口的重叠和关闭窗口的操作。

1. 打开窗口及窗口中的对象

在 Windows 7 中，每当用户启动一个程序、打开一个文件或文件夹时都将打开一个窗口，而一个窗口中包括多个对象，打开某个对象又可能打开相应的窗口，该窗口中可能又包括其他不同的对象。

【例 3-1】打开“计算机”窗口中“本地磁盘(C：)”下的 Windows 目录，如图 3-10 所示。

微课：打开窗口及窗口中的对象

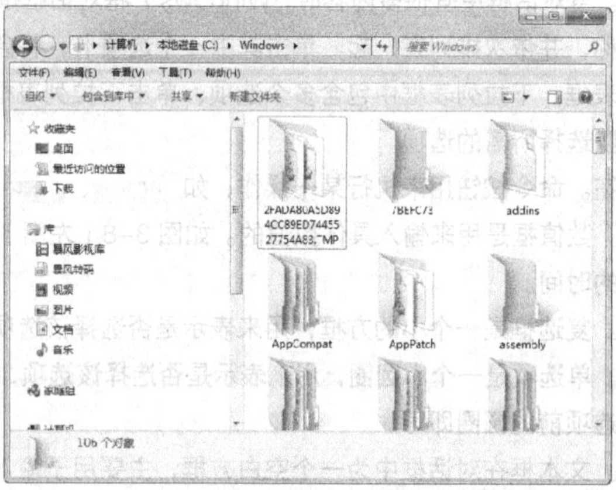

图 3-10　打开窗口及窗口中的对象

2. 最大化或最小化窗口

最大化窗口可以将当前窗口放大到整个屏幕显示，这样可以显示更多的窗口内容，而最小化后的窗口将以标题按钮形式缩放到任务栏的程序按钮区。

【例 3-2】打开“计算机”窗口中“本地磁盘(C：)”下的 Windows 目录，然后将窗口最大化，再最小化显示，最后还原窗口。

微课：最大化或最小化窗口

提示

双击窗口的标题栏也可最大化窗口，再次双击可从最大化窗口恢复到原始窗口大小。

3. 移动和调整窗口大小

打开窗口后，有些窗口会遮盖屏幕上的其他窗口内容，为了查看到被遮盖的部分，需要适当移动窗口的位置或调整窗口大小。

【例 3-3】将桌面上的当前窗口移至桌面的左侧位置，呈半屏显示，再调整窗口的长宽大小。如图 3-11 所示为将窗口拖至桌面左侧变成半屏显示的效果。

微课：移动和调整窗口大小

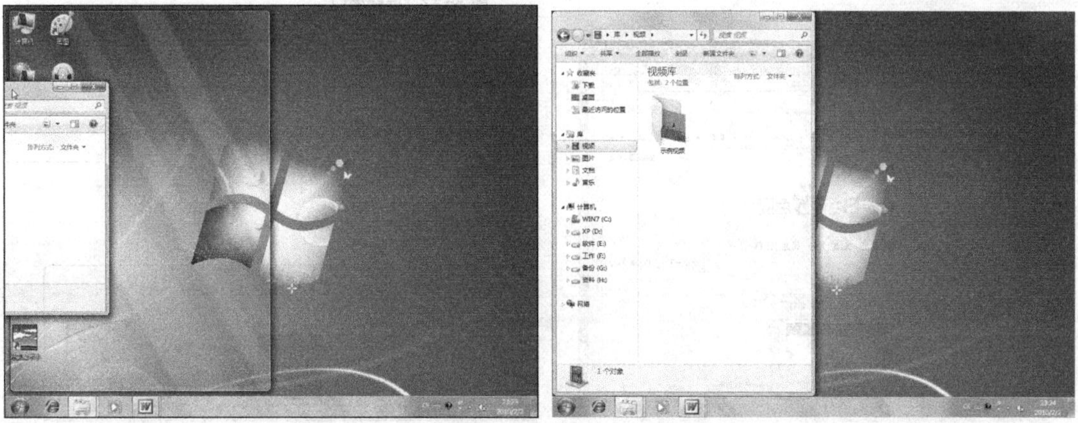

图 3-11　将窗口移至桌面左侧变成半屏显示

注意

最大化后的窗口不能进行窗口的位置移动和大小调整操作。

4. 排列窗口

在使用计算机的过程中常常需要打开多个窗口，如既要用 Word 编辑文档，又要打开 IE 浏览器查询资料等。当打开多个窗口后，为了使桌面更加整洁，可以将打开的窗口进行层叠、堆叠和并排等操作。

【例 3-4】将打开的所有窗口进行层叠排列显示，然后撤销层叠排列。层叠的效果如图 3-12 所示。

5. 切换窗口

无论打开多少个窗口，当前窗口只有一个，且所有的操作都是针对当前窗口进行的。此时，需要切换成当前窗口，切换窗口除了可以通过单击窗口进行切换外，在 Windows 7 中还提供了以下 3 种切换方法。

- 通过任务栏中的按钮切换，如图 3-13 所示。
- 按【Alt+Tab】组合键切换，如图 3-14 所示。

微课：排列窗口

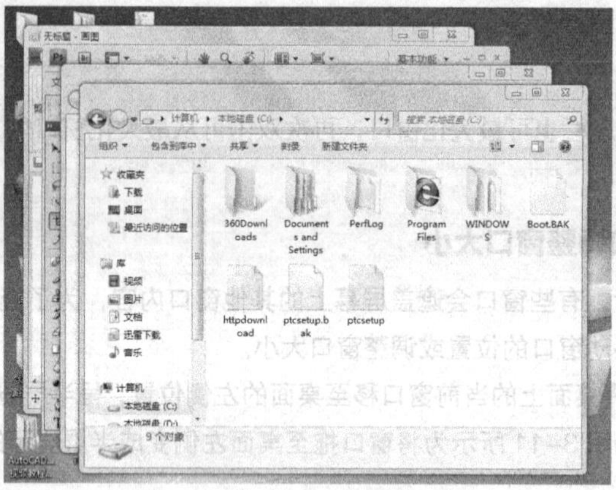

图 3-12 层叠窗口

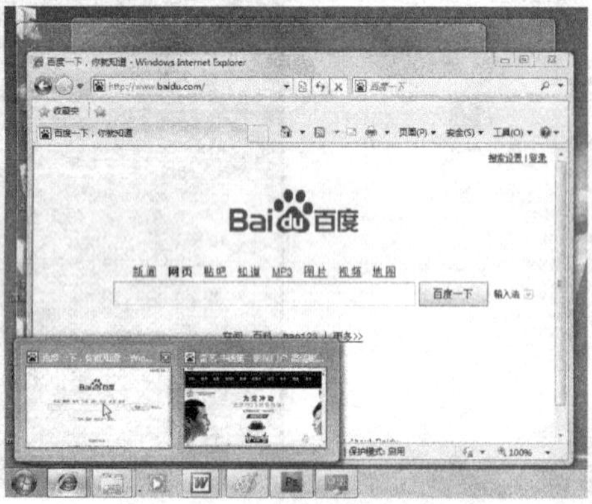

图 3-13 通过任务栏中的按钮切换

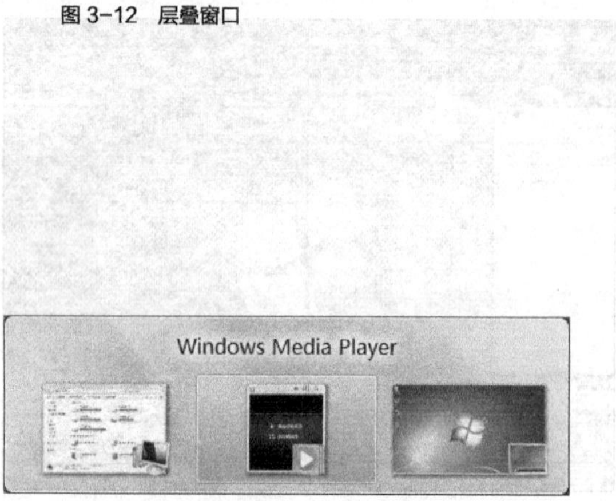

图 3-14 按【Alt+Tab】组合键切换

- 按【Win+Tab】组合键切换，如图 3-15 所示。

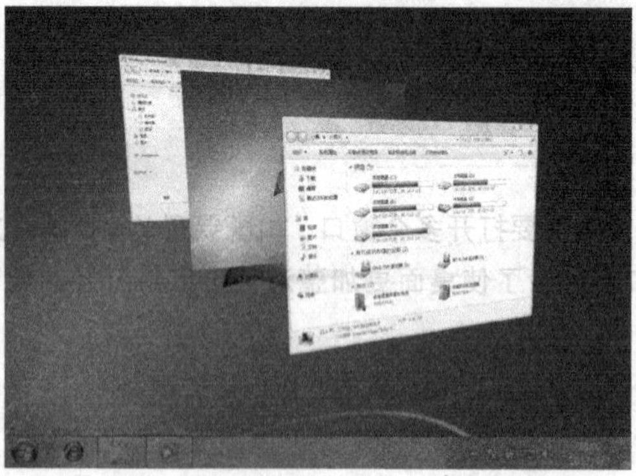

图 3-15 按【Win+Tab】组合键切换

6. 关闭窗口

对窗口的操作结束后要关闭窗口，关闭窗口有以下 5 种方法。

- 单击窗口标题栏右上角的“关闭”按钮 X 。
- 在窗口的标题栏上单击鼠标右键，在弹出的快捷菜单中选择“关闭”命令。

- 将鼠标指针指向某个任务缩略图后单击右上角的按钮。
- 将鼠标指针移动到任务栏中需要关闭窗口的任务图标上，单击鼠标右键，在弹出的快捷菜单中选择“关闭窗口”命令或“关闭所有窗口”命令。
- 按【Alt+F4】组合键。

（二）利用“开始”菜单启动程序

启动应用程序有多种方法，比较常用的是在桌面上双击应用程序的快捷方式图标和在“开始”菜单中选择启动的程序。下面介绍从“开始”菜单中启动应用程序的方法。

【例 3-5】通过“开始”菜单启动“腾讯 QQ”程序。

（1）单击“开始”按钮，打开“开始”菜单，如图 3-16 所示。

（2）如果高频使用区中没有要启动的程序，则选择“所有程序”命令，在显示的列表中依次单击展开程序所在的文件夹，再选择“腾讯 QQ”命令启动程序，如图 3-17 所示。

图 3-16 打开“开始”菜单

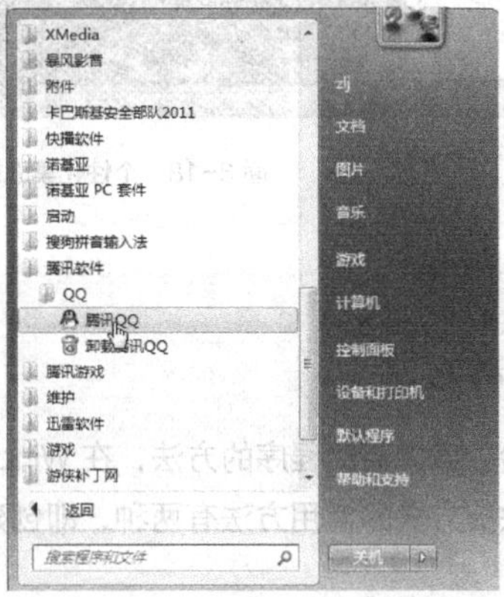

图 3-17 启动腾讯 QQ

微课：利用“开始”菜单启动程序

任务三 定制 Windows 7 工作环境

任务要求

小赵使用计算机进行办公自动化有一段时间了，为了提高资源使用效率和操作的方便，小赵准备对操作系统的工作环境进行个性化定制。具体要求如下。

- 在桌面上显示“计算机”和“控制面板”图标，然后将“计算机”图标样式更改为样式。
- 查找系统提供的应用程序“calc.exe”，并在桌面上建立快捷方式，快捷方式名为“My 计算器”。
- 在桌面上添加“日历”和“时钟”桌面小工具。
- 将系统自带的“建筑”Aero 主题作为桌面背景，设置图片每隔 1 小时更换一次，图片位置为“拉伸”。
- 设置屏幕保护程序的等待时间为“60”分钟，屏幕保护程序为“彩带”。
- 设置任务栏属性，实现自动隐藏任务栏，再设置“开始”菜单属性，将“电源按钮操作”设置为“切换用户”，同时设置“开始”菜单中显示的最近打开的程序的数目为 5 个。
- 将“图片库”中的“小狗”图片设置为账户图像，再创建一个名为“公用”的账户。

如图 3-18 所示为进行上述设置后的新的桌面效果。

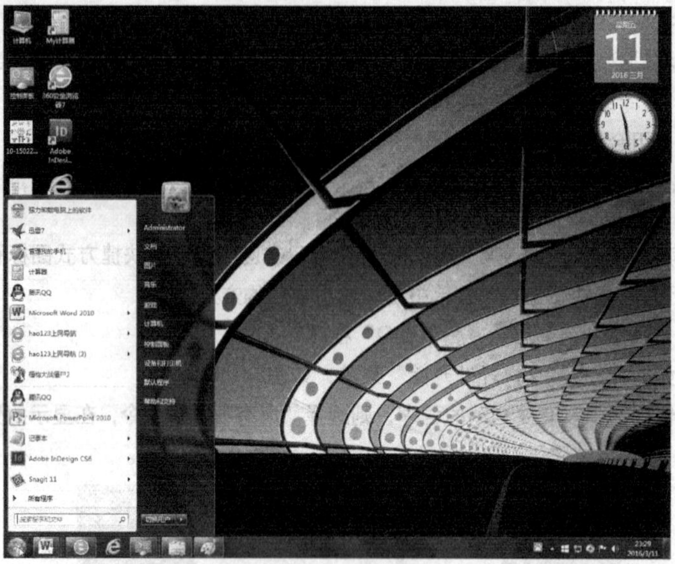

图 3-18　个性化桌面效果

相关知识

创建快捷方式的几种方法

前面介绍了利用“开始”菜单启动程序的方法，在 Windows 7 操作系统中还可以通过创建快捷方式来快速启动某个程序，创建快捷方式的常用方法有两种，即创建桌面快捷方式，将常用程序锁定到任务栏。

1. 桌面快捷方式

桌面快捷方式是指图片左下角带有符号的桌面图标，双击这类图标可以快速访问或打开某个程序，因此创建桌面快捷方式可以提高办公效率。用户可以根据需要在桌面上添加应用程序、文件或文件夹的快捷方式，其方法有如下 3 种。

- 在“开始”菜单中找到程序启动项的位置，单击鼠标右键，在弹出的快捷菜单中选择“发送到”子菜单下的“桌面快捷方式”命令。
- 在“计算机”窗口中找到文件或文件夹后，单击鼠标右键，在弹出的快捷菜单中选择“发送到”子菜单下的“桌面快捷方式”命令。
- 在桌面空白区域或打开“计算机”窗口中的目标位置，单击鼠标右键，在弹出的快捷菜单中选择“新建”子菜单下的“快捷方式”命令，打开图 3-19 所示的“创建快捷方式”对话框，单击 浏览(R)... 按钮，选择要创建快捷方式的程序文件，然后单击 下一步(N) 按钮，输入快捷方式的名称，单击 完成(F) 按钮，完成创建。

2. 将常用程序锁定到任务栏

将常用程序锁定到任务栏的常用方法有以下两种。

- 在桌面上或“开始”菜单中的程序启动快捷方式上单击鼠标右键，在弹出的快捷菜单中选择“锁定到任务栏”命令，或直接将该快捷方式拖动至任务栏左侧的程序区中。
- 如果要将已打开的程序锁定到任务栏，可在任务栏的程序图标上单击鼠标右键，在弹出的快捷菜单中选择“将此程序锁定到任务栏”命令，如图 3-20 所示。

如果要将任务中不再使用的程序图标解锁（即取消显示），可在要解锁的程序图标上单击鼠标右键，在弹出的快捷菜单中选择“将此程序从任务栏解锁”命令。

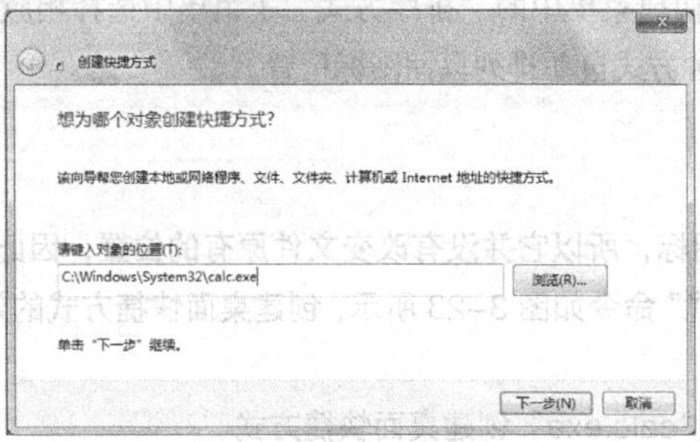

图 3-19　“创建快捷方式”对话框

图 3-20　将程序锁定到任务栏

提 示

如图 3-20 所示的快捷菜单又称为“跳转列表”，它是 Windows 7 的新增功能之一，即在该菜单上方列出了用户最近使用过的程序或文件，以方便用户快速打开。另外，在“开始”菜单中指向程序右侧的箭头，也可以弹出相对应的“跳转列表”。

任务实现

（一）添加和更改桌面系统图标

安装好 Windows 7 后第一次进入操作系统界面时，桌面上只显示“回收站”图标，此时可以通过设置来添加和更改桌面系统图标。

微课：添加和更改桌面系统图标

【例 3-6】在桌面上显示“控制面板”图标，显示并更改“计算机”图标。

（1）在桌面上单击鼠标右键，在弹出的快捷菜单中选择“个性化”命令，打开“个性化”窗口。

（2）单击“更改桌面图标”超链接，如图 3-21 所示。

（3）在中间列表框中选择“计算机”图标，单击 更改图标(H)... 按钮，在打开的“更改图标”对话框中选择图标样式，如图 3-22 所示。

（4）依次单击 确定 按钮，应用设置。

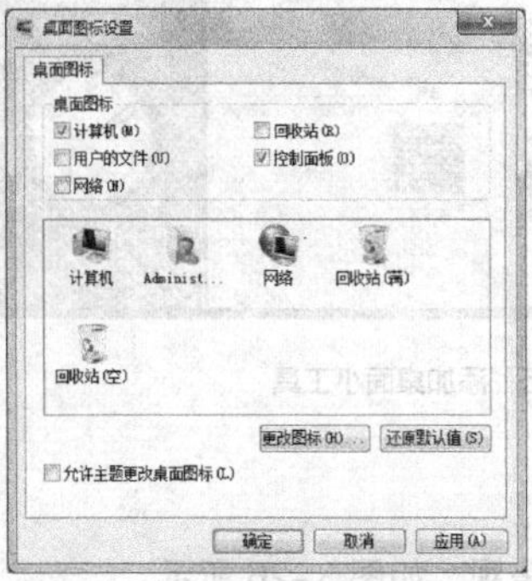

图 3-21　选择要显示的桌面图标

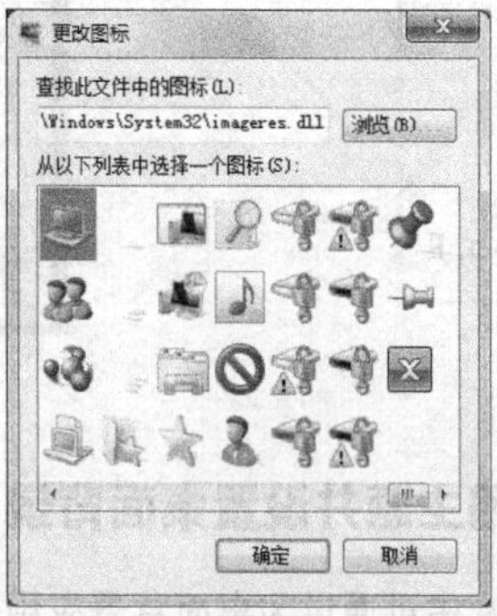

图 3-22　更改桌面图标样式

提示

在桌面空白区域单击鼠标右键，在弹出的快捷菜单中的“排序方式”子菜单中选择相应的命令，可以按照名称、大小、项目类型或修改日期 4 种方式自动排列桌面图标位置。

（二）创建桌面快捷方式

创建的桌面快捷方式只是一个快速启动图标，所以它并没有改变文件原有的位置，因此若删除桌面快捷方式，不会删除原文件。选择“桌面快捷方式”命令如图 3-23 所示，创建桌面快捷方式的效果如图 3-24 所示。

【例 3-7】为系统自带的计算器应用程序“calc.exe”创建桌面快捷方式。

微课：创建桌面快捷方式

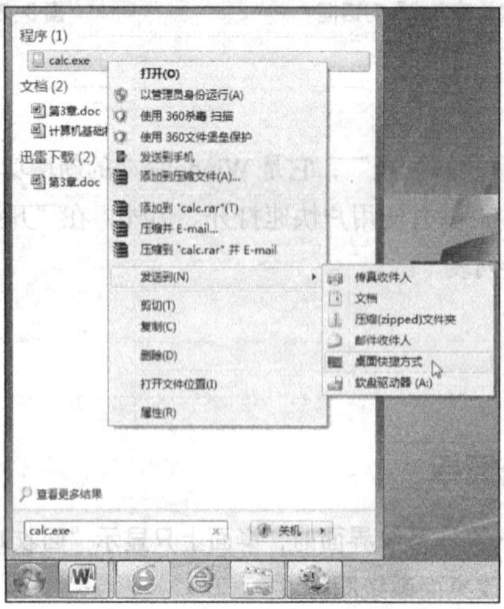

图 3-23 选择“桌面快捷方式”命令

图 3-24 创建桌面快捷方式的效果

（三）添加桌面小工具

【例 3-8】添加时钟和日历桌面小工具。

Windows 7 为用户提供了一些桌面小工具程序，显示在桌面上既美观又实用。如图 3-25 所示。

微课：添加桌面小工具

图 3-25 添加桌面小工具

（四）应用主题并设置桌面背景

在 Windows 中可通过为桌面背景应用主题，让其更加美观，如图 3-26 所示。

【例 3-9】应用系统自带的“建筑”Aero 主题，并对背景图片的参数进行相应设置。

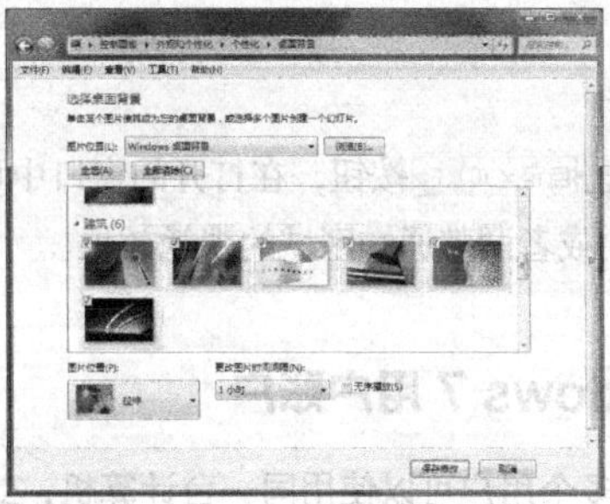

图 3-26　应用主题后设置桌面背景

微课：应用主题并设置桌面背景

（五）设置屏幕保护程序

【例 3-10】设置“彩带”样式的屏幕保护程序。

在一段时间不操作计算机时，通过屏幕保护程序可以使屏幕暂停显示或以动画显示，让屏幕上的图像或字符不会长时间停留在某个固定位置上，从而可以保护显示器屏幕。如图 3-27 所示。

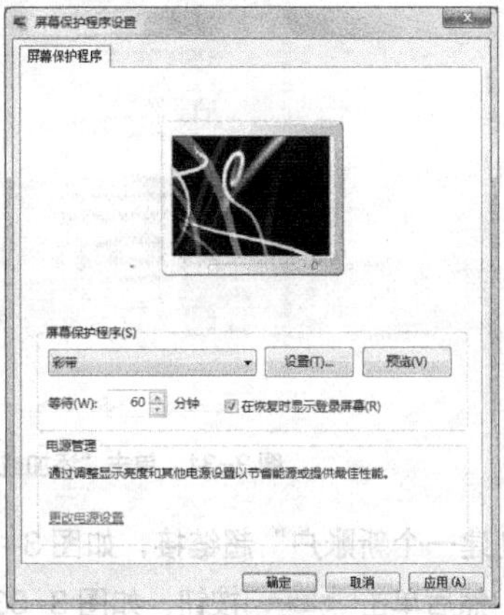

图 3-27　设置“彩带”屏幕保护程序

微课：设置屏幕保护程序

（六）自定义任务栏和“开始”菜单

【例 3-11】设置自动隐藏任务栏并定义“开始”菜单的功能。

设置电源按钮功能和显示最近打开过的程序的数目如图 3-28 和图 3-29 所示。

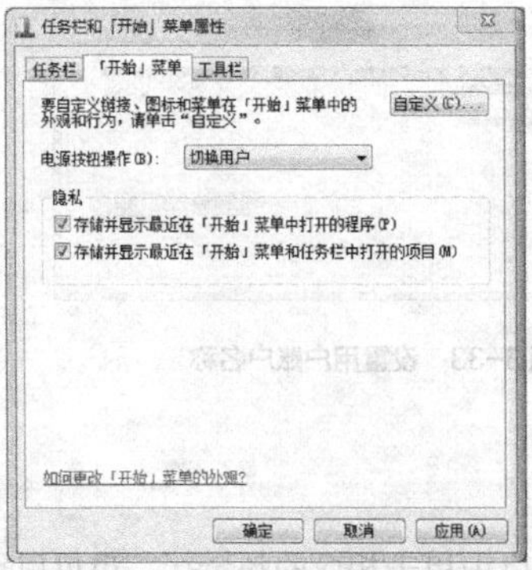

图 3-28　设置电源按钮功能

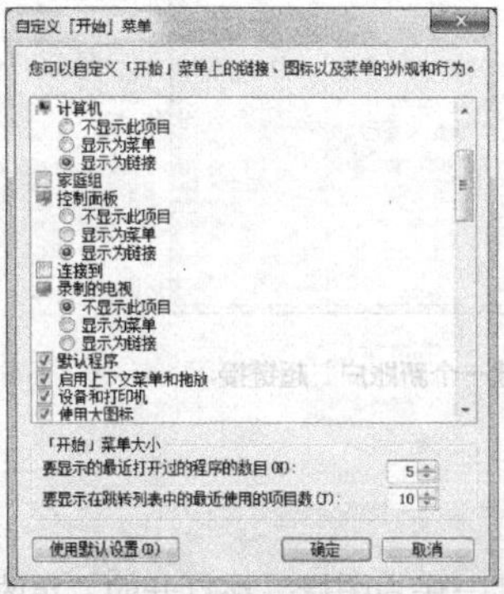

图 3-29　设置要显示的最近打开过的程序的数目

微课：自定义任务栏和“开始”菜单

提示

在如图 3-28 所示中的“任务栏”选项卡中单击[自定义(C)...]按钮，在打开的窗口中可以设置任务栏通知区域中的图标的显示行为，如设置隐藏或显示，或者调整通知区域的视觉效果。

微课：设置 Windows 7 用户账户

（七）设置 Windows 7 用户账户

在 Windows 7 中，多个用户可以使用同一台计算机，此时，只需为每个用户建立一个独立的账户即可，每个用户可以用自己的账号登录 Windows 7，并且多个用户之间的 Windows 7 设置是相对独立的，且互不影响的。

【例 3-12】设置账户的图片样式并创建一个新账户。

设置用户账户图片及“添加或删除用户账户”超链接如图 3-30 和图 3-31 所示。

图 3-30　设置用户账户图片

图 3-31　单击“添加或删除用户账户”超链接

（1）在打开的“管理账户”窗口中单击“创建一个新账户”超链接，如图 3-32 所示。

（2）在打开的窗口中输入账户名称“公用”，然后单击[创建帐户]按钮，如图 3-33 所示，完成账户的创建，同时完成本任务的所有设置操作。

图 3-32　单击“创建一个新账户”超链接

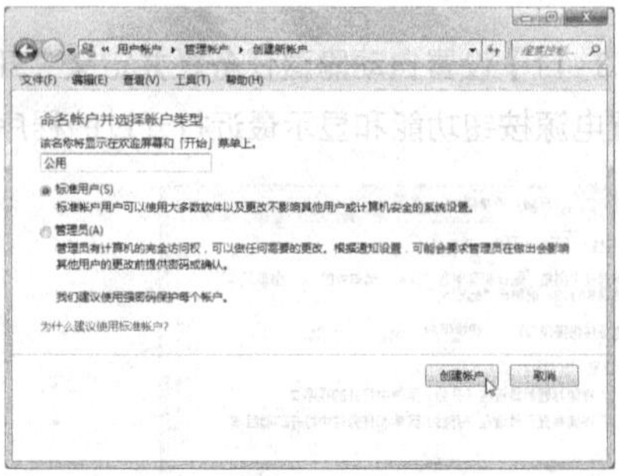

图 3-33　设置用户账户名称

提示

在如图 3-32 所示中单击某一账户图标，在打开的“更改账户”窗口中单击相应的超链接，也可以更改账户的图片样式，或是更改账户名称、创建或修改密码等。

项目四
管理计算机中的资源

在使用计算机的过程中，文件、文件夹等资源的管理是非常重要的。本项目将通过 2 个任务，介绍在 Windows 7 中，如何利用资源管理器来管理计算机中的文件和文件夹，包括对文件和文件夹进行新建、移动、复制、重命名及删除等操作，并介绍如何安装计算机的操作系统。

课堂学习目标

- 管理文件和文件夹资源
- 操作系统的安装

任务一 管理文件和文件夹资源

任务要求

赵刚是某公司人力资源部的员工，主要负责人员招聘活动以及日常办公室管理。为了管理上的需要，赵刚经常会在计算机中存放一些工作中的日常文档，同时还需要对相关的文件进行新建、重命名、移动、复制、删除、搜索和设置文件属性等操作，具体要求如下。

- 在G盘根目录下新建“办公”文件夹，存放“公司简介.txt”“公司员工名单.xlsx”两个文件，再在新建的“办公”文件夹中创建“文档”和“表格”两个子文件夹。
- 将前面新建的“公司员工名单.xlsx”文件移动到“表格”子文件夹中，将“公司简介.txt”文件复制到“文档”文件夹中并修改文件名为“招聘信息.txt”。
- 删除G盘根目录下的“公司简介.txt”文件，然后通过回收站查看后再进行还原。
- 搜索E磁盘下的所有JPG格式的图片文件。
- 将“公司员工名单.xlsx”文件的属性修改为只读。
- 新建一个“办公”库，将“表格”文件夹添加到“办公”库中。

相关知识

（一）文件管理的相关概念

在管理文件过程中，会涉及以下几个相关概念。

- 硬盘分区与盘符。硬盘分区是指将硬盘划分为几个独立的区域，这样可以更加方便地存储和管理数据，一般是在安装系统时对硬盘进行格式化分区。盘符是Windows系统对于磁盘存储设备的标识符，一般使用英文字符加上一个冒号“:”来标识，如“本地磁盘(C:)”，“C”就是该盘的盘符。
- 文件。文件是指保存在计算机中的各种信息和数据，计算机中的文件包括的类型很多，如文档、表格、图片、音乐和应用程序等。在默认情况下，文件由文件图标、文件名称和文件扩展名3部分组成，如作息时间表.docx表示一个Word文件，其扩展名为.docx。
- 文件夹。用于保存和管理计算机中文件的地方，其本身没有任何内容，却可放置多个文件和子文件夹，以方便用户能够快速找到需要的文件。文件夹一般由文件夹图标和文件夹名称两部分组成。
- 文件路径。在对文件进行操作时，除了要知道文件名外，还需要指出文件所在的盘符和文件夹，即文件在计算机中的位置，称为文件路径。文件路径包括相对路径和绝对路径两种。绝对路径是指文件或目录在硬盘上存放的绝对位置，如“D:\图片\标志.jpg”表示“标志.jpg”文件是在D盘的“图片”目录中。在Windows 7系统中单击地址栏的空白处，即可查看打开的文件夹的路径。
- 资源管理器。资源管理器是指“计算机”窗口左侧的导航窗格，它将计算机资源分为收藏夹、库、家庭组、计算机和网络等类别，可以方便用户更好、更快地组织、管理及应用资源。打开资源管理器的方法为双击桌面上的“计算机”图标或单击任务栏上的“Windows 资源管理器”按钮。打开“资源管理器”对话框，单击导航窗格中各类别图标左侧的◢图标，便可依次按层级展开文件夹，选择需要的文件夹后，其右侧将显示相应的文件内容，如图4-1所示。

图 4-1 资源管理器

提示

为了便于查看和管理文件，用户可根据当前窗口中文件和文件夹的多少、文件的类型更改当前窗口中文件和文件夹的视图方式。其方法是：在打开的文件夹窗口中单击工具栏右侧的 按钮，在打开的下拉列表中可选择大图标、中等图标、小图标和列表等视图显示方式。

（二）选择文件的几种方式

对文件或文件夹进行复制和移动等操作前，要先选择文件或文件夹，选择的方法主要有以下 5 种。

- 选择单个文件或文件夹。
- 选择多个相邻的文件和文件夹。可在窗口空白处按住鼠标左键不放，并拖动鼠标框选需要选择的多个对象，再释放鼠标即可。
- 选择多个连续的文件和文件夹。用鼠标选择第一个对象，按住【Shift】键不放，再单击最后一个对象，可选择两个对象中间的所有对象。
- 选择多个不连续的文件和文件夹。按住【Ctrl】键不放，再依次单击所要选择的文件或文件夹，可选择多个不连续的文件和文件夹。
- 选择所有文件和文件夹。直接按【Ctrl+A】组合键，或选择【编辑】/【全选】命令，可以选择当前窗口中的所有文件或文件夹。

任务实现

（一）文件和文件夹基本操作

文件和文件夹的基本操作包括新建、移动、复制、删除和查找等，下面将结合前面的任务要求对操作方法进行讲解。

1. 新建文件和文件夹

新建文件是指根据计算机中已安装的程序类别，新建一个相应类型的空白文件，新建后可以双击打开并编辑文件内容。如果需要将一些文件分类整理在一个文件夹中以便日后管理，此时就需要新建文件夹。

微课：新建文件和文件夹

【例 4-1】新建“公司简介.txt”文件和“公司员工名单.xlsx”文件。

新建文本文档操作如图 4-2 所示，新建的文档效果如图 4-3 所示。

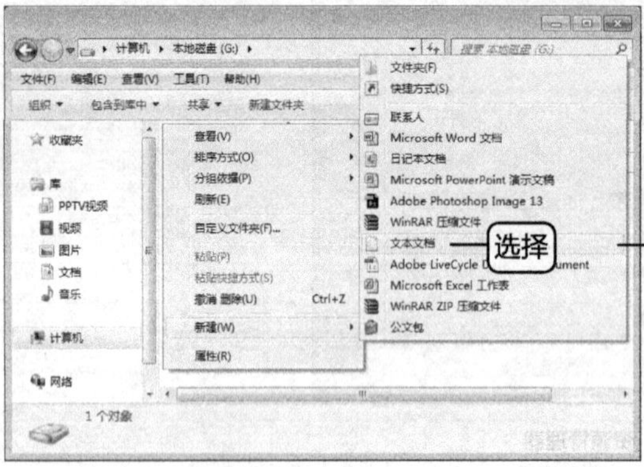

图 4-2　选择新建命令

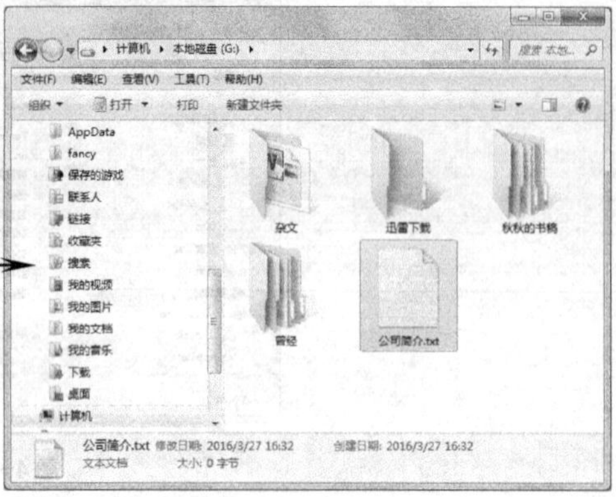

图 4-3　命名文件

（1）选择【文件】/【新建】/【新建 Microsoft Excel 工作表】命令，效果如图 4-4 所示。

（2）选择【文件】/【新建】/【文件夹】命令，完成文件夹的新建，如图 4-5 所示。

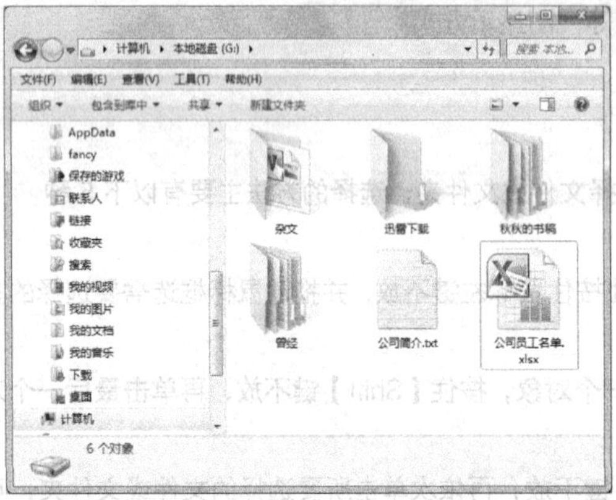

图 4-4　新建 Excel 工作表

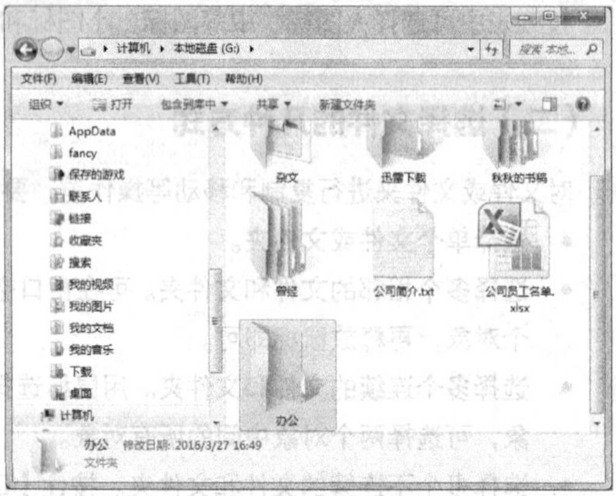

图 4-5　新建文件夹

（3）双击新建的“办公”文件夹，新建“表格”和“文档”子文件夹，如图 4-6 所示。

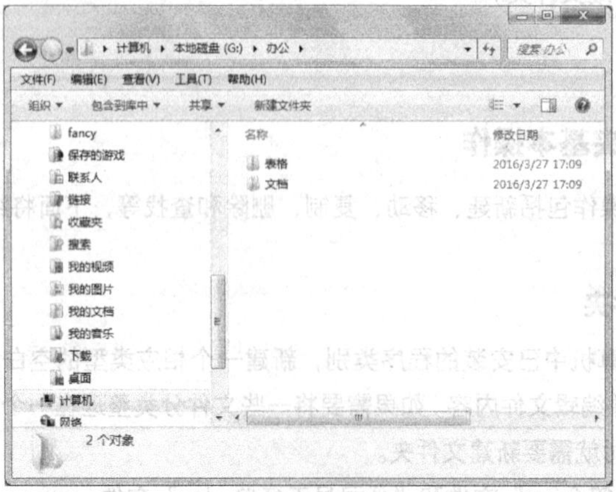

图 4-6　新建子文件夹

注意

重命名文件名称时不要修改文件的扩展名部分，一旦修改将可能导致文件无法正常打开。此时，可将扩展名重新修改为正确模式便可打开。此外，文件名可以包含字母、数字和空格等，但不能有“?、*、/、\、<、>、：”等。

2. 移动、复制文件和文件夹

移动文件是将文件或文件夹移动到另一个文件夹中；复制文件或文件夹相当于为文件或文件夹做一个备份，即原文件夹下的文件或文件夹仍然存在；重命名文件或文件夹即为文件或文件夹更换一个新的名称。

【例 4-2】移动“公司员工名单.xlsx”文件，复制“公司简介.txt”文件，并将复制的文件重命名为“招聘信息”。

如图 4-7 所示，将选择的文件剪切到剪贴板中，此时文件呈灰色透明显示效果。

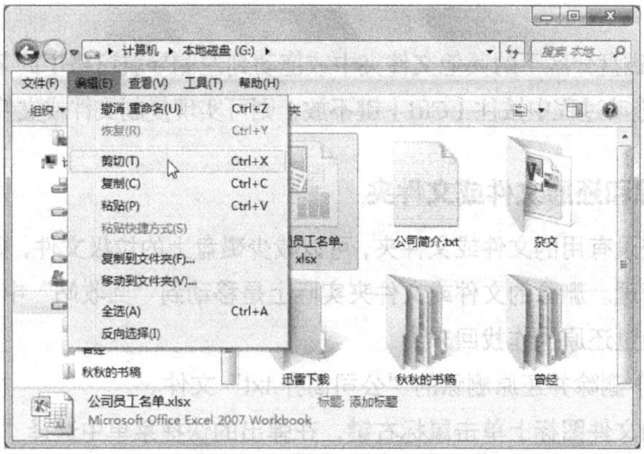

图 4-7　选择“剪切”命令

微课：移动、复制重命名文件和文件夹

选择【编辑】/【粘贴】命令（可直接按【Ctrl+V】组合键），如图 4-8 所示，即可将剪切到剪贴板中的“公司员工名单.xlsx”文件粘贴到“表格”窗口中，完成文件的移动，效果如图 4-9 所示。

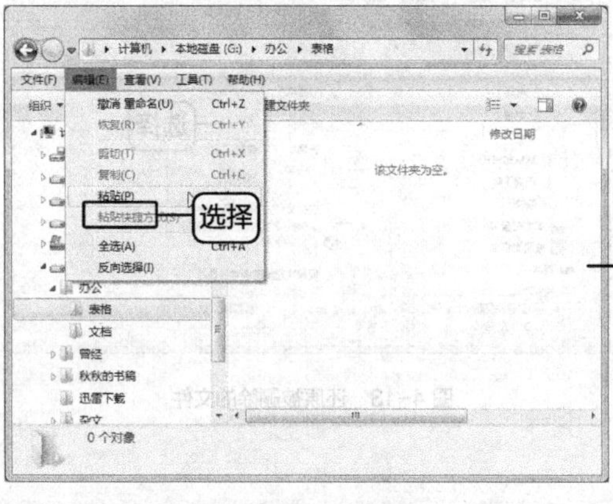

图 4-8　执行“粘贴”命令

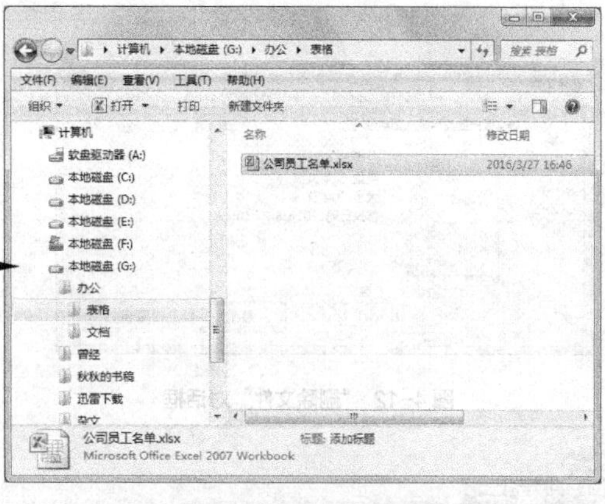

图 4-9　移动文件后的效果

如图 4-10 所示，将选择的文件复制到剪贴板中，此时原窗口中的文件不会发生任何变化，最终效果如图 4-11 所示。

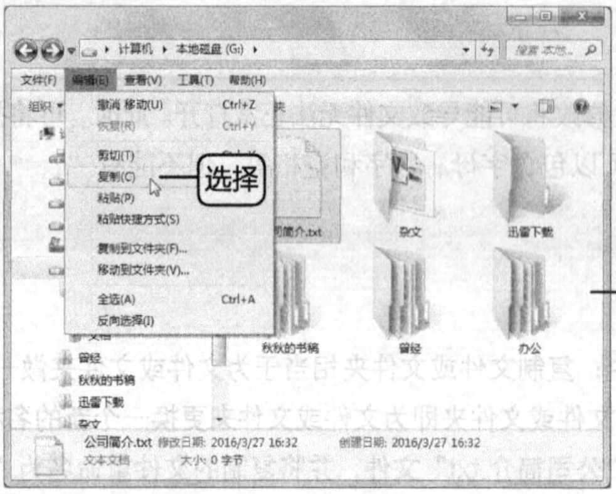

图 4-10 选择“复制”命令

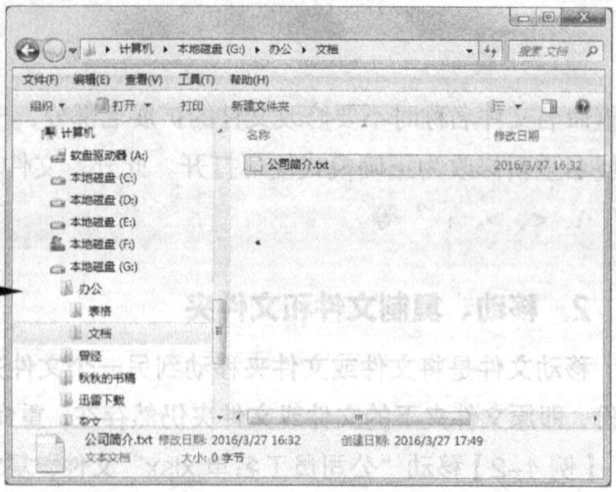

图 4-11 复制文件后的效果

提 示

将选择的文件或文件夹拖动到同一磁盘分区下的其他文件夹中或拖动到左侧导航窗格中的某个文件夹选项上，可以移动文件或文件夹，在拖动过程中按住【Ctrl】键不放，则可实现复制文件或文件夹的操作。

微课：删除和还原文件或文件夹

3. 删除和还原文件或文件夹

删除一些没有用的文件或文件夹，可以减少磁盘上的垃圾文件，释放磁盘空间，同时也便于管理。删除的文件或文件夹实际上是移动到“回收站”中，若误删除文件，还可以通过还原操作找回来。

【例 4-3】删除并还原删除的“公司简介.txt”文件。

在选择的文件图标上单击鼠标右键，在弹出的快捷菜单中选择“删除”命令，或按【Delete】键，此时系统会打开如图 4-12 所示的提示对话框；在要还原的“公司简介.txt”文件上单击鼠标右键，在弹出的快捷菜单中选择“还原”命令，如图 4-13 所示，即可将其还原到被删除前的位置。

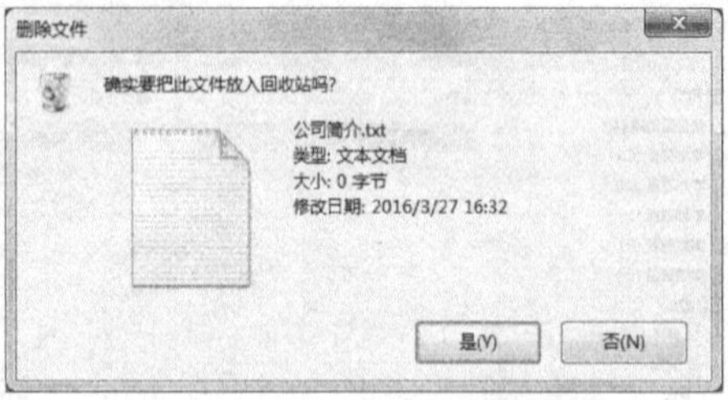

图 4-12 “删除文件”对话框

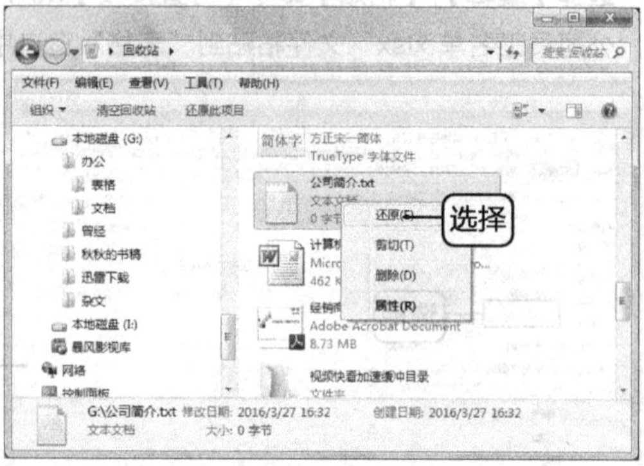

图 4-13 还原被删除的文件

提 示

选择文件后，按【Shift+Delete】组合键将不通过回收站，直接将文件从计算机中删除。此外，放入回收站中的文件仍然会占用磁盘空间，在“回收站”窗口中单击工具栏中的 清空回收站 按钮才能彻底删除。

4. 查找文件或文件夹

如果用户不知道文件或文件夹在磁盘中的位置，可以使用 Windows 7 的搜索功能来查找。搜索时如果不记得文件的名称，可以使用模糊搜索功能，其方法是：用通配符“*”来代替任意数量的任意字符，如“*.mp3”表示搜索当前位置下所有类型为 MP3 格式的文件。

【例 4-4】搜索 E 盘中的 JPG 图片。

用户只需在资源管理器中打开需要搜索的位置，在窗口地址栏后面的搜索框中输入要搜索的文件信息，并在文件显示区中显示搜索结果，如图 4-14 所示。

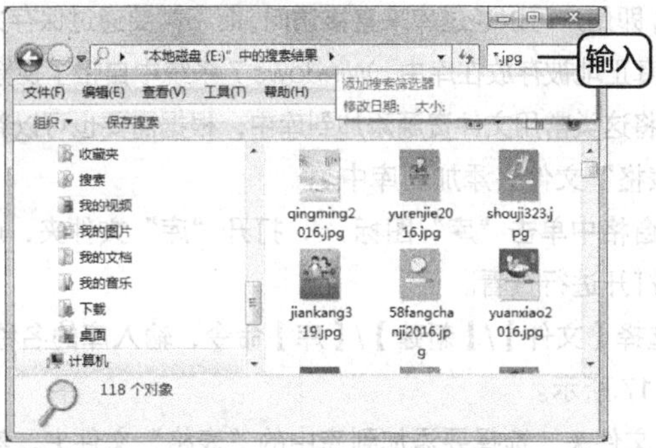

微课：搜索文件或文件夹

图 4-14　搜索 E 盘中的 JPG 格式文件

（二）设置文件和文件夹属性

文件属性主要包括隐藏属性、只读属性和归档属性 3 种。用户在查看磁盘文件的名称时，系统一般不会显示具有隐藏属性的文件名，具有隐藏属性的文件不能被删除、复制和更名，以起到保护作用；对于具有只读属性的文件，可以查看和复制，不会影响它的正常使用，但不能修改和删除文件，以避免意外删除和修改；文件被创建之后，系统会自动将其设置成归档属性，即可以随时进行查看、编辑和保存。在“公司员工名单.xlsx”文件上单击鼠标右键，如图 4-15 所示，可以更改文件的属性。

【例 4-5】更改“公司员工名单.xlsx”文件的属性。

如果是修改文件夹的属性，应用设置后还将打开如图 4-16 所示的“确认属性更改”对话框。

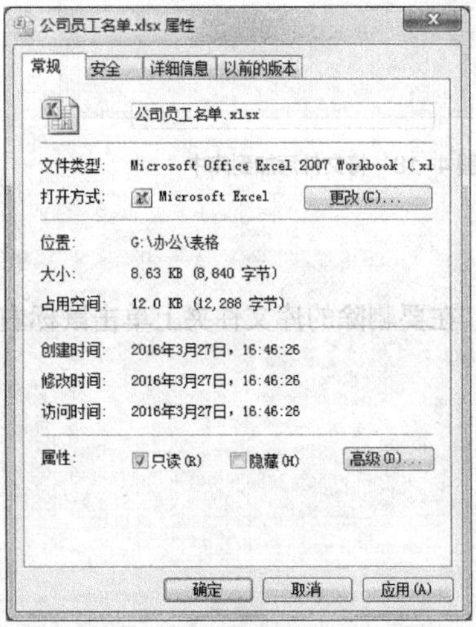

图 4-15　文件属性设置对话框

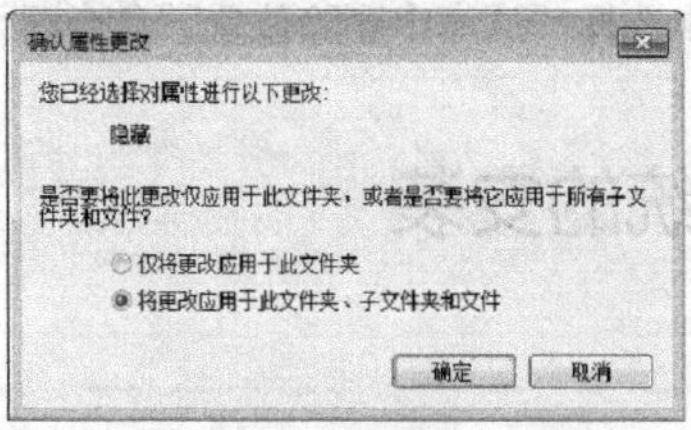

微课：设置文件和文件夹属性

图 4-16　选择文件夹属性应用方式

提示

在图 4–15 所示的窗口中，单击 高级(D)... 按钮可以打开“高级属性”对话框，在其中可以设置文件或文件夹的存档和加密属性。

微课：使用库

（三）使用库

库是 Windows 7 操作系统中的一个新概念，其功能类似于文件夹，但它只是提供管理文件的索引，即用户可以通过库来直接访问，而不需要通过保存文件的位置去查找，所以文件并没有真正地被存放在库中。Windows 7 系统中自带了视频、图片、音乐和文档 4 个库，以便将这类常用文件资源添加到库中，根据需要也可以新建库文件夹。

【例 4–6】新建“办公”库，将“表格”文件夹添加到库中。

（1）打开“计算机”窗口，在导航窗格中单击“库”图标，打开“库”文件夹，此时在右侧窗口中将显示所有库，双击各个库文件夹便可打开进行查看。

（2）单击工具栏中的 新建库 按钮或选择【文件】/【新建】/【库】命令，输入库的名称“办公”，然后按【Enter】键，即可新建一个库，如图 4–17 所示。

（3）在导航窗格中选择“G:\办公”文件夹，选择要添加到库中的“表格”文件夹，然后选择【文件】/【包含到库中】/【办公】命令，即可将选择的文件夹中的文件添加到前面新建的“办公”库中，以后就可以通过“办公”库来查看文件了，效果如图 4–18 所示。用同样的方法还可将计算机中其他位置下的相关文件分别添加到库中。

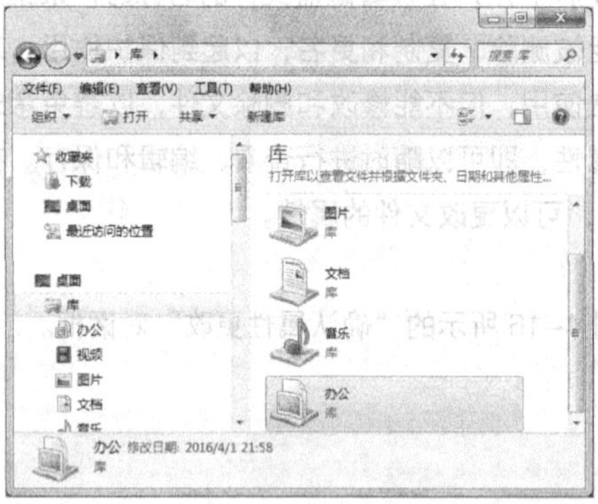

图 4–17　新建库

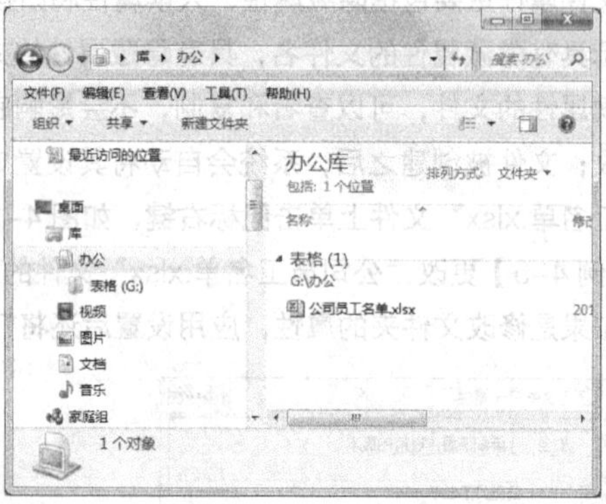

图 4–18　将文件添加到库中

提示

当不再需要使用库中的文件时，可以将其删除，其删除方法是：在要删除的库文件夹上单击鼠标右键，在弹出的快捷菜单中选择“从库中删除位置”命令即可。

任务二　操作系统的安装

任务要求

小张在工作的过程当中误删了操作系统中的一些重要文件导致系统崩溃，使用了各种方法都无法修复系统，计算机系统无法正常启动。为了能继续正常使用计算机，小张只能重新安装操作系统。

本任务要求了解计算机启动方式的修改方法以及如何使用系统光盘或 U 盘安装 Windows7 操作系统。

相关知识

（一）认识计算机启动项

安装计算机系统的时候，可以选择用光盘安装，也可以选择用 U 盘引导安装系统。这两种办法需要设置计算机的 BIOS 启动项，那么如何设置计算机的启动项呢？

首先，需要进入计算机 BIOS 设置界面，BIOS 的设置界面在不同品牌型号的计算机中的功能键是不一样的，这个取决于主板厂家在出厂时的设计，有的计算机开机时按 F1 键进入，有的按 DEL 键等，在开机的初始屏幕上会有文字提示，以联想台式计算机为例，如图 4-19 所示。

图 4-19　开机屏幕提示

进入了 BIOS 设置界面后，通常会有一个 BOOT 选项，在 BOOT 选项下选择相应的启动源进行启动，如图 4-20 所示，常用启动项如表 4-1 所示。

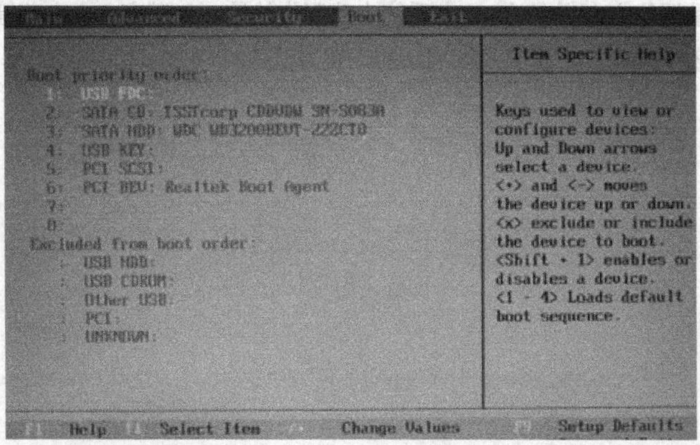

图 4-20　BIOS 界面

表 4-1 常用启动项

名称	启动项
CD/DVD	光驱启动（光盘安装系统时使用）
USB HDD	移动存储启动（U 盘安装系统时使用）
USB CDROM	移动光驱启动（光盘安装系统时使用）
SATA HDD	硬盘启动（操作系统正常启动时使用）

（二）操作系统的安装步骤

选择好启动项后就可以开始安装操作系统，如使用光盘进行安装，把光盘放入光驱后启动计算机，计算机则会从系统安装光盘启动，出现操作系统安装的导航界面如图 4-21 所示，跟着导航一步一步往下设置，直到出现系统启动界面，如图 4-22 所示。

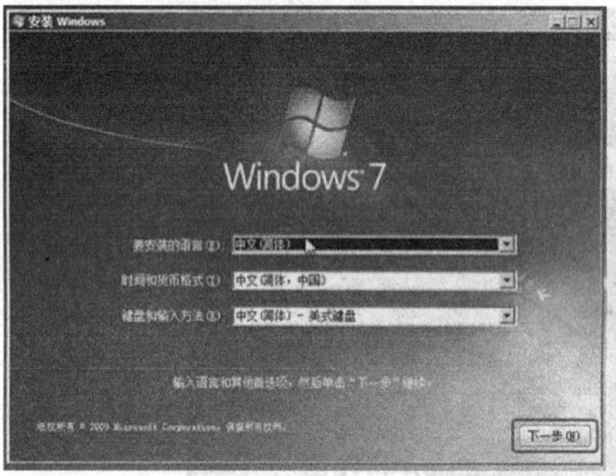

图 4-21 系统安装导航界面

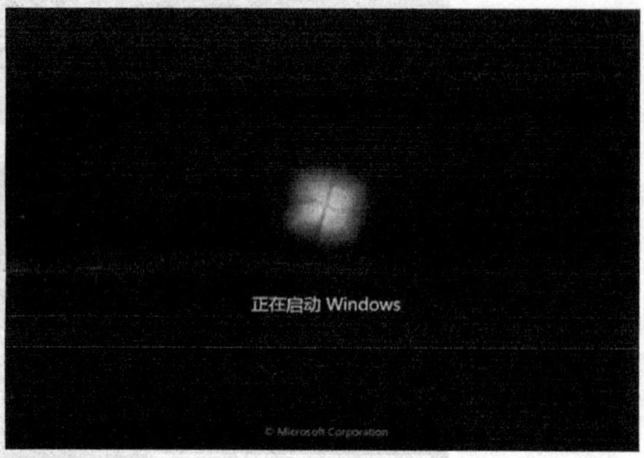

图 4-22 系统启动界面

注 意

现在大部分人重装系统都采用 U 盘启动的方式，因为比光盘安装更加快捷，但是前提是必须要制作 U 盘系统启动盘，目前网络上有很多的 U 盘系统启动制作软件，如深度、大白菜等。同学们可以通过网络搜索，查询不同软件的制作方法及系统启动的设置方法。

项目五
编辑 Word 文档

Word 是 Microsoft 公司推出的 Office 办公软件的核心组件之一，它是一个功能强大的文字处理软件。使用 Word 不仅可以进行简单的文字处理，还能制作出图文并茂的文档，以及进行长文档的排版和特殊版式的编排。本项目将通过 3 个典型任务，介绍 Word 2010 的基本操作，包括启动与退出 Word 2010、Word 2010 工作界面的组成、操作 Word 文档、设置文档格式和图文混排等内容。

课堂学习目标

- 输入和编辑学习计划
- 编辑招聘启事
- 编辑公司简介

任务一 输入和编辑学习计划

任务要求

小赵是一名大学生，开学第一天，辅导老师要求大家针对本学期的学习制订一份电子学习计划，以提高学习效率。接到任务后，小赵写完学习计划文档，如图 5-1 左图所示，然后利用 Word 2010 相关功能完成学习计划文档的编辑，效果如图 5-1 右图所示，具体要求如下。

- 新建一个空白文档，并将其以“学习计划”命名进行保存。
- 在文档中通过空格或即点即输的方式输入如图 5-1 左图所示的文本。
- 将“2016 年 3 月”文本移动到文档末尾右下角。
- 查找全文中的“自已” 并替换为“自己”。
- 将文档标题“学习计划”修改为“计划”。
- 撤销并恢复所做的修改，然后保存文档。

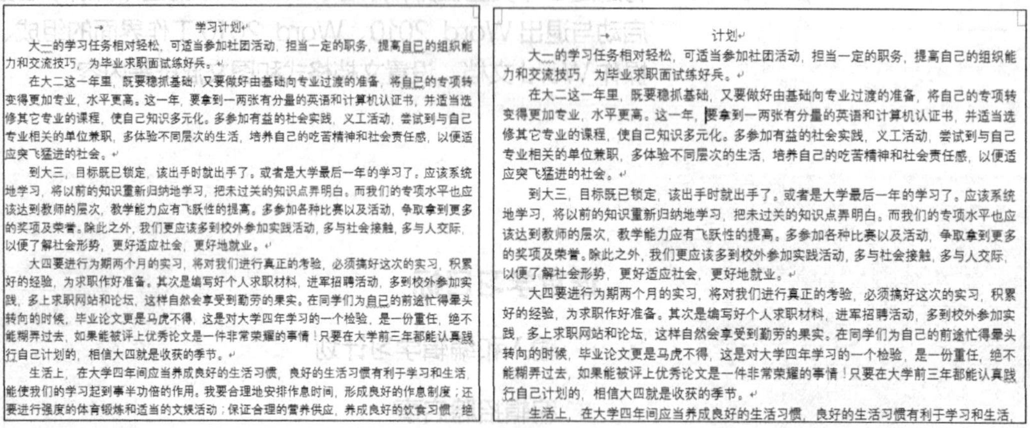
学习计划

大一的学习任务相对轻松，可适当参加社团活动，担当一定的职务，提高自已的组织能力和交流技巧，为毕业求职面试练好兵。

在大二这一年里，既要稳抓基础，又要做好由基础向专业过渡的准备，将自已的专项转变得更加专业，水平更高。这一年，要拿到一两张有分量的英语和计算机认证书，并适当选修其它专业的课程，使自己知识多元化。多参加有益的社会实践，义工活动，尝试到与自己专业相关的单位兼职，多体验不同层次的生活，培养自己的吃苦精神和社会责任感，以便适应突飞猛进的社会。

到大三，目标既已锁定，该出手时就出手了。或者是大学最后一年的学习了。应该系统地学习，将以前的知识重新归纳地学习，把未过关的知识点弄明白。而我们的专项水平也应该达到教师的层次，教学能力应有飞跃性的提高。多参加各种比赛以及活动，争取拿到更多的奖项及荣誉。除此之外，我们更应该多到校外参加实践活动，多与社会接触，多与人交际，以便了解社会形势，更好适应社会，更好地就业。

大四要进行为期两个月的实习，将对我们进行真正的考验，必须搞好这次的实习，积累好的经验，为求职作好准备。其次是编写好个人求职材料，进军招聘活动，多到校外参加实践，多上求职网站和论坛，这样自然会享受到勤劳的果实。在同学们为自已的前途忙得晕头转向的时候，毕业论文更是马虎不得，这是对大学四年学习的一个检验，是一份重任，绝不能糊弄过去，如果能被评上优秀论文是一件非常荣耀的事情！只要在大学前三年都能认真践行自己计划的，相信大四就是收获的季节。

生活上，在大学四年间应当养成良好的生活习惯，良好的生活习惯有利于学习和生活，能使我们的学习起到事半功倍的作用。我要合理地安排作息时间，形成良好的作息制度；还要进行强度的体育锻炼和适当的文娱活动；保证合理的营养供应，养成良好的饮食习惯；绝

计划

大一的学习任务相对轻松，可适当参加社团活动，担当一定的职务，提高自己的组织能力和交流技巧，为毕业求职面试练好兵。

在大二这一年里，既要稳抓基础，又要做好由基础向专业过渡的准备，将自己的专项转变得更加专业，水平更高。这一年，要拿到一两张有分量的英语和计算机认证书，并适当选修其它专业的课程，使自己知识多元化。多参加有益的社会实践，义工活动，尝试到与自己专业相关的单位兼职，多体验不同层次的生活，培养自己的吃苦精神和社会责任感，以便适应突飞猛进的社会。

到大三，目标既已锁定，该出手时就出手了。或者是大学最后一年的学习了。应该系统地学习，将以前的知识重新归纳地学习，把未过关的知识点弄明白。而我们的专项水平也应该达到教师的层次，教学能力应有飞跃性的提高。多参加各种比赛以及活动，争取拿到更多的奖项及荣誉。除此之外，我们更应该多到校外参加实践活动，多与社会接触，多与人交际，以便了解社会形势，更好适应社会，更好地就业。

大四要进行为期两个月的实习，将对我们进行真正的考验，必须搞好这次的实习，积累好的经验，为求职作好准备。其次是编写好个人求职材料，进军招聘活动，多到校外参加实践，多上求职网站和论坛，这样自然会享受到勤劳的果实。在同学们为自己的前途忙得晕头转向的时候，毕业论文更是马虎不得，这是对大学四年学习的一个检验，是一份重任，绝不能糊弄过去，如果能被评上优秀论文是一件非常荣耀的事情！只要在大学前三年都能认真践行自己计划的，相信大四就是收获的季节。

生活上，在大学四年间应当养成良好的生活习惯，良好的生活习惯有利于学习和生活，

图 5-1 “学习计划”文档效果

相关知识

（一）启动和退出 Word 2010

在计算机中安装 Office 2010 后便可启动相应的组件，包括 Word 2010、Excel 2010 和 PowerPoint 2010，其中各个组件的启动方法相同。下面以启动 Word 2010 为例进行讲解。

1. 启动 Word 2010

Word 2010 的启动很简单，与其他常见应用软件的启动方法相似，主要有以下 3 种。

- 选择【开始】/【所有程序】/【Microsoft Office】/【Microsoft Word 2010】命令。
- 创建了 Word 2010 的桌面快捷方式后，双击桌面上的快捷方式图标。
- 在任务栏中的“快速启动区”单击 Word 2010 图标。

2. 退出 Word 2010

退出 Word 2010 主要有以下 4 种方法。

- 选择【文件】/【退出】命令。
- 单击 Word 2010 窗口右上角的“关闭”按钮 。
- 按【Alt+F4】组合键。
- 单击 Word 窗口左上角的控制菜单图标，在打开的下拉列表中选择“关闭”选项。

（二）熟悉 Word 2010 工作界面

启动 Word 2010 后将进入其操作界面，如图 5-2 所示，下面主要对 Word 2010 操作界面中主要组成部分进行介绍。

1. 标题栏

标题栏位于 Word 2010 操作界面的最顶端，用于显示程序名称和文档名称，右侧的“窗口控制”按钮组（包含“最小化”按钮、“最大化”按钮和“关闭”按钮，可最小化、最大化和关闭窗口）。

2. 快速访问工具栏

快速访问工具栏中显示了一些常用的工具按钮，用户还可自定义按钮，只需单击该工具栏右侧的“下拉”按钮，在打开的下拉列表中选择相应选项即可。

3. “文件”菜单

该菜单中的内容与 Office 其他版本中的“文件”菜单类似，主要用于执行与该组件相关文档的新建、打开和保存等基本命令，菜单右侧列出了用户经常使用的文档名称，菜单最下方的“选项”命令可打开“选项”对话框，在其中可对 Word 组件进行常规、显示和校对等多项设置。

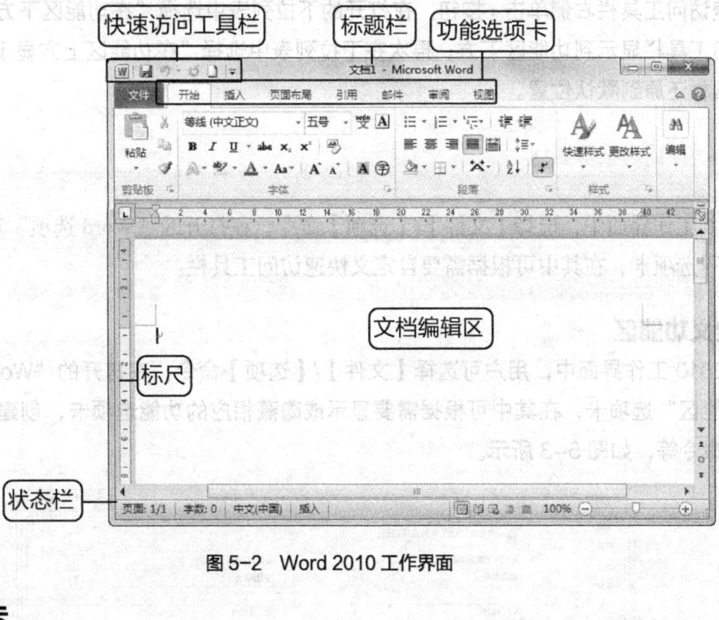

图 5-2　Word 2010 工作界面

4. 功能选项卡

Word 2010 默认包含了 7 个功能选项卡，单击任一选项卡可打开对应的功能区，单击其他选项卡可分别切换到相应的选项卡，每个选项卡中包含了相应的功能组集合。

5. 标尺

标尺主要用于对文档内容进行定位，位于文档编辑区上侧称为水平标尺，左侧称为垂直标尺，通过拖动水平标尺中的缩进按钮还可快速调节段落的缩进和文档的边距。

6. 文档编辑区

文档编辑区指输入与编辑文本的区域，对文本进行的各种操作结果都显示在该区域中。新建一篇空白文档后，在文档编辑区的左上角将显示一个闪烁的鼠标光标，称为插入点，该鼠标光标所在位置便是文本的起始输入位置。

7. 状态栏

状态栏位于操作界面的最底端，主要用于显示当前文档的工作状态，包括当前页数、字数和输入状态等，右侧依次显示视图切换按钮和比例调节滑块。

提示

单击“视图”选项卡，在“显示比例”组中单击“显示比例”按钮，可打开“显示比例”对话框调整显示比例；单击“100%”按钮，可使文档的显示比例缩放到100%。

（三）自定义 Word 2010 工作界面

由于 Word 工作界面大部分是默认的，用户可根据使用习惯和操作需要，定义一个适合自己的工作界面，其中包括自定义快速访问工具栏、自定义功能区和视图模式等。

1. 自定义快速访问工具栏

- 在快速访问工具栏右侧单击按钮，在打开的下拉列表中选择“在功能区下方显示”选项，可将快速访问工具栏显示到功能区下方；再次在下拉列表中选择“在功能区上方显示”选项，可将快速访问工具栏还原到默认位置。

提示

在 Word 2010 工作界面中，选择【文件】/【选项】命令，在打开的“Word 选项”对话框中单击“快速访问工具栏”选项卡，在其中可根据需要自定义快速访问工具栏。

2. 自定义功能区

在 Word 2010 工作界面中，用户可选择【文件】/【选项】命令，在打开的“Word 选项”对话框中单击“自定义功能区”选项卡，在其中可根据需要显示或隐藏相应的功能选项卡，创建新的选项卡，在选项卡中创建组和命令等，如图 5-3 所示。

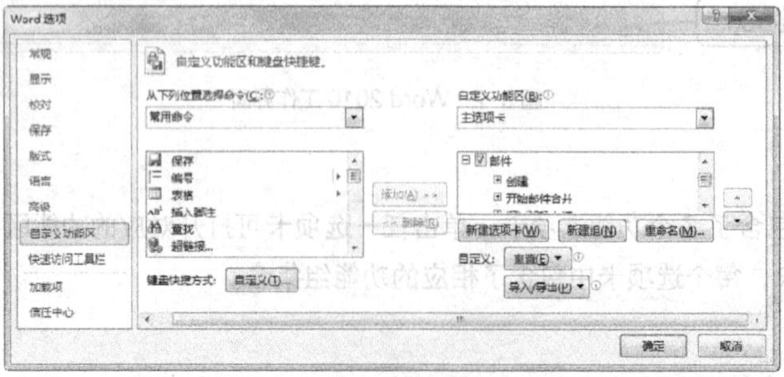

图 5-3 自定义功能区

- 显示或隐藏主选项卡。在“Word 选项”对话框的“自定义功能区”选项的“自定义功能区”列表框中单击选中或撤销选中主选项卡对应的复选框，即可在功能区中显示或隐藏该主选项卡。
- 创建新的选项卡。在“自定义功能区”选项卡中单击 新建选项卡(W) 按钮，在“主选项卡”列表框中可创建“新建选项卡（自定义）”复选框，然后选择创建的复选框，再单击 重命名(M)... 按钮，在打开的“重命名”对话框的“显示名称”文本框中输入名称，单击 确定 按钮，可为新建的选项卡重命名。
- 在功能区中创建组。选择新建的选项卡，在“自定义功能区”选项卡中单击 新建组(N) 按钮，在选项卡下创建组，然后单击选择创建的组，再单击 重命名(M)... 按钮，在打开的“重命名”对话框的“符号”列表框中选择一个图标，并在“显示名称”文本框中输入名称，单击 确定 按钮，可为新建的组重命名。
- 在组中添加命令。选择新建的组，在“自定义功能区”选项卡的“从下列位置选择命令”列表框中选择需要的命令选项，然后单击 添加(A) >> 按钮即可将命令添加到组中。
- 删除自定义的功能区。在“自定义功能区”选项卡的“自定义功能区”列表框中单击选中相应的主选项卡的复选框，然后单击 << 删除(R) 按钮即可将自定义的选项卡或组删除。若要一次性删除所有自定义的功能区，可单击 重置(E) ▾ 按钮，在打开的下拉列表中选择“重置所有自定义项”选项，在打开的提示对话框中单击 是(Y) 按钮，可将所有自定义项删除，恢复 Word 2010 默认的功能区效果。

提 示

双击某个功能选项卡，或单击功能选项卡右侧的“功能区最小化”按钮 ，可将功能区最小化显示；再次双击某个功能选项卡，或单击功能选项卡右侧的“功能区最小化”按钮 ，可将其显示为默认状态。

3. 显示或隐藏文档中的元素

Word 的文本编辑区中包含多个元素，如标尺、网格线、导航窗格和滚动条等，编辑文本时可根据需要隐藏一些不需要的元素或将隐藏的元素显示出来。其显示或隐藏文档元素的方法有两种。

- 在【视图】/【显示】组中单击选中或撤销选中标尺、网格线和导航窗格元素对应的复选框，即可在文档中显示或隐藏相应的元素，如图 5-4 所示。

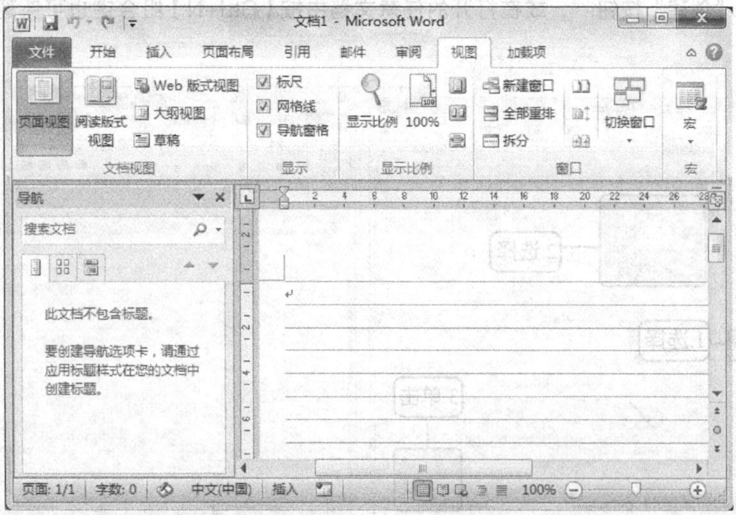

图 5-4　在“视图”选项卡中设置显示或隐藏文档元素

- 在“Word 选项”对话框中单击“高级”选项卡，向下拖曳对话框右侧的滚动条，在“显示”栏中单击选中或撤销选中“显示水平滚动条”“显示垂直滚动条”或“在页面视图中显示垂直标尺”元素对应的复选框，也可在文档中显示或隐藏相应的元素，如图 5-5 所示。

图 5-5 在“Word 选项”对话框中设置显示或隐藏文档元素

任务实现

微课：创建“学习计划”文档

（一）创建“学习计划”文档

启动 Word 2010 后将自动创建一个空白文档，用户也可根据需要手动创建符合要求的文档，其具体操作如下。

（1）选择【开始】/【所有程序】/【Microsoft Office】/【Microsoft Word 2010】命令，启动 Word 2010。

（2）选择【文件】/【新建】命令，在打开的面板中选择“空白文档”选项，在面板右侧单击“创建”按钮，或在打开的任意文档中按【Ctrl+N】组合键也可新建文档，如图 5-6 所示。

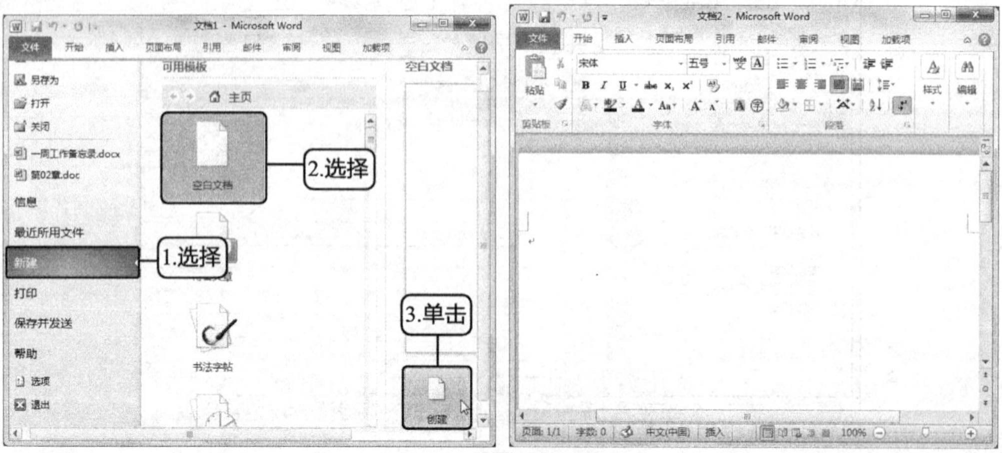

图 5-6 新建文档

提 示

在窗口中间的“可用模板”列表框中还可选择更多的模板样式，然后单击“创建”按钮可新建名为“模板 1”的模板文档。系统将下载该模板并新建文档，在其中，用户可根据提示在相应的位置单击并输入新的文档内容。

（二）输入文档文本

创建文档后就可以在文档中输入文本，而运用 Word 的即点即输功能可轻松在文档中的不同位置输入需要的文本，其具体操作如微课所示。效果如图 5-7 和图 5-8 所示。

微课：输入文档文本

（三）修改和编辑文本

若要输入与文档中已有内容相同的文本，可使用复制操作；若要将所需文本内容从一个位置移动到另一个位置，可使用移动操作；若发现文档中有错别字，可通过改写功能来修改。

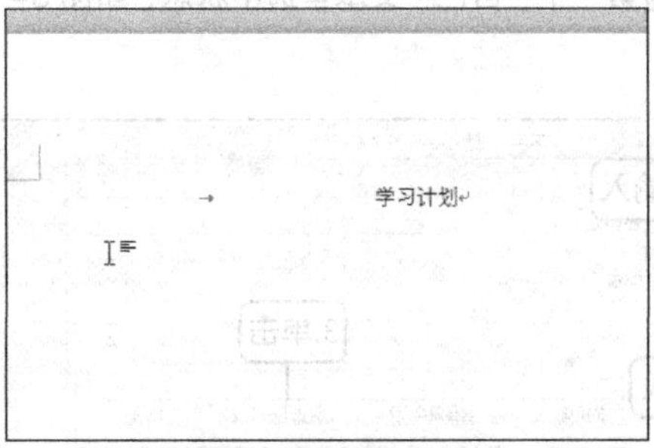

图 5-7　定位插入点

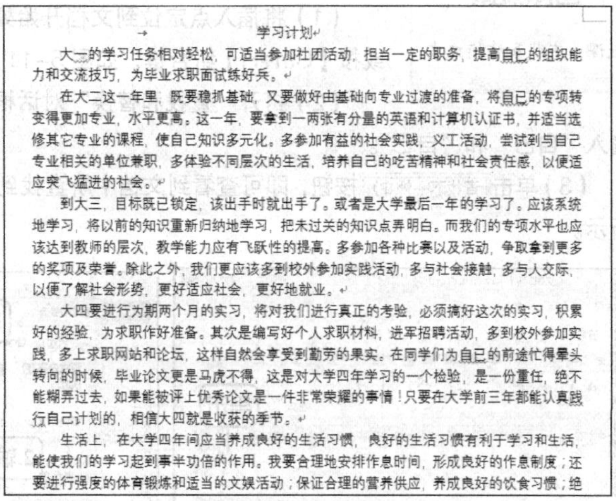

学习计划

大一的学习任务相对轻松，可适当参加社团活动，担当一定的职务，提高自已的组织能力和交流技巧，为毕业求职面试练好兵。

在大二这一年里，既要稳抓基础，又要做好由基础向专业过渡的准备，将自已的专项转变得更加专业，水平更高。这一年，要拿到一两张有分量的英语和计算机认证书，并适当选修其它专业的课程，使自己知识多元化。多参加有益的社会实践，义工活动，尝试到与自己专业相关的单位兼职，多体验不同层次的生活，培养自己的吃苦精神和社会责任感，以便适应突飞猛进的社会。

到大三，目标既已锁定，该出手时就出手了。或者是大学最后一年的学习了。应该系统地学习，将以前的知识重新归纳地学习，把未过关的知识点弄明白。而我们的专项水平也应该达到教师的层次，教学能力应有飞跃性的提高。多参加各种比赛以及活动，争取拿到更多的奖项及荣誉。除此之外，我们更应该多到校外参加实践活动，多与社会接触，多与人交际，以便了解社会形势，更好适应社会，更好地就业。

大四要进行为期两个月的实习，将对我们进行真正的考验，必须搞好这次的实习，积累好的经验，为求职作好准备。其次是编写好个人求职材料，进军招聘活动，多到校外参加实践，多上求职网站和论坛，这样自然会享受到勤劳的果实。在同学们为自已的前途忙得晕头转向的时候，毕业论文更是马虎不得，这是对大学四年学习的一个检验，是一份重任，绝不能糊弄过去，如果能被评上优秀论文是一件非常荣耀的事情！只要在大学前三年都能认真践行自己计划的，相信大四就是收获的季节。

生活上，在大学四年间应当养成良好的生活习惯，良好的生活习惯有利于学习和生活，能使我们的学习起到事半功倍的作用。我要合理地安排作息时间，形成良好的作息制度；还要进行强度的体育锻炼和适当的文娱活动；保证合理的营养供应，养成良好的饮食习惯；绝

图 5-8　输入正文部分

1．复制文本

复制文本是指在目标位置为原位置的文本创建一个副本，复制文本后，原位置和目标位置都将存在该文本。

2．移动文本

移动文本是指将文本从原来的位置移动到文档中的其他位置，其具体操作如微课所示，如图 5-9 所示。移动文本，如图 5-10 所示。

微课：移动和粘贴文本

提 示

选择所需文本，将鼠标指针移至选择的文本上，直接将其拖动到目标位置，释放鼠标后，可将选择的文本移至该处。

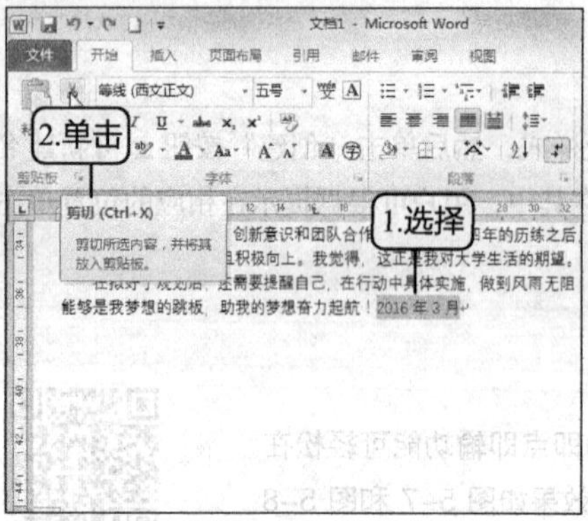

图 5-9　移动文本

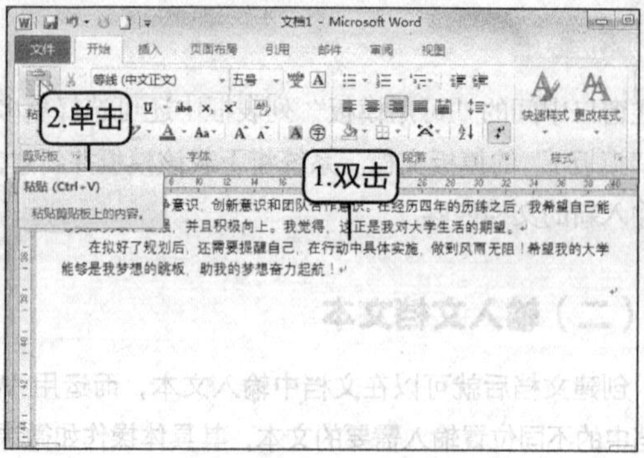

图 5-10　粘贴文本

微课：查找和替换文本

（四）查找和替换文本

当文档中出现某个多次使用的文字或短句错误时，可使用查找与替换功能来检查和修改错误部分，以节省时间并避免遗漏，其具体操作如下。

（1）将插入点定位到文档开始处，在【开始】/【编辑】组中单击 替换 按钮，或按【Ctrl+H】组合键，如图 5-11 所示。

（2）打开“查找和替换”对话框，分别在“查找内容”和“替换为”文本框中输入“自已”和“自己”。

（3）单击 查找下一处(F) 按钮，即可查看到文档中所查找到的第一个“自已”文本呈选中状态，如图 5-12 所示。

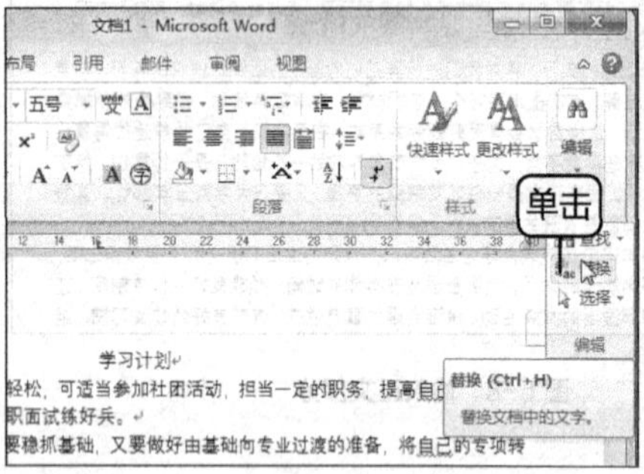

图 5-11　单击“替换”按钮

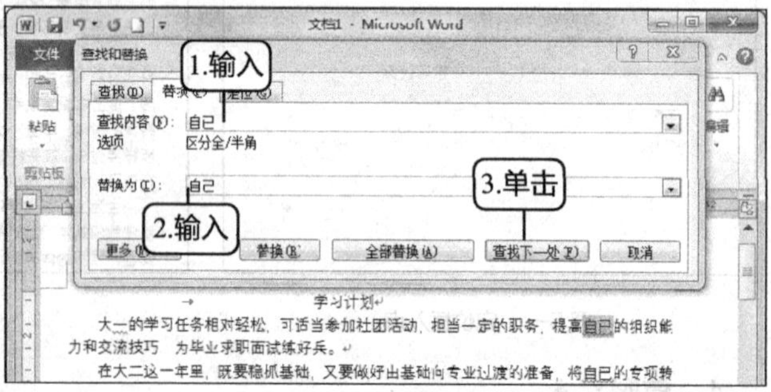

图 5-12　“查找和替换”对话框

（4）继续单击 查找下一处(F) 按钮，直至出现对话框提示已完成文档的搜索，单击 确定 按钮，返回“查找和替换”对话框，单击 全部替换(A) 按钮，如图 5-13 所示。

（5）打开提示对话框，提示完成替换的次数，直接单击 确定 按钮即可完成替换，如图 5-14 所示。

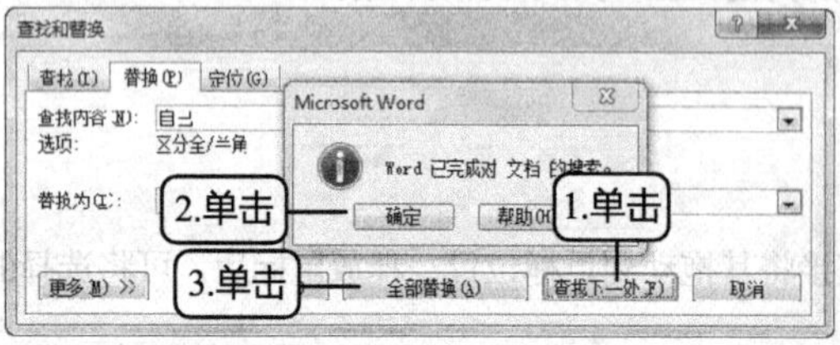

图 5-13　提示完成文档的搜索

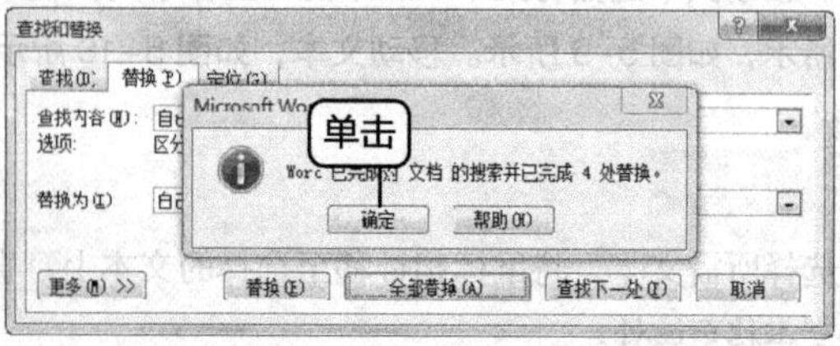

图 5-14　提示完成替换

（6）单击 关闭 按钮，关闭“查找和替换”对话框，如图 5-15 所示。此时，在文档中即可看到“自已”已全部替换为“自己”文本，如图 5-16 所示。

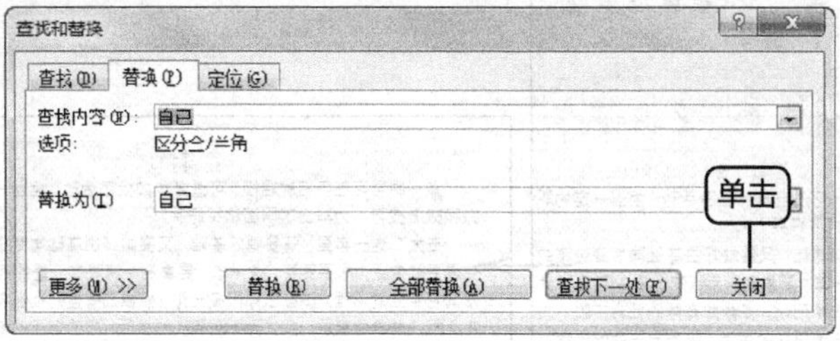

图 5-15　关闭对话框

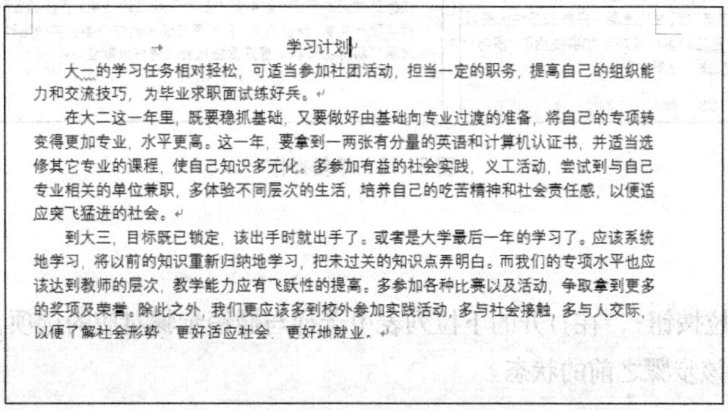
学习计划

大一的学习任务相对轻松，可适当参加社团活动，担当一定的职务，提高自己的组织能力和交流技巧，为毕业求职面试练好兵。

在大二这一年里，既要稳抓基础，又要做好由基础向专业过渡的准备，将自己的专项转变得更加专业，水平更高。这一年，要拿到一两张有分量的英语和计算机认证书，并适当选修其它专业的课程，使自己知识多元化。多参加有益的社会实践，义工活动，尝试到与自己专业相关的单位兼职，多体验不同层次的生活，培养自己的吃苦精神和社会责任感，以便适应突飞猛进的社会。

到大三，目标既已锁定，该出手时就出手了。或者是大学最后一年的学习了。应该系统地学习，将以前的知识重新归纳地学习，把未过关的知识点弄明白。而我们的专项水平也应该达到教师的层次，教学能力应有飞跃性的提高。多参加各种比赛以及活动，争取拿到更多的奖项及荣誉。除此之外，我们更应该多到校外参加实践活动，多与社会接触，多与人交际，以便了解社会形势，更好适应社会，更好地就业。

图 5-16　查看替换文本效果

（五）撤销与恢复操作

Word 2010 有自动记录功能，在编辑文档时执行了错误操作，可进行撤销，同时也可恢复被撤销的操作，其具体操作如下。

微课：撤销与恢复操作

（1）将文档标题“学习计划”修改为“计划”。

（2）单击“快速访问栏”工具栏中的“撤销”按钮，或按【Ctrl+Z】组合键，如图 5-17 所示，即可恢复到将“学习计划”修改为“计划”前的文档效果。

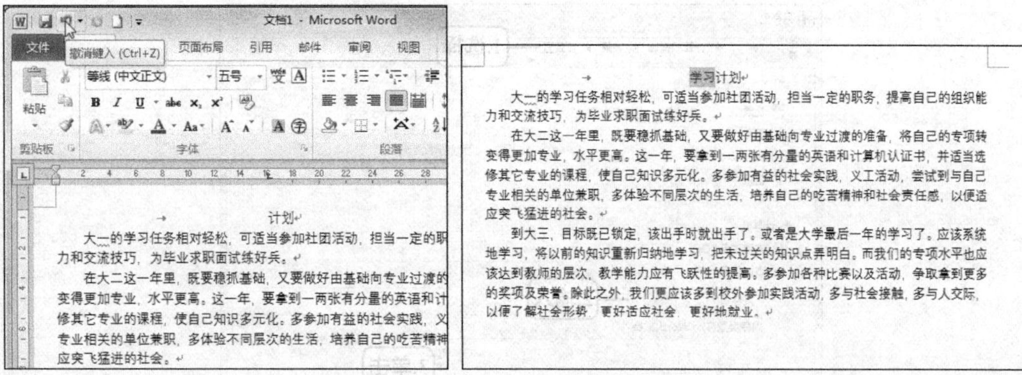

图 5-17　撤销操作

（3）单击“恢复”按钮，或按【Ctrl+Y】组合键，如图 5-18 所示，便可恢复到“撤销”操作前的文档效果。

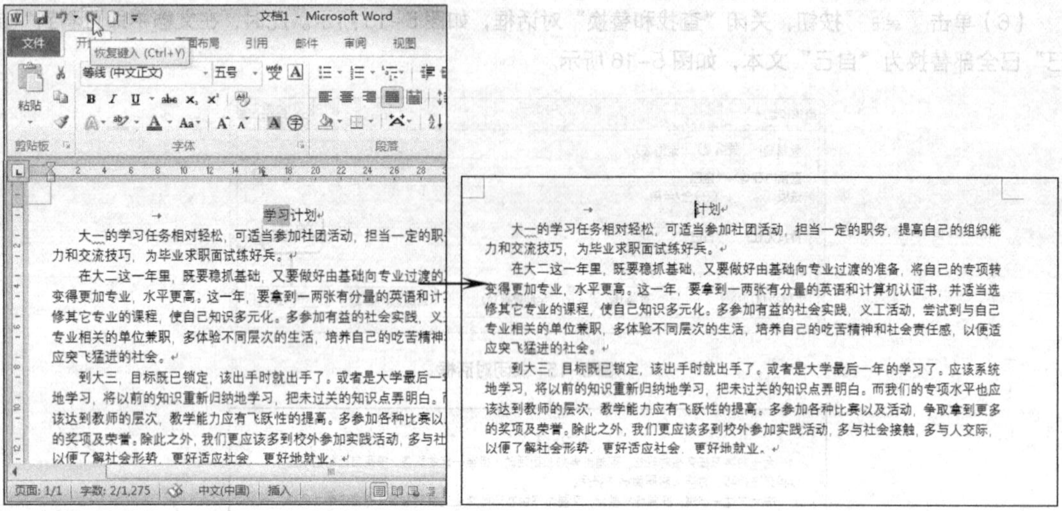

图 5-18　恢复操作

提示

单击按钮右侧的下拉按钮，在打开的下拉列表中选择与撤销步骤对应的选项，系统将根据选择的选项自动将文档还原为该步骤之前的状态。

微课：保存“学习计划”文档

（六）保存“学习计划”文档

完成文档的各种编辑操作后，必须将其保存在计算机中，使其以文件形式存在，便于后期对其进行查看和修改，其具体操作如下。

（1）选择【文件】/【保存】命令，打开“另存为”对话框。

（2）在“地址栏”列表框中选择文档的保存路径，在“文件名”文本框中设置文件的保存名称，完成后单击保存(S)按钮即可，如图 5-19 所示。

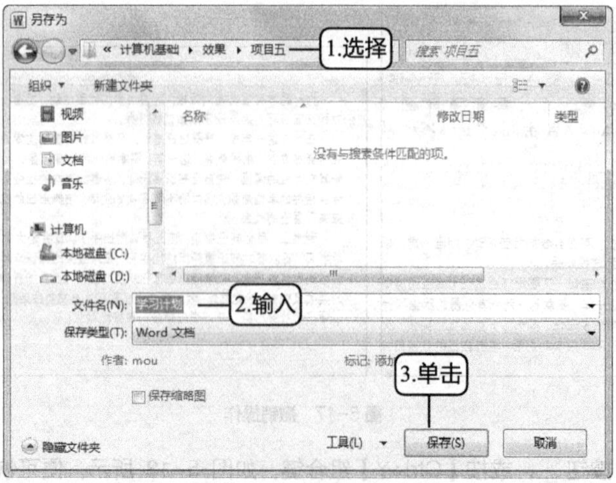

图 5-19　保存文档

提示

再次打开并编辑文档后，只需按【Ctrl+S】组合键，或单击快速访问工具栏上的“保存”按钮，或选择【文件】/【保存】命令，即可直接保存更改后的文档。

任务二　编辑招聘启事

任务要求

小李在人力资源部门工作，该公司销售部门需要向社会招聘相关的销售人才，上级要求小李制作一份美观大方的招聘启事，便于招聘使用。小李接到任务后，找到相关负责人确认了招聘岗位和招聘人数，并进行了初步招聘启事的制作，最后利用 Word 2010 的相关功能进行设计制作，完成后参考效果如图 5-20 所示，相关要求如下。

- 选择【文件】/【打开】命令打开素材文档。
- 设置标题格式为“华文琥珀、二号、加宽”，正文字号为“四号”。
- 二级标题格式为“四号、加粗、红色”，并为“数字业务”设置着重号。
- 设置标题居中对齐，最后三行文本右对齐，正文需要首行缩进两个字符。
- 设置标题段前和段后间距为“1 行”，设置二级标题的行间距为“多倍行距、3”。
- 为二级标题统一设置项目符号“✧”。
- 为“岗位职责：”与“职位要求：”之间的文本内容添加“1.2.3…”样式的编号。
- 为邮寄地址和电子邮件地址设置字符边框。
- 为标题文本应用“深红”底纹。
- 为“岗位职责：”与“职位要求：”文本之间的段落应用“方框”边框样式，边框样式为双线样式，并设置底纹颜色为“白色，背景 1，深色 15%”。
- 设置完成后使用相同的方法为其他段落设置边框与底纹样式。
- 打开“加密文档”对话框，为文档加密，其密码为“123456”。

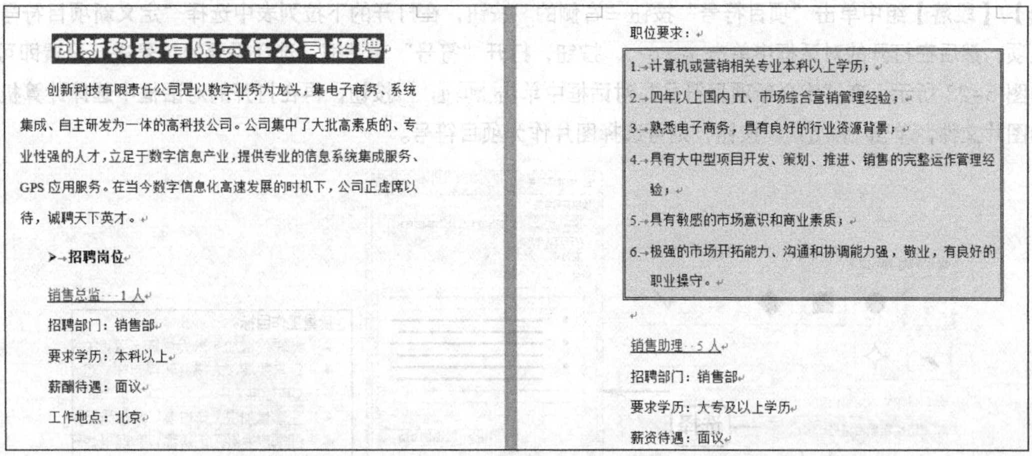

创新科技有限责任公司招聘

创新科技有限责任公司是以数字业务为龙头，集电子商务、系统集成、自主研发为一体的高科技公司。公司集中了大批高素质的、专业性强的人才，立足于数字信息产业，提供专业的信息系统集成服务、GPS 应用服务。在当今数字信息化高速发展的时机下，公司正虚席以待，诚聘天下英才。

➢ 招聘岗位

销售总监　1 人

招聘部门：销售部

要求学历：本科以上

薪酬待遇：面议

工作地点：北京

职位要求：

1. 计算机或营销相关专业本科以上学历；
2. 四年以上国内 IT、市场综合营销管理经验；
3. 熟悉电子商务，具有良好的行业资源背景；
4. 具有大中型项目开发、策划、推进、销售的完整运作管理经验；
5. 具有敏感的市场意识和商业素质；
6. 极强的市场开拓能力、沟通和协调能力强，敬业，有良好的职业操守。

销售助理　5 人

招聘部门：销售部

要求学历：大专及以上学历

薪资待遇：面议

图 5-20 “招聘启事”文档效果

相关知识

（一）认识字符格式

字符和段落格式主要通过“字体”和“段落”组，以及“字体”和“段落”对话框进行设置。选择相应的字符或段落文本，然后在“字体”或“段落”组中单击相应按钮，便可快速设置常用字符或段落格式，如图 5-21 所示。

图 5-21 “字体”和“段落”组

其中，“字体”组和“段落”组右下角都有一个“对话框启动器”图标，单击该图标将打开对应的对话框，在其中可进行更为详细的设置。

（二）自定义编号起始值

在使用段落编号过程中，有时需要重新定义编号的起始值。此时，可先选择应用了编号的段落，在其上单击鼠标右键，在打开的快捷菜单中选择“设置编号值”命令，即可在打开的对话框中输入新编号列表的起始值或选择继续编号，如图 5-22 所示。

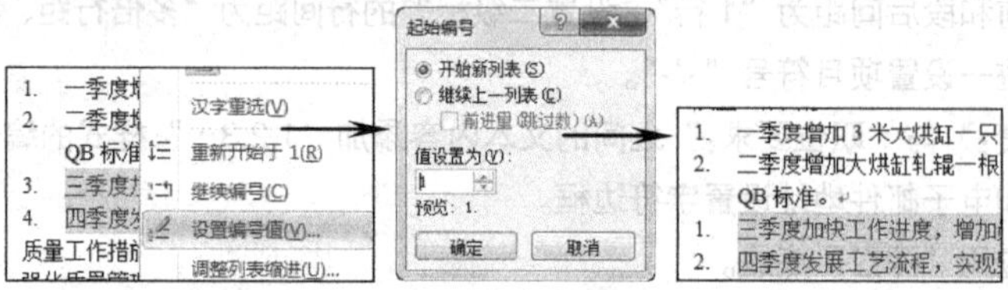

图 5-22 设置编号起始值

（三）自定义项目符号样式

Word 中默认提供了一些项目符号样式，若要使用其他符号或计算机中的图片作为项目符号，可在【开始】/【段落】组中单击“项目符号”按钮右侧的按钮，在打开的下拉列表中选择“定义新项目符号”选项，然后在打开的对话框中单击 符号(S)... 按钮，打开“符号”对话框，选择需要的符号进行设置即可，如图 5-23 所示；在“定义新项目符号”对话框中单击 图片(P)... 按钮，再在打开的对话框中选择计算机中的图片文件，单击 导入(I)... 按钮，则可选择图片作为项目符号。

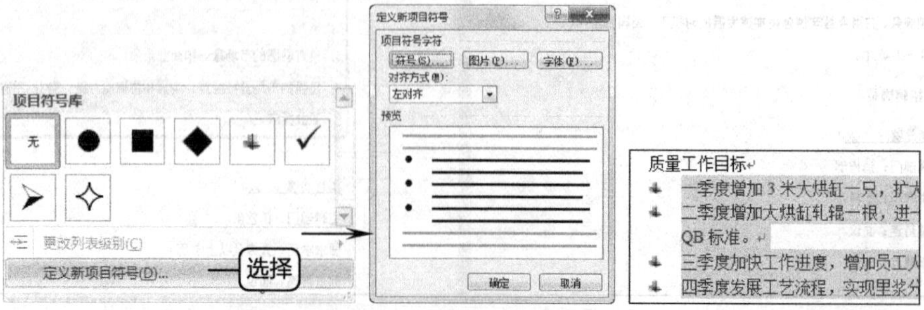

图 5-23 设置项目符号样式

任务实现

（一）打开文档

要查看或编辑保存在计算机中的文档，必须先打开该文档。下面打开“招聘启事”文档，其具体操作如下。

微课：打开文档

（1）选择【文件】/【打开】命令，或按【Ctrl+O】组合键。

（2）在打开的“打开”对话框的“地址栏”列表框中选择文件路径，在窗口工作区中选择“招聘启事”文档，单击 打开(O) 按钮打开该文档，如图 5-24 所示。

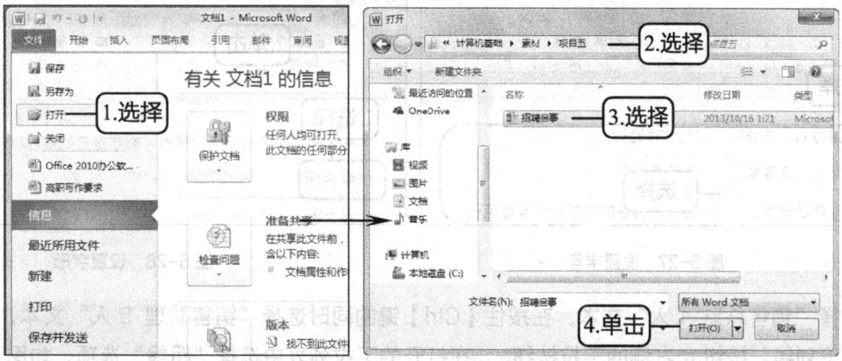

图 5-24　打开文档

（二）设置字体格式

在 Word 文档中，文本内容包括汉字、字母、数字和符号等。设置字体格式则包括更改文字的字体、字号和颜色等，通过这些设置可以使文字更加突出，文档更加美观。

微课：设置字体格式

1. 使用浮动工具栏设置

在 Word 中选择文本时，将出现一个半透明的工具栏，即浮动工具栏，在浮动工具栏中可快速设置字体、字号、字形、对齐方式、文本颜色和缩进级别等格式，其具体操作如下。

（1）打开“招聘启事.docx”文档，选择标题文本，将鼠标指针移动到浮动工具栏上，在“字体”下拉列表框中选择“华文琥珀”选项，如图 5-25 所示。

（2）在“字号”下拉列表框中选择“二号”选项，如图 5-26 所示。

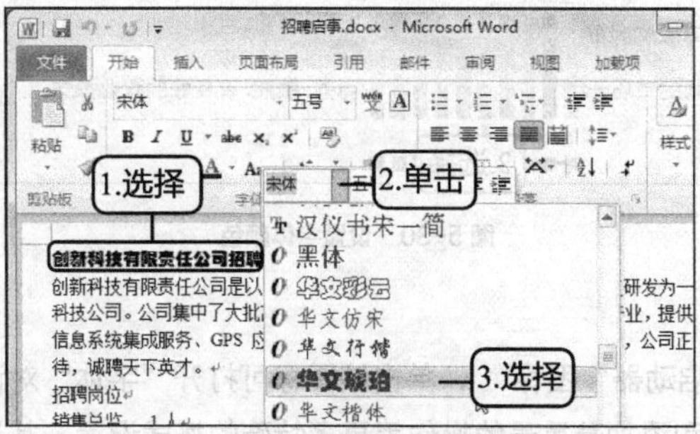

图 5-25　设置字体

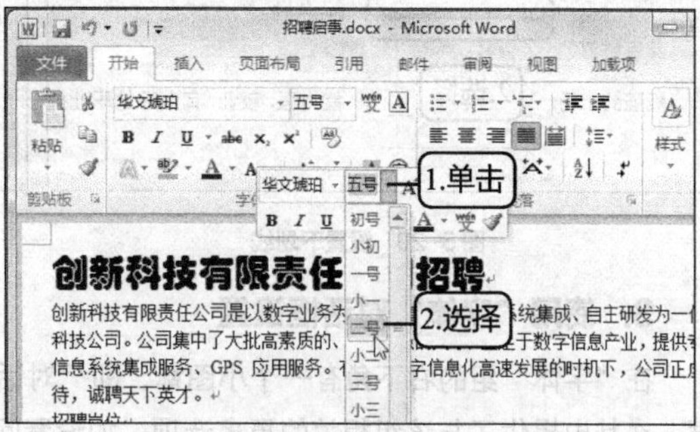

图 5-26　设置字号

2. 使用“字体”组设置

“字体”组的使用方法与浮动工具栏相似，都是选择文本后在其中单击相应的按钮，或在相应的下拉列表框中选择所需的选项进行字体设置，其具体操作如下。

（1）选择除标题文本外的文本内容，在【开始】/【字体】组的“字号”下拉列表框中选择“四号”选项，如图 5-27 所示。

（2）选择“招聘岗位”文本，在按住【Ctrl】键的同时选择“应聘方式”文本，在【开始】/【字体】组中单击“加粗”按钮 **B**，如图 5-28 所示。

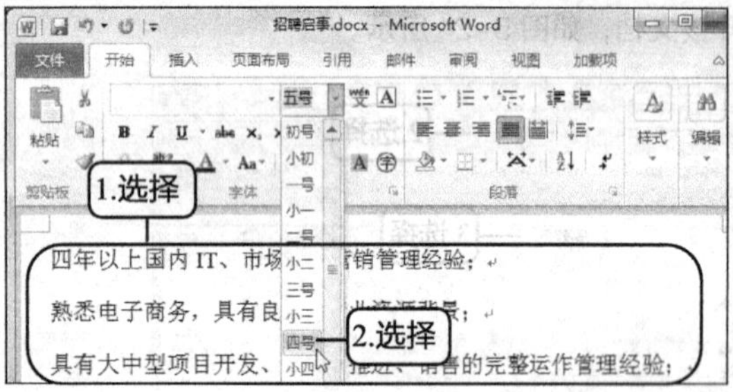

图 5-27　设置字号

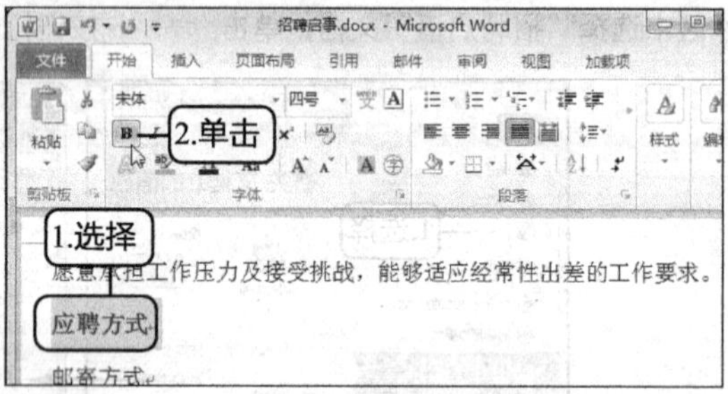

图 5-28　设置字形

（3）选择“销售总监 1 人”文本，在按住【Ctrl】键的同时选择“销售助理 5 人”文本，在“字体”组中单击“下划线”按钮 U 右侧的下拉按钮，在打开的下拉列表中选择“粗线”选项，如图 5-29 所示。

提 示

在“字体”组中单击“删除线”按钮 abc，可为选择的文字添加删除线效果；单击“下标”按钮 x_2 或“上标”按钮 x^2，可将选择的文字设置为下标或上标；单击“增大字体”按钮 A 或“缩小字体”按钮 A，可将选择的文字字号增大或缩小。

（4）在“字体”组中单击“字体颜色”按钮 A 右侧的下拉按钮，在打开的下拉列表中选择“深红”选项，如图 5-30 所示。

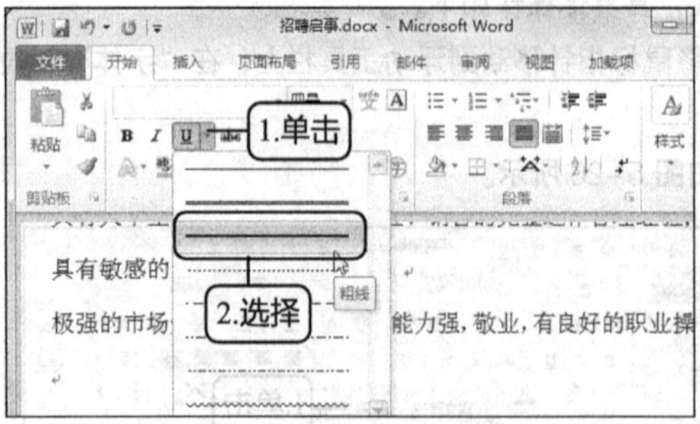

图 5-29　设置下划线

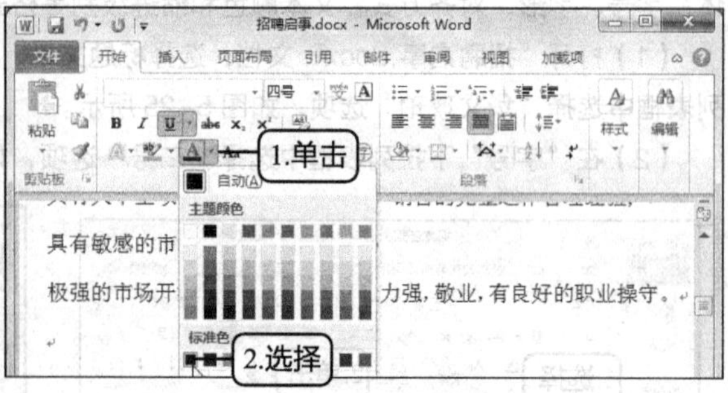

图 5-30　设置字体颜色

3. 使用“字体”对话框设置

在“字体”组的右下角有一个小图标，即“对话框启动器”图标，单击该图标可打开“字体”对话框，在其中提供了与该组相关的更多选项，如设置间距和添加着重号的操作等更多特殊的格式设置，其具体操作如下。

（1）选择标题文本，在“字体”组右下角单击“对话框启动器”图标 。

（2）在打开的“字体”对话框中单击“高级”选项卡，在“缩放”下拉列表框中输入数据“120%”，在“间距”下拉列表框中选择“加宽”选项，其后的“磅值”数值框将自动显示为“1 磅”，如图 5-31 所示，完成后单击 确定 按钮。

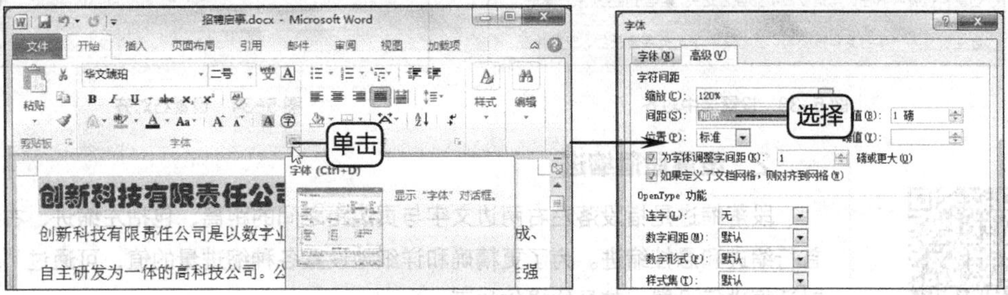

图 5-31 设置字符间距

（3）选择“数字业务”文本，在“字体”组右下角单击“对话框启动器”图标 ，在打开的“字体”对话框中单击“字体”选项卡，在“着重号”下拉列表框中选择“.”选项，完成后单击 确定 按钮，如图 5-32 所示。

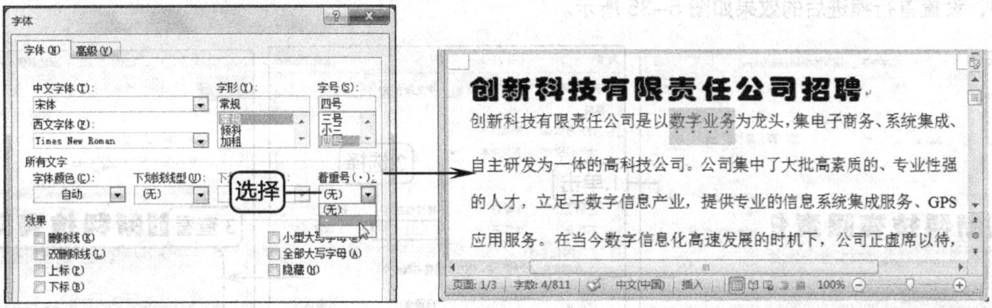

图 5-32 设置着重号

（三）设置段落格式

段落是文字、图形和其他对象的集合，回车符“↵”是段落的结束标记。通过设置段落格式，如设置段落对齐方式、缩进、行间距和段间距等，可以使文档的结构更清晰、层次更分明。

1. 设置段落对齐方式

Word 中的段落对齐方式包括左对齐、居中对齐、右对齐、两端对齐（默认对齐方式）和分散对齐 5 种，在浮动工具栏和“段落”组中单击相应的对齐按钮，可设置不同的段落对齐方式，其具体操作如下。

（1）选择标题文本，在“段落”组中单击“居中”按钮 ，如图 5-33 所示。

（2）选择最后 3 行文本，在“段落”组中单击“右对齐”按钮 ，如图 5-34 所示。

微课：设置段落对齐方式

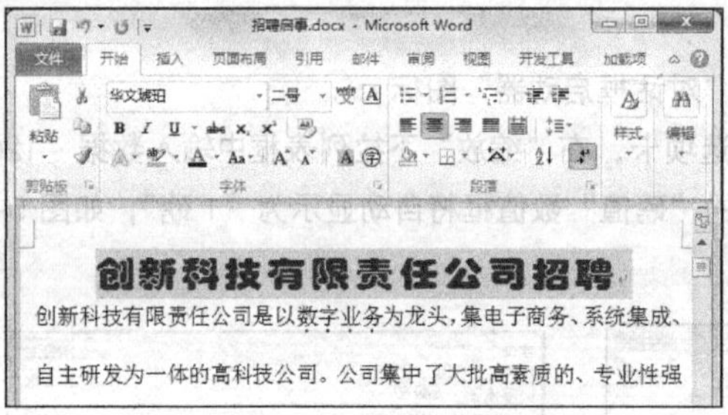

图 5-33　设置居中对齐

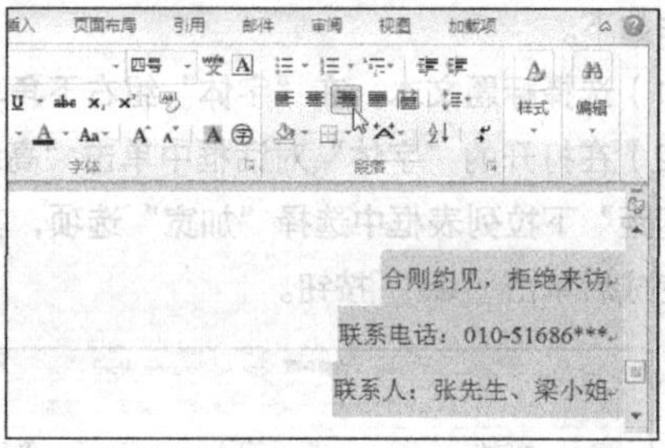

图 5-34　设置右对齐

微课：设置段落缩进

2. 设置段落缩进

段落缩进是指段落左右两边文字与页边距之间的距离，包括左缩进、右缩进、首行缩进和悬挂缩进。为了更精确和详细地设置各种缩进量的值，可通过“段落”对话框进行设置，其具体操作如下。

（1）选择除标题和最后 3 行外的文本内容，在“段落”组右下角单击“对话框启动器”图标。

（2）在打开的“段落”对话框中单击“缩进和间距”选项卡，在“特殊格式”下拉列表框中选择“首行缩进”选项，其后的“磅值”数值框中将自动显示数值为“2 字符”，完成后单击 确定 按钮。返回文档中，设置首行缩进后的效果如图 5-35 所示。

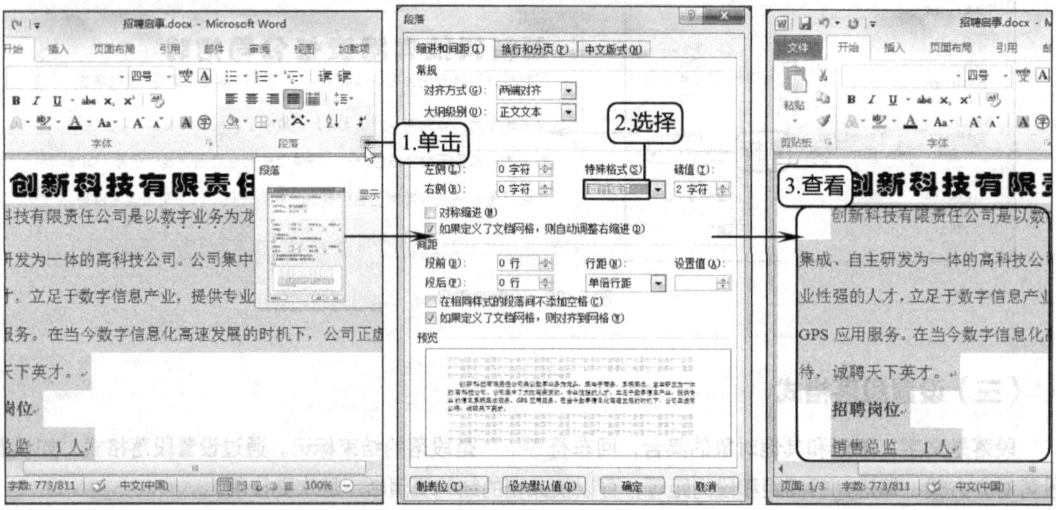

图 5-35　在“段落”对话框中设置首行缩进

微课：设置行间距和段间距

3. 设置行间距和段间距

行间距是指段落中一行文字底部到下一行文字底部的间距，而段间距是指相邻两段之间的距离，包括段前和段后的距离。Word 默认的行间距是单倍行距，用户可根据实际需要在“段落”对话框中设置 1.5 倍行距或 2 倍行距等，其具体操作如下。

（1）选择标题文本，在“段落”组右下角单击“对话框启动器”图标，打开“段落”对话框，单击“缩进和间距”选项卡，在“间距”栏的“段前”和“段后”数值框中分别输入“1 行”，完成后单击 确定 按钮，如图 5-36 所示。

（2）选择“招聘岗位”文本，在按住【Ctrl】键的同时选择“应聘方式”文本，在“段落”组右下角单击“对话框启动器”图标，打开“段落”对话框，单击“缩进和间距”选项卡，在“行距”下拉列表框中选择“多倍行距”选项，其后的“设置值”数值框中将自动显示数值为“3”，完成后单击 确定 按钮，如图 5-37 所示。

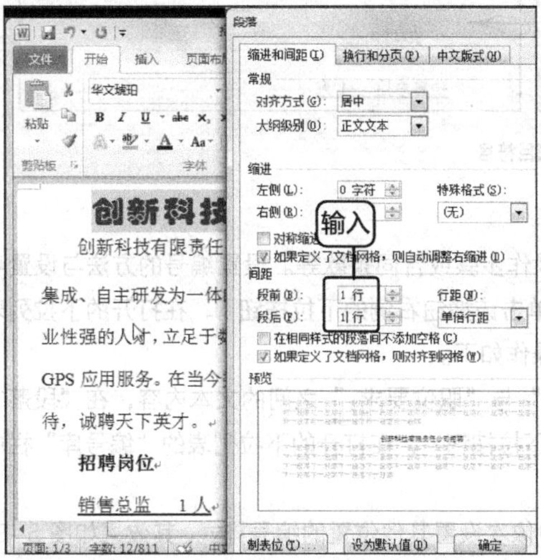

图 5-36 设置段间距

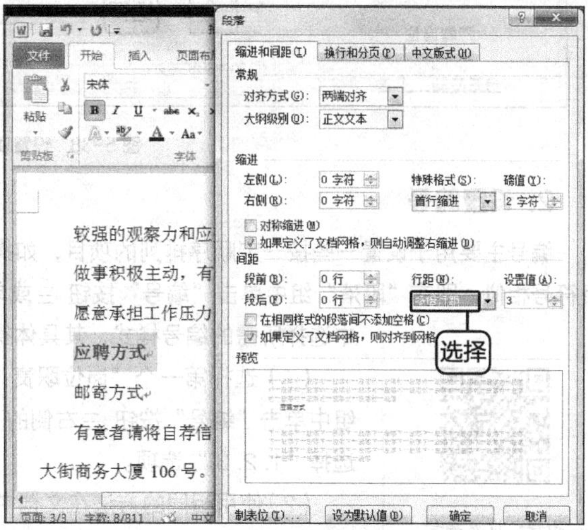

图 5-37 设置行间距

（3）返回文档中，可看到设置行间距和段间距后的效果。

提 示

在“段落”对话框的“缩进和间距”选项卡中可对段落的对齐方式、左右边距缩进量和段落间距进行设置；单击“换行和分页”选项卡，可对分页、行号和断字等进行设置；单击“中文版式”选项卡，可对中文文稿的特殊版式进行设置，如按中文习惯控制首尾字符、允许标点溢出边界等。

（四）设置项目符号和编号

使用项目符号与编号功能，可为属于并列关系的段落添加“●”、“★”和“◆”等项目符号，也可添加“1. 2. 3.”或“A. B. C.”等编号，还可组成多级列表，使文档层次分明、条理清晰。

微课：设置项目符号

1. 设置项目符号

在“段落”组中单击“项目符号”按钮，可添加默认样式的项目符号；若单击“项目符号”按钮右侧的下拉按钮，在打开的下拉列表的“项目符号库”栏中可选择更多的项目符号样式，其具体操作如下。

（1）选择“招聘岗位”文本，按住【Ctrl】键的同时选择“应聘方式”文本。

（2）在“段落”组中单击“项目符号”按钮右侧的下拉按钮，在打开的下拉列表的“项目符号库”栏中选择“✧”选项，返回文档，设置项目符号后的效果如图 5-38 所示。

提 示

添加项目符号后，“项目符号库”栏下的“更改列表级别”选项将呈可编辑状态，在其子菜单中可调整当前项目符号的级别。

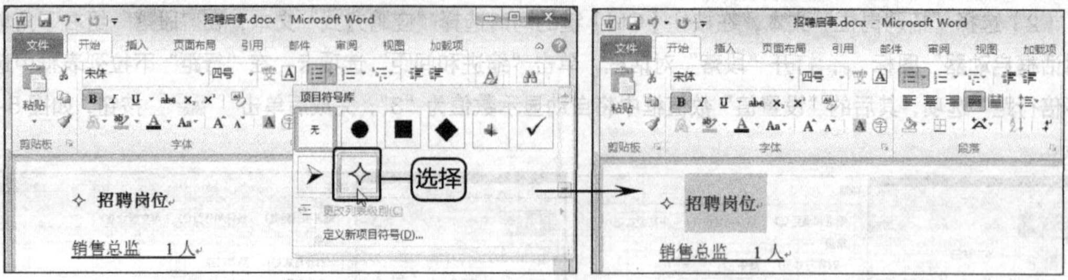

图 5-38 设置项目符号

2. 设置编号

编号主要用于设置一些按一定顺序排列的项目，如操作步骤或合同条款等。设置编号的方法与设置项目符号相似，即在“段落”组中单击“编号”按钮或单击该按钮右侧的下拉按钮，在打开的下拉列表中选择所需的编号样式，其具体操作如下。

微课：设置编号

（1）选择第一个“岗位职责：”与“职位要求：”之间的文本内容，在“段落”组中单击“编号”按钮右侧的下拉按钮，在打开的下拉列表的“编号库”栏中选择“1. 2. 3.”选项。

（2）使用相同的方法在文档中依次设置其他位置的编号样式，其效果如图 5-39 所示。

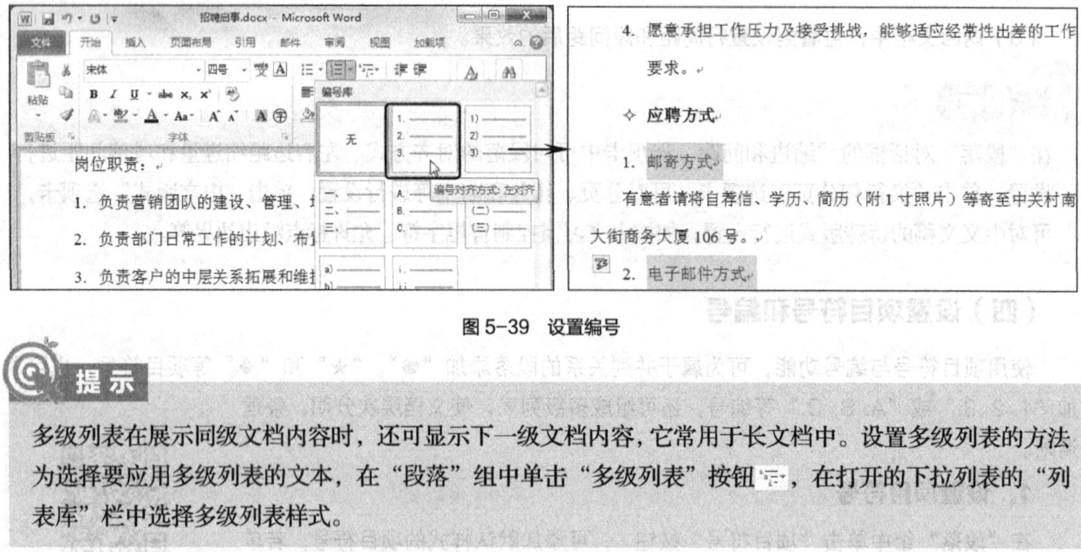

图 5-39 设置编号

提示

多级列表在展示同级文档内容时，还可显示下一级文档内容，它常用于长文档中。设置多级列表的方法为选择要应用多级列表的文本，在“段落”组中单击“多级列表”按钮，在打开的下拉列表的“列表库”栏中选择多级列表样式。

微课：为字符设置边框与底纹

（五）设置边框与底纹

在 Word 文档中不仅可以为字符设置默认的边框和底纹，还可以为段落设置更漂亮的边框与底纹。

1. 为字符设置边框与底纹

在“字体”组中单击“字符边框”按钮或“字符底纹”按钮，可为字符设置相应的边框与底纹效果，其具体操作如下。

（1）同时选择邮寄地址和电子邮件地址，然后在“字体”组中单击“字符边框”按钮A设置字符边框，如图 5-40 所示。

（2）继续在“字体”组中单击“字符底纹”按钮A设置字符底纹，如图 5-41 所示。

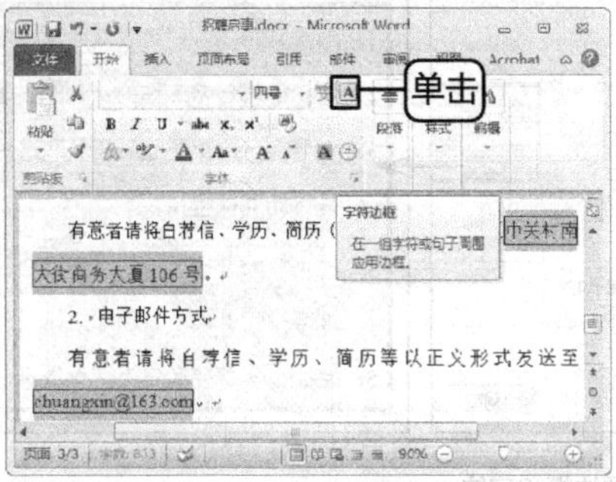

图 5-40　为字符设置边框

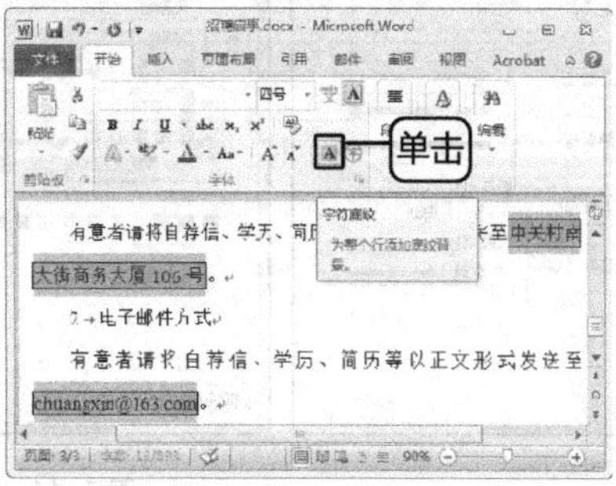

图 5-41　为字符设置底纹

2. 为段落设置边框与底纹

在“段落”组中单击“底纹”按钮右侧的下拉按钮，在打开的下拉列表中可设置不同颜色的底纹样式；单击“下框线”按钮右侧的下拉按钮，在打开的下拉列表中可设置不同类型的框线，若选择“边框与底纹”选项，可在打开的“边框与底纹”对话框中详细设置边框与底纹样式，其具体操作如下。

（1）选择标题行，在“段落”组中单击“底纹”按钮右侧的下拉按钮，在打开的下拉列表中选择“深红”选项，如图 5-42 所示。

（2）选择第一个“岗位职责：”与“职位要求：”文本之间的段落，在“段落”组中单击“下框线”按钮右侧的下拉按钮，在打开的下拉列表中选择“边框和底纹”选项，如图 5-43 所示。

微课：为段落设置边框与底纹

（3）在打开的“边框和底纹”对话框中单击“边框”选项卡，在“设置”栏中选择“方框”选项，在“样式”列表框中选择“————”选项。

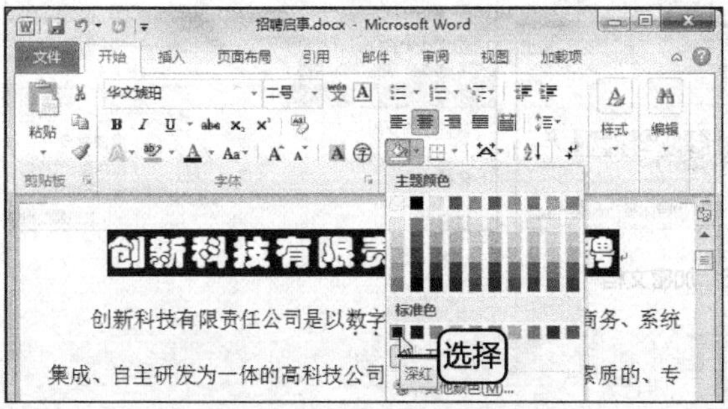

图 5-42　在“段落”组中设置底纹

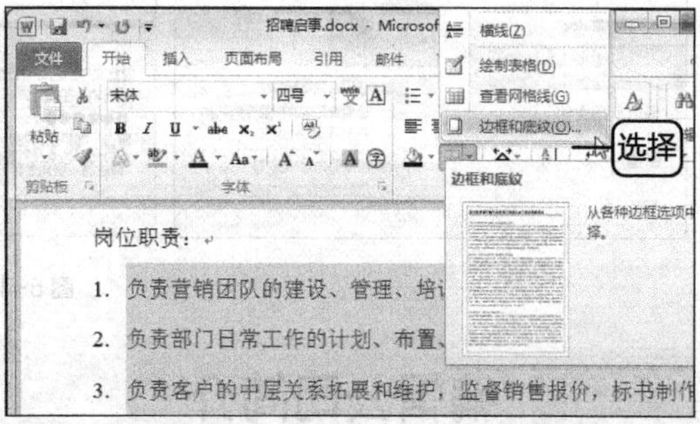

图 5-43　选择“边框和底纹”选项

（4）单击“底纹”选项卡，在“填充”下拉列表框中选择“白色，背景 1，深色 15%”选项，单击 确定 按钮，在文档中设置边框和底纹后的效果，如图 5-44 所示。完成后用相同的方法为其他段落设置边框和底纹样式。

微课：保护文档

（六）保护文档

在 Word 文档中为了防止他人随意查看文档信息，可通过对文档进行加密来保护整个文档，其具体操作如下。

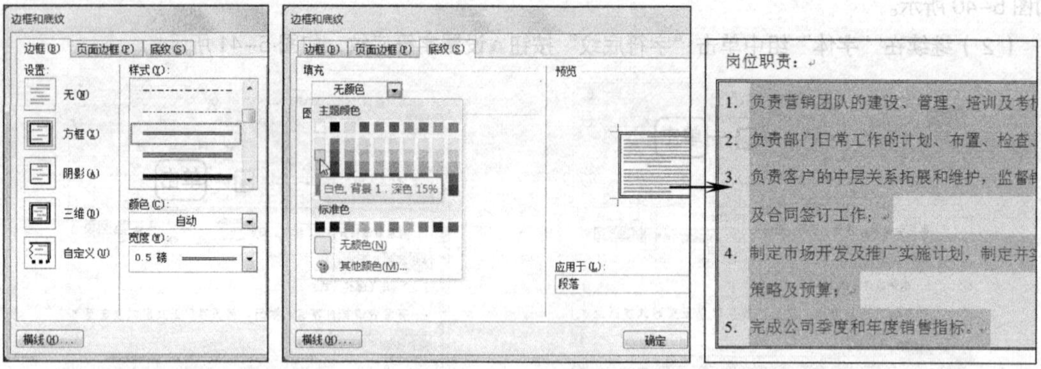

图 5-44　通过对话框设置边框和底纹

（1）选择【文件】/【信息】命令，在窗口中间位置单击“保护文档”按钮，在打开的下拉列表中选择“用密码进行加密”选项。

（2）在打开的“加密文档”对话框的文本框中输入密码“123456”，然后单击 确定 按钮，在打开的“确认密码”对话框的文本框中重复输入密码“123456”，然后单击 确定 按钮，完成后的效果如图 5-45 所示。

（3）单击任意选项卡返回工作界面，在快速访问工具栏中单击“保存”按钮保存设置。关闭该文档，再次打开该文档时将打开“密码”对话框，在文本框中输入密码，然后单击 确定 按钮即可打开。

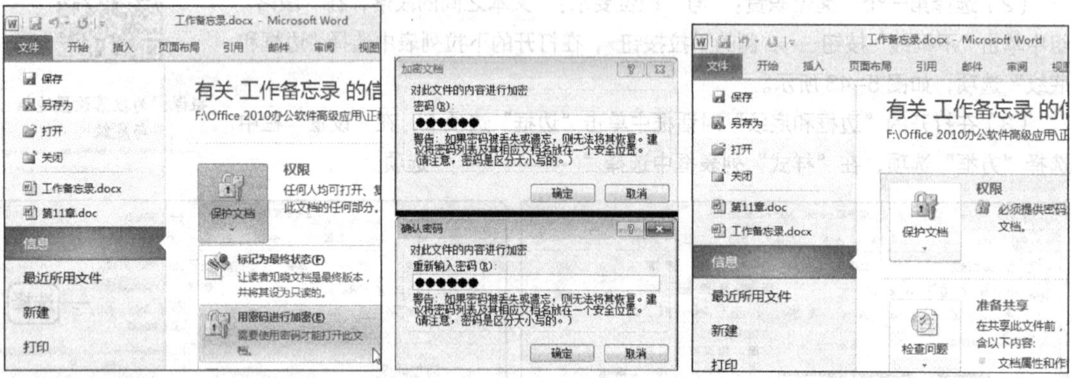

图 5-45　加密文档

任务三　编辑公司简介

任务要求

小李是公司行政部门的工作人员，领导让小李制作一份公司简介，简介内容包括能使员工了解公司的企业理念、结构组织和经营项目等。小李接到任务后，查阅相关资料后确定了一份公司简介草稿，并利用 Word 2010 的相关功能进行设计制作，完成后的参考效果如图 5-46 所示，相关要求如下。

- 打开“公司简介.docx”文档，在文档右上角插入“瓷砖型提要栏”文本框，然后在其中输入文本，并将文本格式设置为“宋体、小三、白色”。

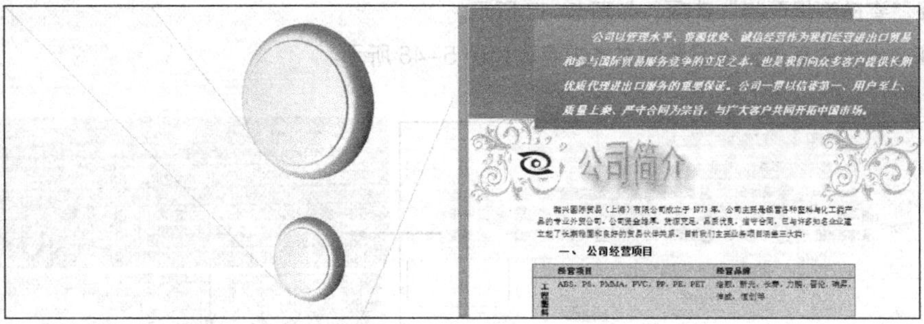

图 5-46 “公司简介”最终效果

- 将插入点定位到标题左侧，插入公司标志素材图片，设置图片的显示方式为“四周型环绕”，然后将其移动到“公司简介”左侧，最后为其应用“影印”艺术效果。
- 在标题两侧插入“花边”剪贴画，并将其位置设置为“衬于文字下方”，删除标题文本“公司简介”，然后插入艺术字，输入“公司简介”。
- 设置形状效果为“预设 4”，文字效果为“停止”。
- 在“二、公司组织结构”的第 2 行插入一个组织结构图，并在对应的位置输入文本。
- 更改组织结构图的布局类型为“标准”，然后更改颜色为“橘黄”和“蓝色”，并将形状的“宽度”设置为“2.5 厘米”。
- 插入一个“现代型”封面，然后在“键入文档标题”处输入“公司简介”文本，在“键入文档副标题”处输入“瀚兴国际贸易（上海）有限公司”文本，删除多余的部分。

相关知识

形状是指具有某种规则形状的图形，如线条、正方形、椭圆、箭头和星形等，当需要在文档中绘制图形时或为图片等添加形状标注时都会用到，并可对其进行编辑美化，其具体操作如下。

（1）在【插入】/【插图】组中单击“形状”按钮，在打开的下拉列表中选择需要的形状，鼠标指针将变成十形状，在文档中按住鼠标左键不放并向右下角拖曳鼠标，可绘制出所需的形状。

（2）释放鼠标，保持形状的选择状态，在【格式】/【形状样式】组中单击“其他”按钮，在打开的下拉列表中选择一种样式，在【格式】/【排列】组中可调整形状的层次关系。

微课：绘制形状

（3）将鼠标指针移动到形状边框的控制点上，此时鼠标指针变成形状，然后按住鼠标左键不放并向左拖曳鼠标调整形状。

任务实现

（一）插入并编辑文本框

利用文本框可以制作出特殊的文档版式，在文本框中可以输入文本，也可插入图片。在文档中插入的文本框可以是 Word 自带样式的文本框，也可以是手动绘制的横排或竖排文本框，其具体操作如下。

微课：插入并编辑文本框

（1）打开“公司简介.docx”文档，在【插入】/【文本】组中单击“文本框”按钮，在打开的下拉列表中选择“瓷砖型提要栏”选项，如图 5-47 所示。

（2）在文本框中直接输入需要的文本内容，如图 5-48 所示。

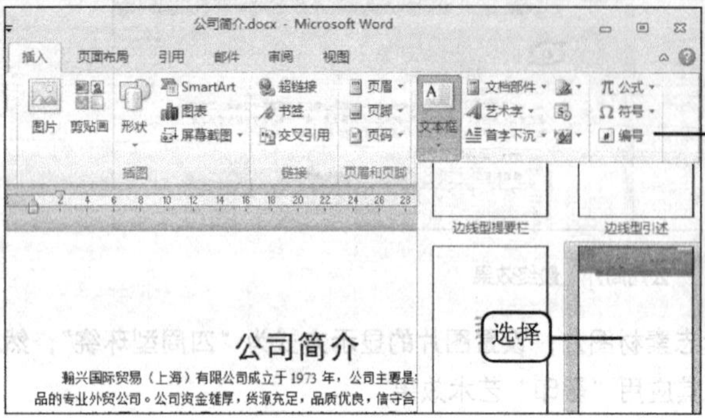

图 5-47 选择插入的文本框类型

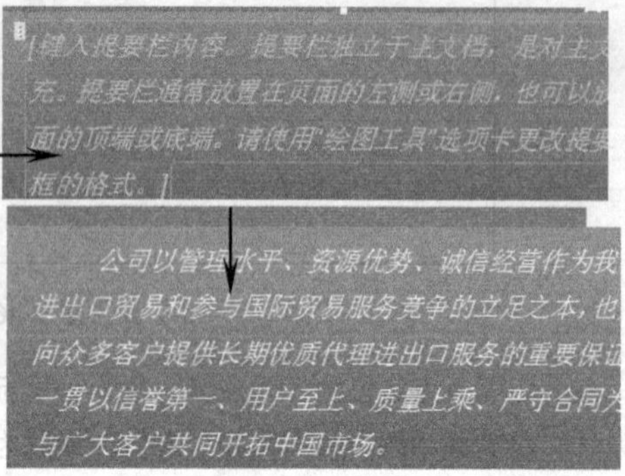

图 5-48 输入文本

（3）全选文本框中的文本内容，在【开始】/【字体】组中将文本格式设置为“宋体、小三、白色”。

（二）插入图片和剪贴画

在 Word 中，用户可根据需要将图片和剪贴画插入到文档中，使文档更加美观。下面在“公司简介”文档中插入图片和剪贴画，其具体操作如下。

（1）将插入点定位到标题左侧，在【插入】/【插图】组中单击“图片”按钮。

（2）在打开的“插入图片”对话框的“地址栏”列表框中选择图片的路径，在窗口工作区中选择要插入的图片，这里选择“公司标志.jpg”图片，单击插入(S)按钮，如图 5-49 所示。

微课：插入图片和剪贴画

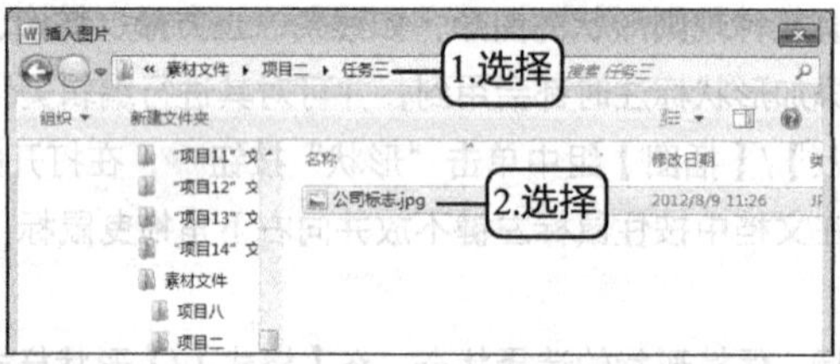

图 5-49 插入图片

（3）在图片上单击鼠标右键，在弹出的快捷菜单中选择【自动换行】/【四周型环绕】命令。拖动图片四周的控制点调整图片大小，在图片上按住鼠标左键不放向左侧拖动至适当位置释放鼠标，如图 5-50 所示。

（4）选择插入的图片，在【图片工具-格式】/【调整】组中单击艺术效果按钮，在打开的下拉列表中选择“影印”选项，效果如图 5-51 所示。

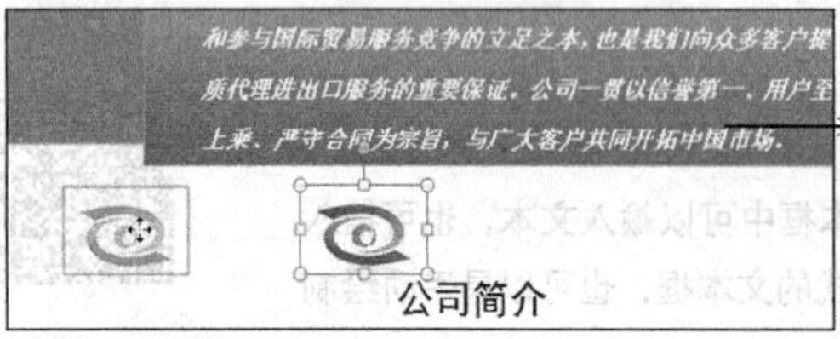

图 5-50 移动图片

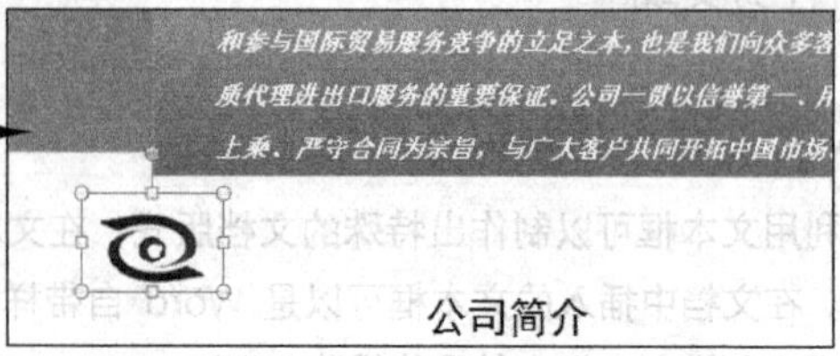

图 5-51 查看调整图片效果

（5）将插入点定位到“公司简介”左侧，在【插入】/【插画】组中单击“剪贴画”按钮，打开“剪贴画”任务窗格，在“搜索文字”文本框中输入“花边”，单击搜索按钮，在下侧列表框中双击如图 5-52 所示的剪贴画。

（6）选择插入的剪贴画，在【图片工具-格式】/【排列】组中单击“自动换行”按钮，在打开的下拉列表中选择“衬于文字下方”选项。拖动剪贴画四周的控制点调整剪贴画大小，并将其移至左上角，效果如图 5-53 所示。

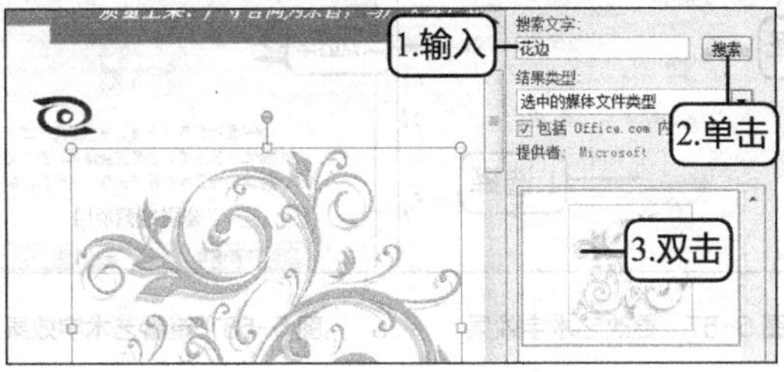

图 5-52　插入剪贴画

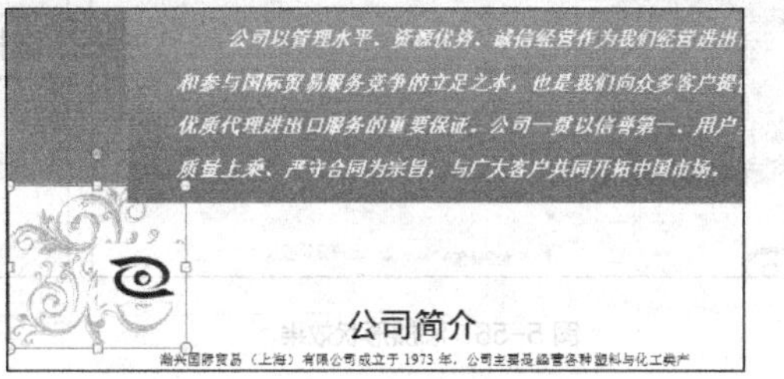

图 5-53　移动剪贴画

（7）按【Ctrl+C】组合键复制剪贴画，按【Ctrl+V】组合键粘贴，将复制的剪贴画移动至文档右侧与左侧平行的位置。

（三）插入艺术字

在文档中插入艺术字，可呈现出不同的效果，达到增强文字观赏性的目的。下面在“公司简介”文档中插入艺术字美化标题样式，其具体操作如下。

（1）删除标题文本“公司简介”，在【插入】/【文本】组中单击艺术字按钮，在打开的下拉列表框中选择图 5-54 所示的选项。

（2）此时将在插入点处自动添加一个带有默认文本样式的艺术字文本框，在其中输入“公司简介”文本，选择艺术字文本框，将鼠标指针移至边框上，当鼠标指针变为形状时，按住鼠标左键不放，向左上方拖曳改变艺术字位置，如图 5-55 所示。

微课：插入艺术字

（3）在【绘制工具-格式】/【形状样式】组中单击“形状效果”按钮，在打开的下拉列表中选择【绘制工具-预设】/【预设 4】选项，如图 5-56 所示。

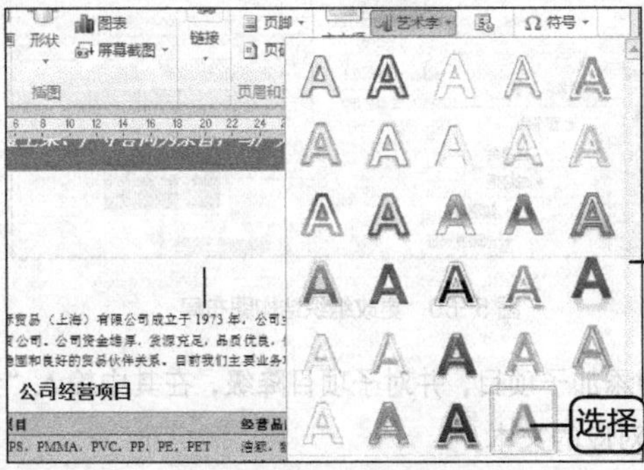

图 5-54　选择艺术字样式

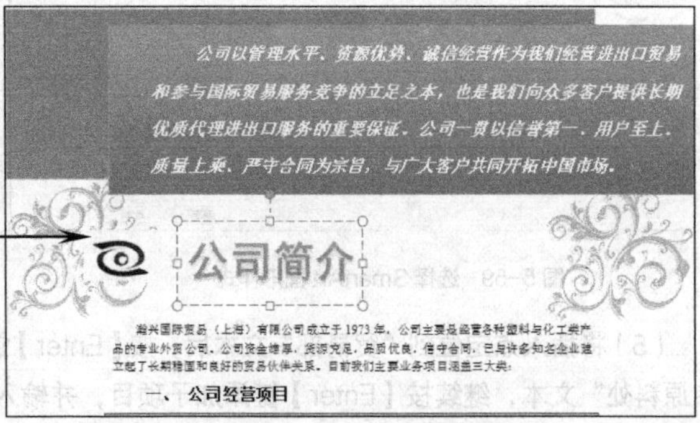

图 5-55　移动艺术字

（4）在【绘制工具-格式】/【艺术字样式】组中单击文本效果按钮，在打开的下拉列表中选择【转换】/

【停止】选项，如图 5-57 所示。返回文档查看设置后的艺术字效果，如图 5-58 所示。

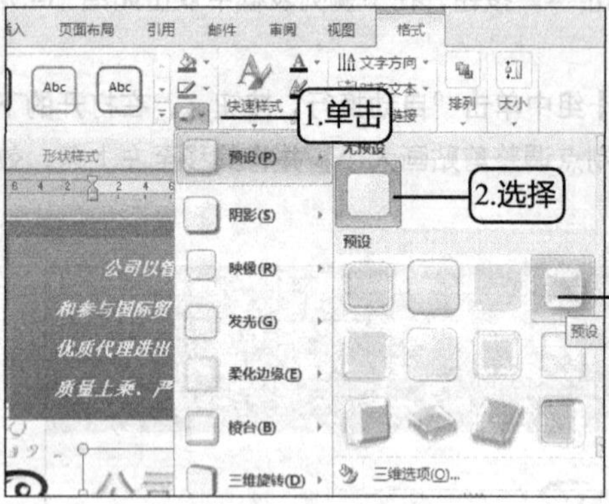

图 5-56　添加形状效果

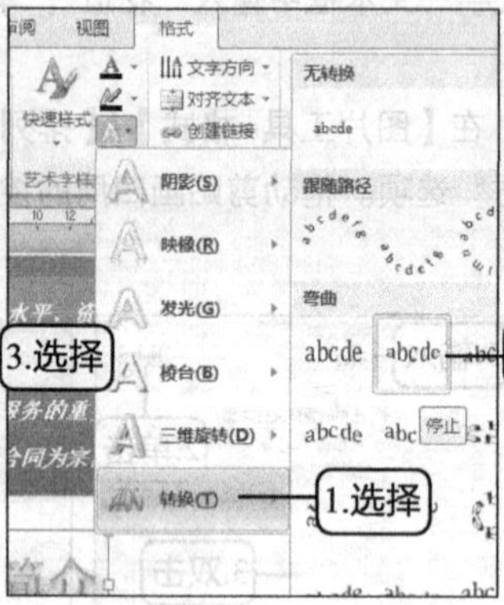

图 5-57　更改艺术字效果

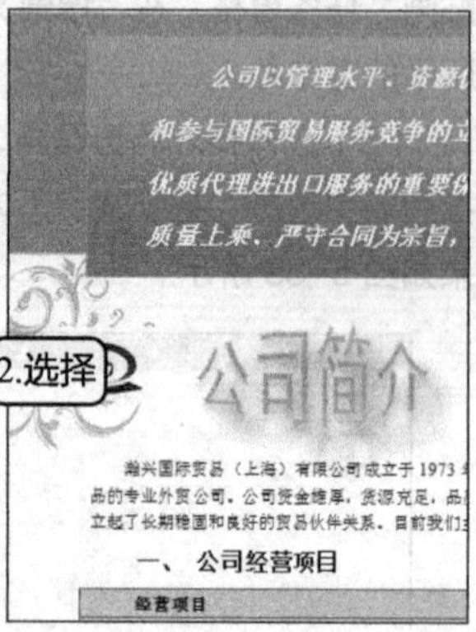

图 5-58　查看艺术字效果

（四）插入 SmartArt 图形

SmartArt 图形用于在文档中展示流程图、结构图或关系图等图示内容，具有结构清晰、样式美观等特点。下面在“公司简介”文档中插入 SmartArt 图形，其具体操作如下。

（1）将插入点定位到“二、公司组织结构”下第 2 行末尾处，按【Enter】键换行，在【插入】/【插图】组中单击 SmartArt 按钮，在打开的“选择 SmartArt 图形”对话框中单击“层次结构”选项卡，在右侧选择“组织结构图”样式，单击 确定 按钮，如图 5-59 所示。

微课：插入 SmartArt 图形

（2）插入 SmartArt 图形后，单击 SmartArt 图形外框左侧的按钮，打开“在此处键入文字”窗格，在项目符号后输入文本，将插入点定位到第 4 行项目符号中，然后在【SmartArt 工具-设计】/【创建图形】组中单击“降级”按钮 降级。

（3）在降级后的项目符号后输入“贸易部”文本，然后按【Enter】键添加子项目，并输入对应的文本，添加两个子项目后按【Delete】键删除多余的文本项目。

（4）将插入点定位到“总经理”文本后，在【SmartArt 工具-设计】/【创建图形】组中单击 布局 按钮，在打开的下拉列表中选择“标准”选项，如图 5-60 所示。

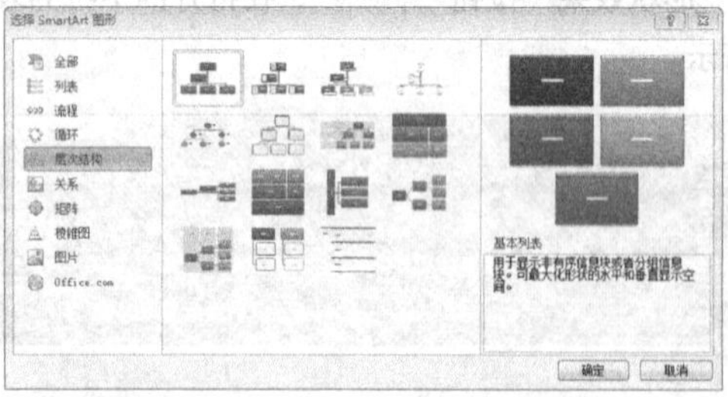

图 5-59　选择 SmartArt 图形样式

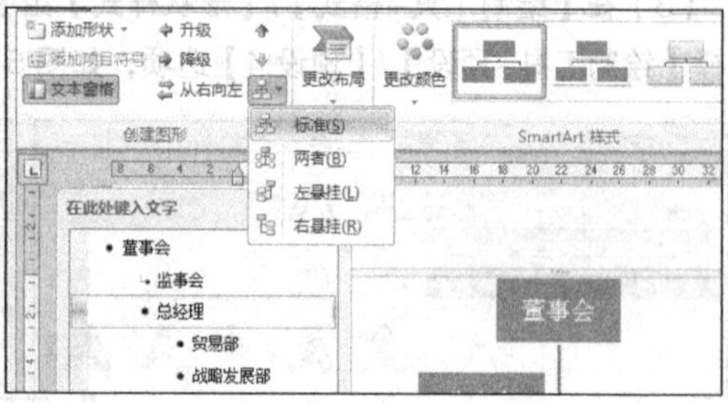

图 5-60　更改组织结构图布局

（5）将插入点定位到“贸易部”文本后，按【Enter】键添加子项目，并对子项目降级，在其中输入“大宗原料处”文本，继续按【Enter】键添加子项目，并输入对应的文本。

（6）使用相同方法在“战略发展部”和“综合管理部”文本后添加子项目，并将插入点定位到“贸易部”文本后，在【SmartArt 工具】/【创建图形】组中单击 布局 按钮，在打开的下拉列表中选择“两者”选项。

（7）在“在此处键入文字”窗格右上角单击 按钮关闭该窗格，在【SmartArt 工具-设计】/【SmartArt 样式】组中单击“更改颜色”按钮 ，在打开的列表中选择图 5-61 所示的选项。

（8）按住【Shift】键的同时分别单击各子项目，同时选择多个子项目。在【SmartArt 工具-格式】/【大小】组的“宽度”数值框中输入“2.5 厘米”，按【Enter】键，如图 5-62 所示。

（9）将鼠标指针移动到 SmartArt 图形的右下角，当鼠标指针变成 形状时，按住鼠标左键向左上角拖动到合适的位置后释放鼠标左键，缩小 SmartArt 图形。

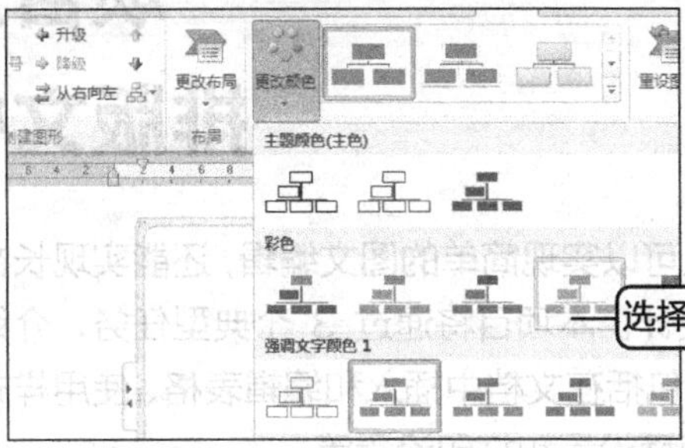

图 5-61　更改 SmartArt 图形颜色

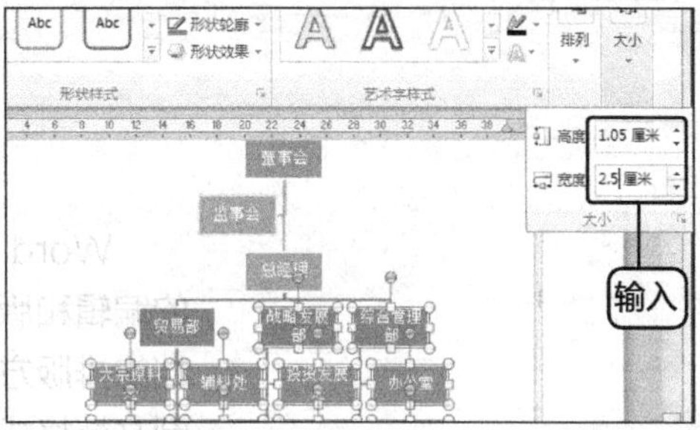

图 5-62　调整分支项目框大小

（五）添加封面

微课：添加封面

公司简介通常会设置封面，在 Word 中设置封面的具体操作如下。

（1）在【插入】/【页】组中单击 封面 按钮，在打开的下拉列表框中选择“现代型”选项，如图 5-63 所示。

（2）在“输入文档标题”文本处单击，输入“公司简介”文本，在“键入文档副标题”处输入“瀚兴国际贸易（上海）有限公司”文本，如图 5-64 所示。

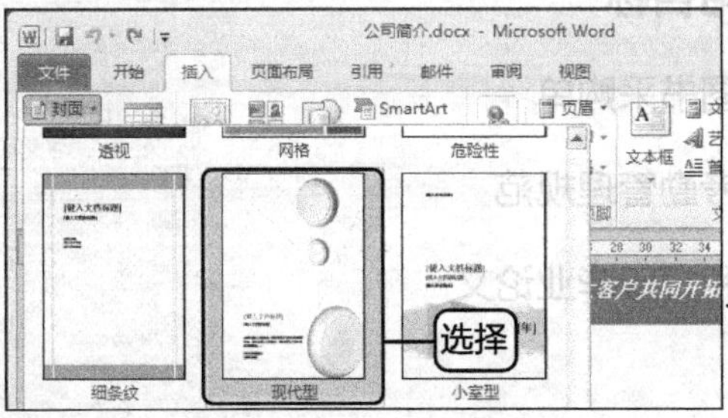

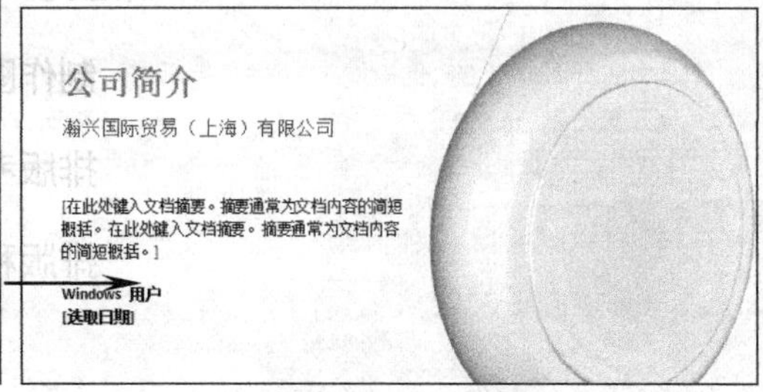

图 5-63　选择封面样式

图 5-64　输入标题和副标题

（3）选择“摘要”文本框，单击鼠标右键，在弹出的快捷菜单中选择“删除行”命令，使用相同方法删除“作者”和“日期”文本框。

项目六
排版文档

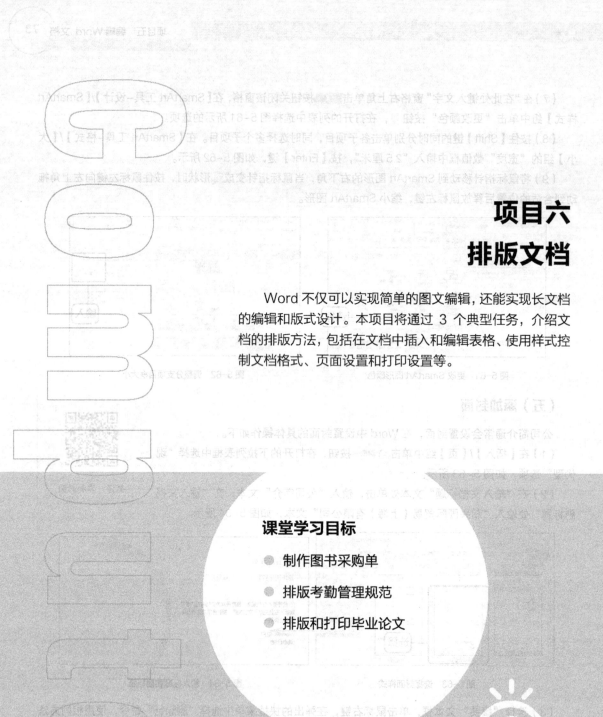

Word 不仅可以实现简单的图文编辑，还能实现长文档的编辑和版式设计。本项目将通过 3 个典型任务，介绍文档的排版方法，包括在文档中插入和编辑表格、使用样式控制文档格式、页面设置和打印设置等。

课堂学习目标

- 制作图书采购单
- 排版考勤管理规范
- 排版和打印毕业论文

任务一 制作图书采购单

任务要求

学校图书馆需要扩充藏书量，新增多个科目的新书。为此，需要制作一份图书采购清单作为部门采购的凭据。通过市场调查和市场分析后，小李完成了图书采购单的制作，参考效果如图 6-1 所示，相关要求如下。

- 输入标题文本“图书采购单”，设置字体格式为“黑体、加粗、小一、居中对齐”。
- 创建一个 7 列 13 行的表格，将鼠标指针移动到表格右下角的控制点上，拖动鼠标调整表格高度。
- 合并第 13 行的第 2、3 列单元格，拖动鼠标调整表格第 2 列的列宽。
- 平均分配第 2 列到第 7 列的宽度，在表格第 1 行下方插入一行单元格。
- 将倒数两行最后两个单元格拆分为两列，并平均分布各列单元格列宽。
- 在表格对应的位置输入图 6-1 所示的文本，然后设置字体格式为“黑体、五号、加粗”，对齐方式为“居中对齐”。
- 选择整个表格，设置表格宽度为“根据内容自动调整表格”，对齐方式为“水平居中”。
- 设置表格外边框样式为“双画线”，底纹为“白色、背景 1、深色 25%”。
- 最后使用“=SUM(ABOVE)”计算总和。

图书采购单

序号	书名	类别	原价（元）	折扣率%	折后价（元）	入库日期
1	父与子全集	少儿	35		21	2015 年 12 月 31 日
2	古代汉语词典	工具	119.9		95.9	2015 年 12 月 31 日
3	世界很大，幸好有你	传记	39		29	2015 年 12 月 31 日
4	Photoshop CS5 图像处理	计算机	48		39	2015 年 12 月 31 日
5	疯狂英语 90 句	外语	19.8		17.8	2015 年 12 月 31 日
6	窗边的小豆豆	少儿	25		28.8	2015 年 12 月 31 日
7	只属于我的视界：手机摄影自白书	摄影	58		34.8	2015 年 12 月 31 日
8	黑白花意：笔尖下的 87 朵花之绘	绘画	29.8		20.5	2015 年 12 月 31 日
9	小王子	少儿	20		10	2015 年 12 月 31 日
10	配色设计原理	设计	59		41	2015 年 12 月 31 日
11	基本乐理	音乐	38		31.9	2015 年 12 月 31 日
13	总和		￥491.50		￥369.70	

图 6-1 “图书采购单”文档效果

相关知识

（一）插入表格的几种方式

在 Word 2010 中插入的表格类型主要有自动表格、指定行列表格和手动绘制的表格 3 种，下面进行具体介绍。

1. 插入自动表格

微课：插入自动表格

插入自动表格的具体操作如下。

（1）将插入点定位到需插入表格的位置，在【插入】/【表格】组中单击“表格”按钮。

（2）在打开的下拉列表中按住鼠标左键不放并拖动，直到达到需要的表格行列数，如图6-2所示。

（3）释放鼠标即可在插入点位置插入表格。

2. 插入指定行列表格

微课：插入指定行列表格

插入指定行列表格的具体操作如下。

（1）在【插入】/【表格】组中单击“表格”按钮，在打开的下拉列表中选择“插入表格”选项，打开“插入表格”对话框。

（2）在该对话框中可以自定义表格的行列数和列宽，如图6-3所示，然后单击 确定 按钮也可创建表格。

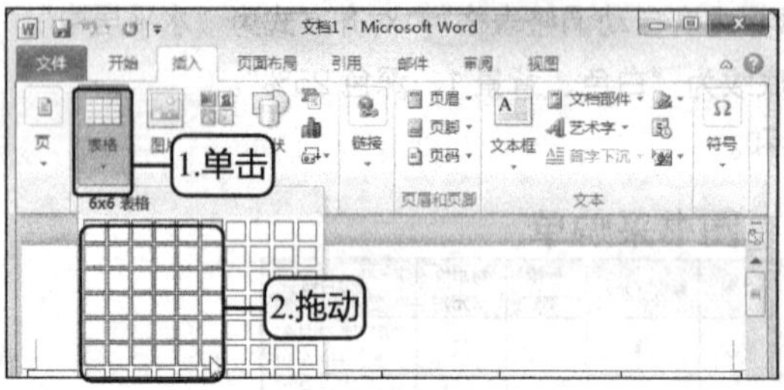

图6-2 插入自动表格

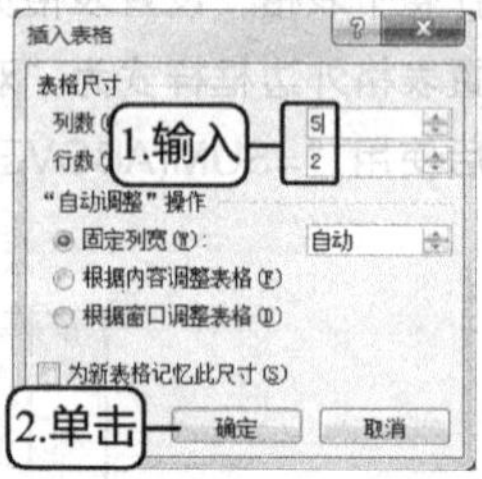

图6-3 插入指定行列表格

3. 绘制表格

微课：绘制表格

通过自动插入只能插入比较规则的表格，对于一些较复杂的表格，可以手动绘制，其具体操作如下。

（1）在【插入】/【表格】组中单击“表格”按钮，在打开的下拉列表中选择“绘制表格”选项。

（2）此时鼠标指针变成形状，在需要插入表格处按住鼠标左键不放进行拖动。此时，出现一个虚线框显示的表格，拖动鼠标调整虚线框到适当大小后释放鼠标，绘制出表格的边框。

（3）按住鼠标左键不放从一条线的起点拖动至终点，释放鼠标左键，即可在表格中画出横线、竖线和斜线，从而将绘制的边框分成若干单元格，并形成各种样式的表格。

提示

若文档中已插入了表格，在【设计】/【绘图边框】组中单击“绘制表格”按钮，在表格中拖动鼠标绘制横线或竖线，可添加表格的行列数，若绘制斜线，可用于制作斜线表头。

（二）选择表格

在文档中可对插入的表格进行调整，调整表格前需先选择表格，在 Word 中选择表格有以下 3 种情况。

1. 选择整行表格

选择整行表格主要有以下两种方法。

- 将鼠标指针移至表格左侧，当鼠标指针呈形状时，单击可以选择整行。如果按住鼠标左键不放向上或向下拖动，则可以选择多行。
- 在需要选择的行列中单击任意单元格，在【表格工具】/【布局】/【表】组中单击选择按钮，在打开的下拉列表中选择“选择行”选项即可选择该行。

2. 选择整列表格

选择整列表格主要有以下两种方法。

- 将鼠标指针移动到表格顶端，当鼠标指针呈⬇形状时，单击可选择整列。如果按住鼠标左键不放向左或向右拖动，则可选择多列。
- 在需要选择的行列中单击任意单元格，在【表格工具】/【布局】/【表】组中单击选择按钮，在打开的下拉列表中选择“选择列”选项即可选择该列。

3. 选择整个表格

选择整个表格主要有以下 3 种方法。

- 将鼠标指针移动到表格边框线上，然后单击表格左上角的“全选”按钮，即可选择整个表格。
- 通过在表格内部拖动鼠标选择整个表格。
- 在表格内单击任意单元格，在【表格工具】/【布局】/【表】组中单击选择按钮，在打开的下拉列表中选择“选择表格”选项，即可选择整个表格。

（三）将表格转换为文本

将表格转换为文本的具体操作如下。

（1）单击表格左上角的“全选”按钮选择整个表格，然后在【表格工具-布局】/【数据】组中单击“转换为文本”按钮。

（2）打开“表格转换成文本”对话框，如图 6-4 所示，在其中选择合适的文字分隔符，单击确定按钮，即可将表格转换成文本。

微课：将表格转换为文本

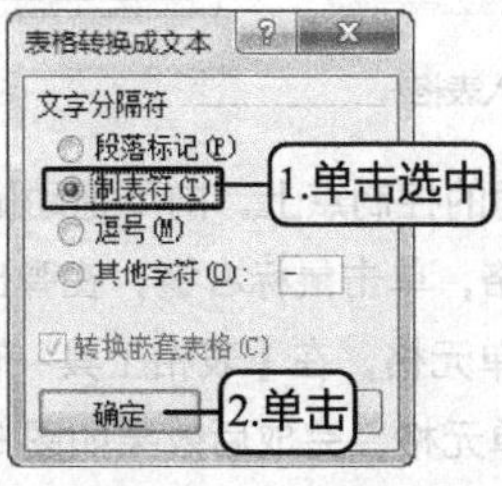

图 6-4 “表格转换成文本”对话框

（四）将文字转换为表格

将文字转换为表格的具体操作如下。

（1）拖动鼠标选择需要转换为表格的文本，然后在【插入】/【表格】组中单击“表格”按钮，在打开的下拉列表中选择“将文字转换成表格”选项。

（2）在打开的“将文字转换成表格”对话框中，根据需要设置表格尺寸和文本分隔符，如图 6-5 所示，完成后单击 确定 按钮，即可将文字转换为表格。

微课：将文字转换为表格

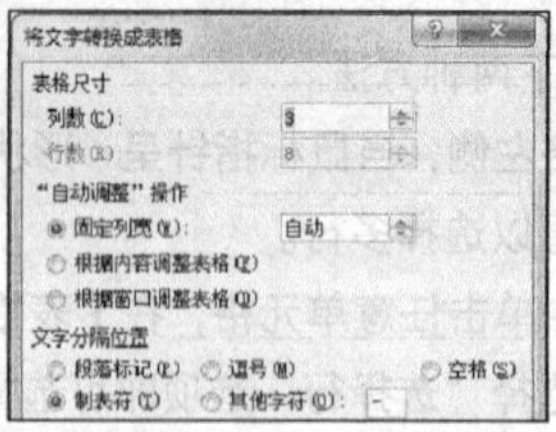

图 6-5　将“文字转换成表格”对话框

任务实现

（一）绘制图书采购单表格框架

在使用 Word 制作表格时，最好事先在纸上绘制表格的大致草图，规划好行列数，然后再在 Word 中创建并编辑表格，以便快速创建表格，其具体操作如下。

（1）打开 Word 2010，在文档的开始位置输入标题文本“图书采购单”，然后按【Enter】键。

（2）在【插入】/【表格】组中单击“表格”按钮，在打开的下拉列表中选择“插入表格”选项，打开“插入表格”对话框。

（3）在该对话框中分别将“列数”和“行数”设置为“7”和“13”，如图 6-6 所示。

（4）单击 确定 按钮即可创建表格，选择标题文本，在【开始】/【字体】组中设置字体格式为“黑体、加粗”，字号为“小一”，并设置对齐方式为“居中对齐”，效果如图 6-7 所示。

微课：绘制图书采购单表格框架

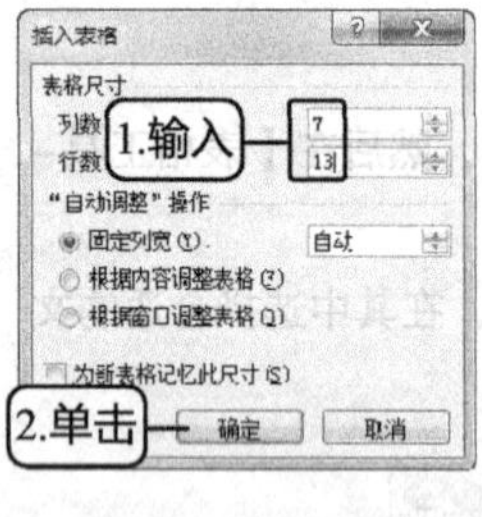

图 6-6　插入表格

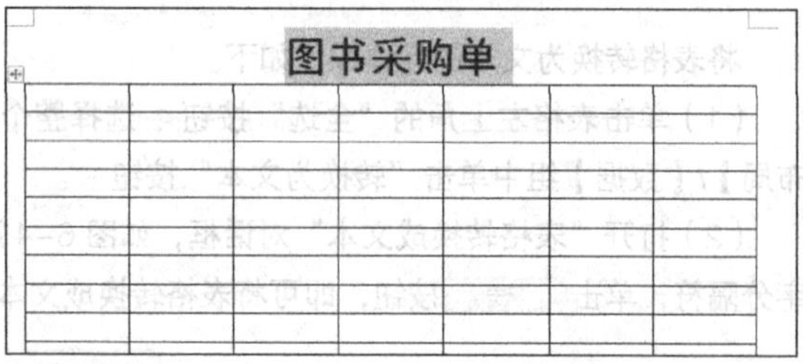

图 6-7　设置标题字体格式

（5）将鼠标指针移动到表格右下角的控制点上，向下拖动鼠标调整表格的高度，如图 6-8 所示。

（6）选择第 12 行第 2、3 列单元格，单击鼠标右键，在弹出的快捷菜单中选择“合并单元格”命令。

（7）选择表格第 13 行第 2、3 列单元格，在【表格工具-布局】/【合并】组中单击“合并单元格”按钮，然后使用相同的方法合并其他单元格，完成后效果如图 6-9 所示。

（8）将鼠标指针移至第 2 列表格左侧边框上，当鼠标指针变为形状后，按住鼠标左键向左拖动鼠标手动调整列宽。

（9）选择表格第 2 列至第 7 列单元格，在【表格工具-布局】/【单元格大小】组中单击“分布列”按钮，平均分配各列的宽度。

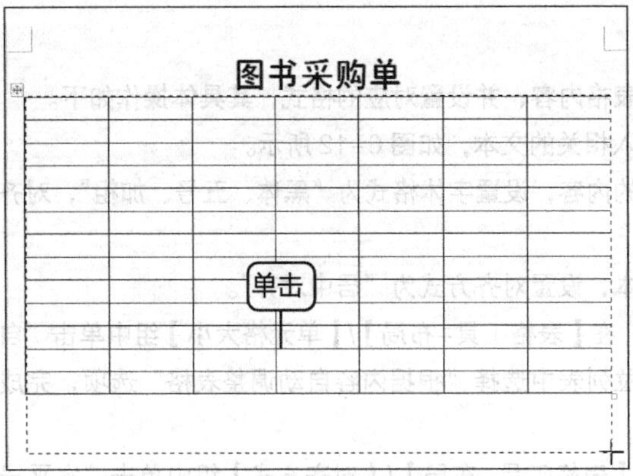

图 6-8　调整表格高度

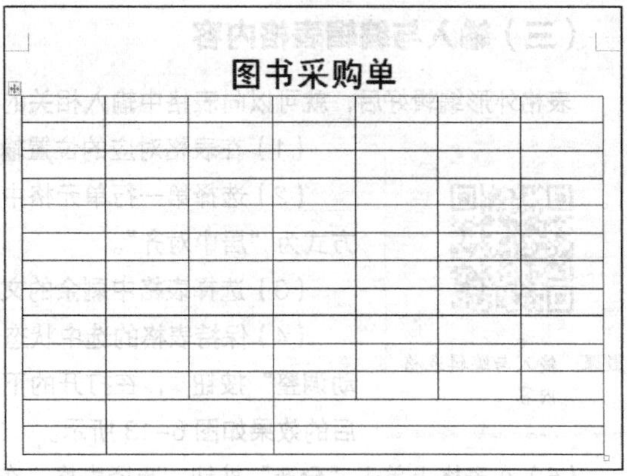

图 6-9　合并单元格

（二）编辑图书采购单表格

在制作表格中，通常需要在指定位置插入一些行列单元格，或将多余的表格合并或拆分等，以满足实际需要，其具体操作如下。

微课：编辑图书采购单表格

（1）将鼠标指针移动到第 1 行左侧，当其变为形状时，单击选择该行单元格，在【表格工具-布局】/【行和列】组中单击“在下方插入”按钮，在表格第 1 行下方插入一行单元格。

（2）选择倒数两行最后两个单元格，在【表格工具-布局】/【合并】组中单击“拆分单元格”按钮。

（3）打开“拆分单元格”对话框，在其中设置行列数分别为“2”，如图 6-10 所示，单击 确定 按钮即可。

（4）选择倒数两行除第 1 列外的所有单元格，在【表格工具-布局】/【单元格大小】组中单击“分布列”按钮，平均分配各列的宽度，效果如图 6-11 所示。

（5）选择第 12 行单元格，单击鼠标右键，在弹出的快捷菜单中选择【删除】/【删除行】命令。

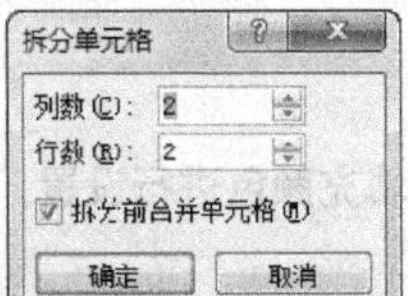

图 6-10　拆分单元格

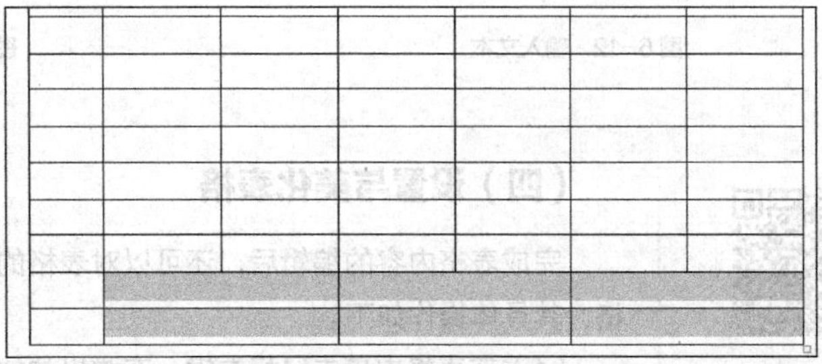

图 6-11　平均分布列

提示

在选择整行或整列单元格后，单击鼠标右键，在弹出的快捷菜单中选择相应的命令，也可实现单元格的插入、删除和合并等操作，如选择“在左侧插入列”命令，也可在选择列的左侧插入一列空白单元格。

（三）输入与编辑表格内容

表格外形编辑好后，就可以向表格中输入相关的表格内容，并设置对应的格式，其具体操作如下。

微课：输入与编辑表格内容

（1）在表格对应的位置输入相关的文本，如图 6-12 所示。

（2）选择第一行单元格中的内容，设置字体格式为“黑体、五号、加粗”，对齐方式为“居中对齐”。

（3）选择表格中剩余的文本，设置对齐方式为“居中对齐”。

（4）保持表格的选中状态，在【表格工具-布局】/【单元格大小】组中单击“自动调整”按钮，在打开的下拉列表中选择“根据内容自动调整表格”选项，完成后的效果如图 6-13 所示。

（5）在表格上单击“全选”按钮选择表格，在【表格工具-布局】/【对齐方式】组中单击“水平居中”按钮，设置文本对齐方式为“水平居中对齐”。

（6）将“平均值”和“总和”单元格右侧的两列单元格分别拆分为 4 列单元格。

图书采购单

序号	书名	类别	原价（元）	折扣率%	折后价（元）	入库日期
1	父与子全集	少儿	35		21	2015 年 12 月 31 日
2	古代汉语词典	工具	119.9		95.9	2015 年 12 月 31 日
3	世界很大，幸好有你	传记	39		29	2015 年 12 月 31 日
4	Photoshop CS5 图像处理	计算机	48		39	2015 年 12 月 31 日
5	疯狂英语 90 句	外语	19.8		17.8	2015 年 12 月 31 日
6	窗边的小豆豆	少儿	25		28.8	2015 年 12 月 31 日
7	只属于我的视界：手机摄影自白书	摄影	58		34.8	2015 年 12 月 31 日
8	黑白花意：笔尖下的 87 朵花之绘	绘画	29.8		20.5	2015 年 12 月 31 日
9	小王子	少儿	20		10	2015 年 12 月 31 日
10	配色设计原理	设计	59		41	2015 年 12 月 31 日

图 6-12　输入文本

图书采购单

序号	书名	类别	原价（元）	折扣率%	折后价（元）	入库日期
1	父与子全集	少儿	35		21	2015 年 12 月 31 日
2	古代汉语词典	工具	119.9		95.9	2015 年 12 月 31 日
3	世界很大，幸好有你	传记	39		29	2015 年 12 月 31 日
4	Photoshop CS5 图像处理	计算机	48		39	2015 年 12 月 31 日
5	疯狂英语 90 句	外语	19.8		17.8	2015 年 12 月 31 日
6	窗边的小豆豆	少儿	25		28.8	2015 年 12 月 31 日
7	只属于我的视界：手机摄影自白书	摄影	58		34.8	2015 年 12 月 31 日
8	黑白花意：笔尖下的 87 朵花之绘	绘画	29.8		20.5	2015 年 12 月 31 日
9	小王子	少儿	20		10	2015 年 12 月 31 日
10	配色设计原理	设计	59		41	2015 年 12 月 31 日
11	基本乐理	音乐	38		31.9	2015 年 12 月 31 日

图 6-13　调整表格列宽

（四）设置与美化表格

微课：设置与美化表格

完成表格内容的编辑后，还可以对表格的边框和填充颜色进行设置，以美化表格，其具体操作如下。

（1）在表格中单击鼠标右键，在弹出的快捷菜单中选择“边框和底纹”命令。

（2）打开“边框和底纹”对话框，在“设置”栏中选择“虚框”选项，在“样式”列表框中选择“双画线”选项，如图 6-14 所示。

（3）单击 确定 按钮，完成表格外框线设置，效果如图 6-15 所示。

（4）选择“总和”文本所在的单元格，设置字体格式为“黑体、加粗”，然后按住【Ctrl】键依次选择表格表头所在的单元格。

（5）在【开始】/【段落】组中单击“边框和底纹”按钮，在打开的下拉列表中选择“边框和底纹”选项，打开“边框和底纹”对话框。

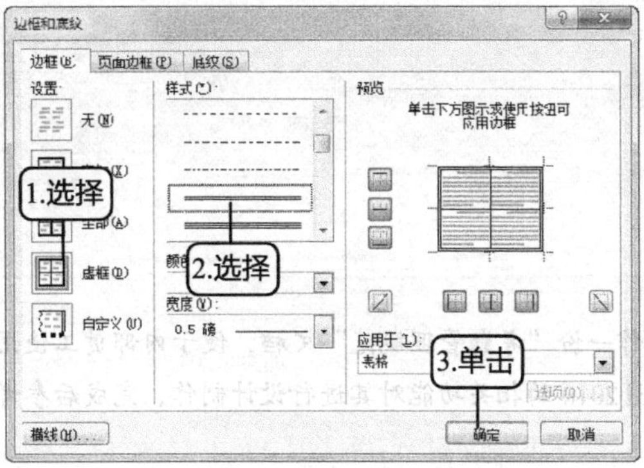

图 6-14 设置外边框

图书采购单

序号	书名	类别	原价（元）	折扣率%	折后价（元）	入库日期
1	父与子全集	少儿	35		21	2015 年 12 月 31 日
2	古代汉语词典	工具	119.9		95.9	2015 年 12 月 31 日
3	世界很大，幸好有你	传记	39		29	2015 年 12 月 31 日
4	Photoshop CS5 图像处理	计算机	48		39	2015 年 12 月 31 日
5	疯狂英语 90 句	外语	19.8		17.8	2015 年 12 月 31 日
6	窗边的小豆豆	少儿	25		28.8	2015 年 12 月 31 日
7	只属于我的视界：手机摄影自白书	摄影	58		34.8	2015 年 12 月 31 日

图 6-15 设置外边框后的效果

（6）单击“底纹”选项卡，在“填充”下拉列表中选择“白色，背景 1，深色 25%”选项，如图 6-16 所示。

（7）单击 确定 按钮，完成单元格底纹的设置，效果如图 6-17 所示。

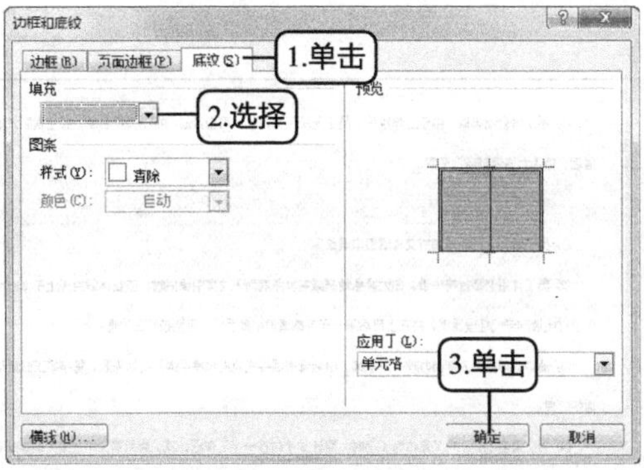

图 6-16 设置底纹

图书采购单

序号	书名	类别	原价（元）	折扣率%	折后价（元）	入库日期
1	父与子全集	少儿	35		21	2015 年 12 月 31 日
2	古代汉语词典	工具	119.9		95.9	2015 年 12 月 31 日
3	世界很大，幸好有你	传记	39		29	2015 年 12 月 31 日
4	Photoshop CS5 图像处理	计算机	48		39	2015 年 12 月 31 日
5	疯狂英语 90 句	外语	19.8		17.8	2015 年 12 月 31 日
6	窗边的小豆豆	少儿	25		28.8	2015 年 12 月 31 日
7	只属于我的视界：手机摄影自白书	摄影	58		34.8	2015 年 12 月 31 日

图 6-17 添加底纹后的效果

（五）计算表格中的数据

在表格中可能会涉及数据计算，使用 Word 制作的表格也可以实现简单的计算，其具体操作如下。

微课：计算表格中的数据

（1）将插入点定位到“总和”右侧的单元格中，在【布局】/【数据】组中单击“公式”按钮 f_x。

（2）打开“公式”对话框，在“公式”文本框中输入“=SUM(ABOVE)”，在“编号格式”下拉列表中选择“¥#,##0.00;(¥#,##0.00)”选项，如图 6-18 所示。

（3）单击 确定 按钮，使用相同的方法计算折后价的平均值，完成后的效果如图 6-19 所示。

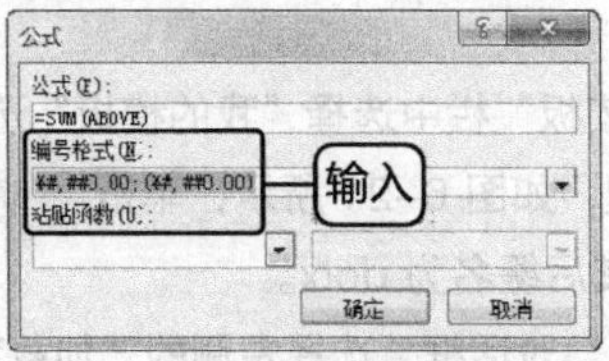

图 6-18 设置公式与编号格式

8	黑白花意：笔尖下的 87 朵花之绘	绘画	29.8		20.5	2015 年 12 月 31 日
9	小王子	少儿	20		10	2015 年 12 月 31 日
10	配色设计原理	设计	59		41	2015 年 12 月 31 日
11	基本乐理	音乐	38		31.9	2015 年 12 月 31 日
13	总和		¥491.50		¥369.70	

图 6-19 使用公式计算后的结果

任务二 排版考勤管理规范

任务要求

小李在某企业的行政部门工作，总经理要求小李制作一份“考勤管理规范”文档，便于内部员工使用。小李打开原有的“考勤管理规范.docx”文档，利用 Word 2010 的相关功能对其进行设计制作，完成后参考效果如图 6-20 所示，相关要求如下。

- 打开文档，自定义纸张的“宽度”和“高度”分别为“20 厘米”和“28 厘米”。
- 设置页边距“上”“下”分别为“3 厘米”，设置页边距“左”“右”分别为“2.5 厘米”。
- 为标题应用内置的“标题”样式，新建“小项目”样式，设置格式为“汉仪长艺体简、五号、1.5 倍行距”，底纹为“白色，背景 1，深色 50%”。
- 修改“小项目”样式，设置字体格式为“小三、‘茶色，背景 2，深色 50%’”，设置底纹为“白色，背景 1，深色 15%”。

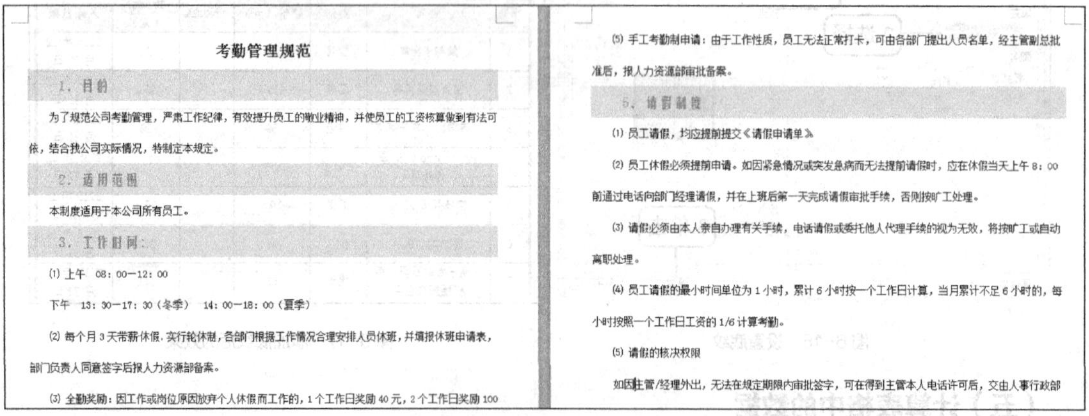

考勤管理规范

1．目的

为了规范公司考勤管理，严肃工作纪律，有效提升员工的敬业精神，并使员工的工资核算做到有法可依，结合我公司实际情况，特制定本规定。

2．适用范围

本制度适用于本公司所有员工。

3．工作时间：

(1) 上午 08：00—12：00

下午 13：30—17：30（冬季） 14：00—18：00（夏季）

(2) 每个月 3 天带薪休假，实行轮休制，各部门根据工作情况合理安排人员休班，并填报休班申请表，部门负责人同意签字后报人力资源部备案。

(3) 全勤奖励：因工作或岗位原因放弃个人休假而工作的，1 个工作日奖励 40 元，2 个工作日奖励 100

(5) 手工考勤制申请：由于工作性质，员工无法正常打卡，可由各部门提出人员名单，经主管副总批准后，报人力资源部审批备案。

6．请假制度

(1) 员工请假，均应提前提交《请假申请单》。

(2) 员工休假必须提前申请。如因紧急情况或突发急病而无法提前请假时，应在休假当天上午 8：00 前通过电话向部门经理请假，并在上班后第一天完成请假审批手续，否则按旷工处理。

(3) 请假必须由本人亲自办理有关手续，电话请假或委托他人代理手续的视为无效，将按旷工或自动离职处理。

(4) 员工请假的最小时间单位为 1 小时，累计 6 小时按一个工作日计算，当月累计不足 6 小时的，每小时按照一个工作日工资的 1/6 计算考勤。

(5) 请假的核决权限

如因主管/经理外出，无法在规定期限内审批签字，可在得到主管本人电话许可后，交由人事行政部

图 6-20 排版“考勤管理规范”文档后的效果

相关知识

（一）模板与样式

模板和样式是 Word 中常用的排版工具，下面分别介绍模板与样式的相关知识。

1．模板

Word 2010 的模板是一种固定样式的框架，包含了相应的文字和样式，下面分别介绍新建模板、使用已有的模板和管理模板的方法。

- 新建模板。选择【文件】/【新建】命令，在中间的“可用模板”栏中选择“我的模板”选项，打开“新建”对话框，在“新建”栏单击选中“模板”单选按钮，如图 6-21 所示，单击 确定 按钮即可新建一个名称为“模板 1”的空白文档，保存文档后其后缀名为.dotx。
- 套用模板。选择【文件】/【选项】命令，打开“Word 选项”对话框，选择左侧的“加载项”选项，在右侧的“管理”下拉列表中选择“模板”选项，单击 转到(G)... 按钮，打开“模板和加载项”对话框，

如图 6-22 所示，在其中单击选用(A)...按钮，在打开的对话框中选择需要的模板，然后返回对话框，单击选中“自动更新文档样式”复选框，单击确定按钮即可在已存在的文档中套用模板。

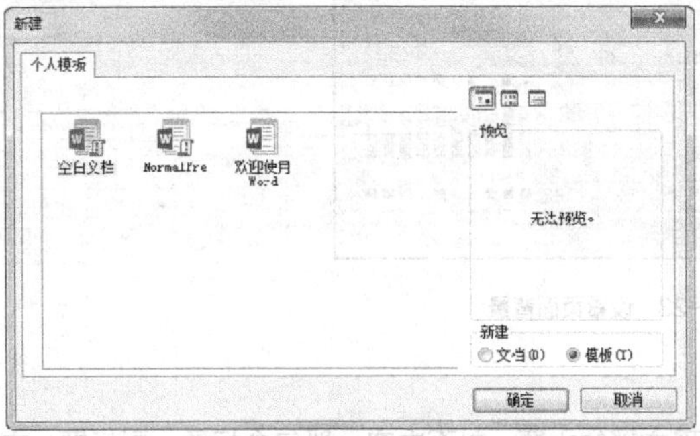

图 6-21　新建模板

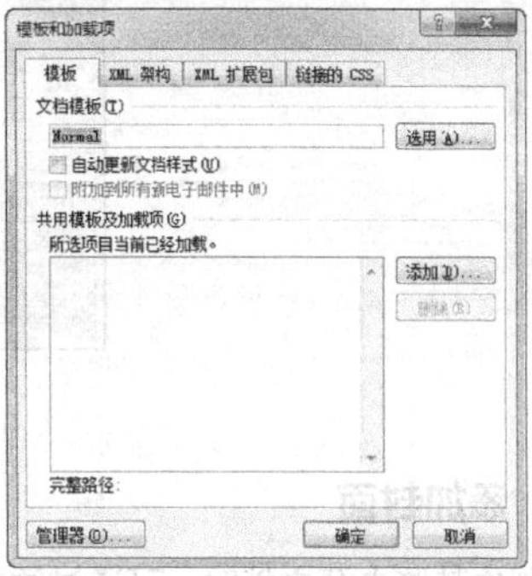

图 6-22　套用模板

2. 样式

在编排一篇长文档或是一本书时，需要对许多的文字和段落进行相同的排版工作，如果只是利用字体格式和段落格式进行编排，比较费时，很难使文档格式保持一致。使用样式能减少许多重复的操作，在短时间内编排出高质量的文档。

样式是指一组已经命名的字符和段落格式。它设定了文档中标题、题注以及正文等各个文档元素的格式。用户可以将一种样式应用于某个段落，或段落中选择的字符上，所选择的段落或字符便具有这种样式的格式。对文档应用样式主要有以下作用。

- 使用样式使文档的格式更便于统一。
- 使用样式便于构筑大纲，使文档更有条理，编辑和修改更简单。
- 使用样式便于生成目录。

（二）页面版式

设置文档页面版式包括设置页面大小、页边距和页面背景，以及添加水印、封面等，这些设置将应用于文档的所有页面。

1. 设置页面大小、页面方向和页边距

默认的 Word 页面大小为 A4（21 厘米 × 29.7 厘米），页面方向为纵向，页边距为普通，在【页面布局】/【页面设置】组中单击相应的按钮便可进行修改，相关介绍如下。

- 单击“纸张大小”按钮右侧的按钮，在打开的下拉列表框中选择一种页面大小选项；或选择“其他页面大小”选项，在打开的“页面设置”对话框中输入文档宽度值和高度值。
- 单击“页面方向”按钮右侧的按钮，在打开的下拉列表中选择“横向”选项，可以将页面设置为横向。
- 单击“页边距”按钮下方的按钮，在打开的下拉列表框中选择一种页边距选项；或选择“自定义页边距”选项，在打开的“页面设置”对话框中输入上、下、左、右页边距值。

2. 设置页面背景

在 Word 中，页面背景可以是纯色背景、渐变色背景和图片背景。设置页面背景的方法是：在【页面布局】/【页面背景】组中单击“页面颜色”按钮，在打开的下拉列表中选择一种页面背景颜色，如图 6-23 所示。若选择“填充效果”选项，在打开的对话框中单击“渐变”“图片”等选项卡，便可设置渐变色背景

和图片背景等。

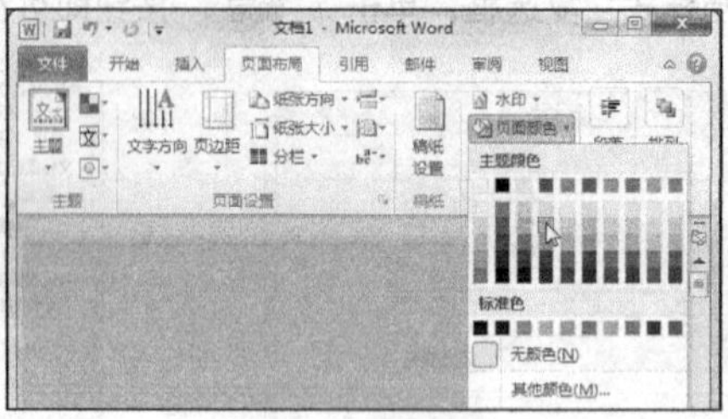

图 6-23　设置页面背景

3. 添加封面

在制作某些办公文档时，可通过添加封面表现文档的主题，封面内容一般包含标题、副标题、文档摘要、编写时间、作者和公司名称等。添加封面的方法是：在【插入】/【页】组中单击 封面 按钮，在打开的下拉列表中选择一种封面样式，如图 6-24 所示，为文档添加该类型的封面，然后输入相应的封面内容即可。

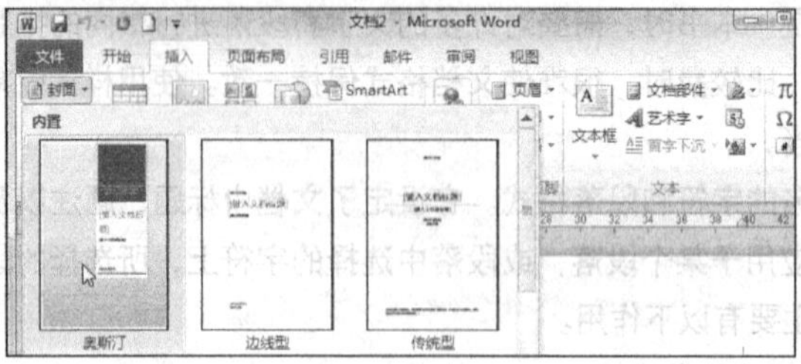

图 6-24　设置封面

4. 添加水印

制作办公文档时，为表明公司文档的所有权和出处，可为文档添加水印背景，如添加“机密”水印等。添加水印的方法是：在【页面布局】/【页面背景】组中单击 水印 按钮，在打开的下拉列表中选择一种水印效果即可。

5. 设置主题

Word 2010 提供了各种主题，通过应用这些主题可快速更改文档的整体效果，统一文档的整体风格。设置主题的方法是：在【页面布局】/【主题】组中单击“主题”按钮，在打开的下拉列表中选择一种主题样式，文档的颜色和字体等效果将发生变化。

任务实现

微课：设置页面大小

（一）设置页面大小

日常应用中可根据文档内容自定义页面大小，其具体操作如下。

（1）打开“考勤管理规范.docx”文档，在【页面布局】/【页面设置】组中单击“对话框启动器”按钮，打开“页面设置”对话框。

（2）单击“纸张”选项卡，在“纸张大小”下拉列表框中选择“自定义大小”选项，分别在“宽度”和“高度”数值框中输入“20”和“28”，如图 6-25 所示。

（3）单击 确定 按钮，返回文档编辑区，即可查看设置页面大小后的文档效果，如图 6-26 所示。

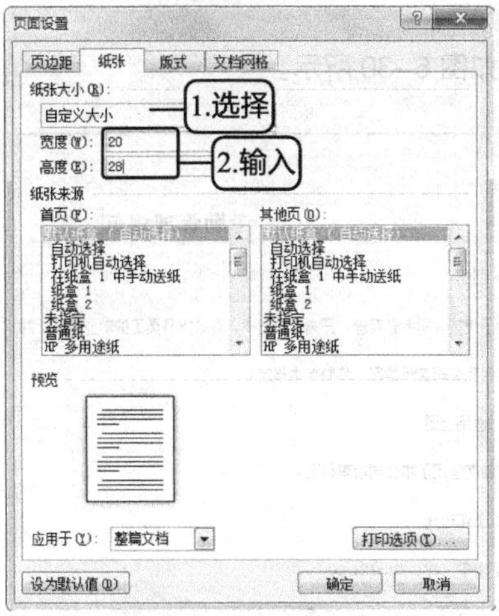

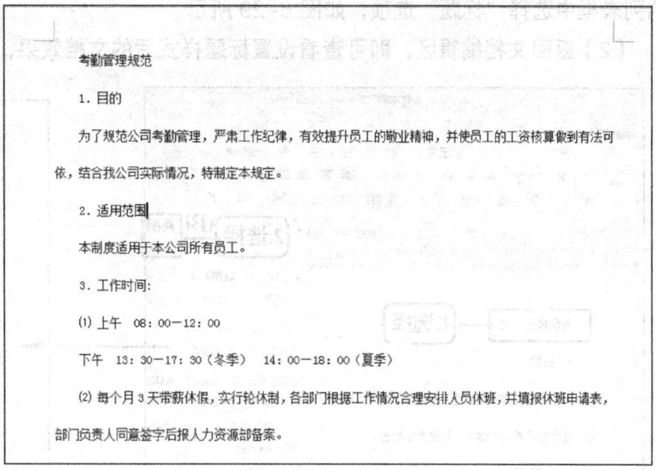

图 6-25　设置页面大小　　　　图 6-26　查看效果

（二）设置页边距

如果文档是给上级或者客户看的，那么，Word 默认的页边距就可以了。若为了节省纸张，可以适当缩小页边距，其具体操作如下。

（1）在【页面布局】/【页面设置】组中单击“对话框启动器”按钮，打开“页面设置”对话框。

（2）单击“页边距”选项卡，在“页边距”栏中的“上”“下”数值框中分别输入“1 厘米”，在“左”“右”数值框中分别输入“1.5 厘米”，如图 6-27 所示。

（3）单击 确定 按钮，返回文档编辑区，即可查看设置页边距后的文档页面版式，如图 6-28 所示。

微课：设置页边距

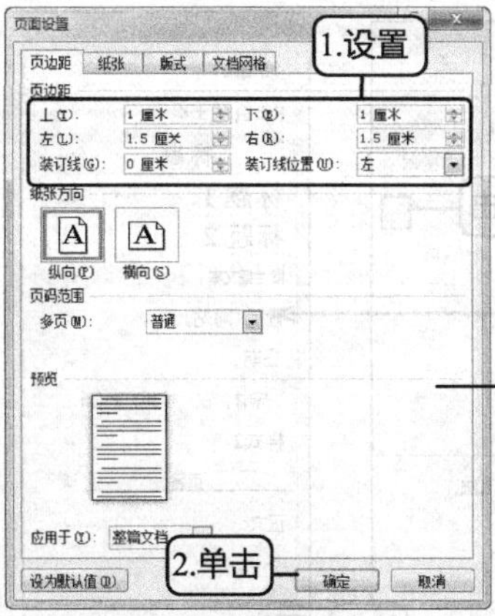

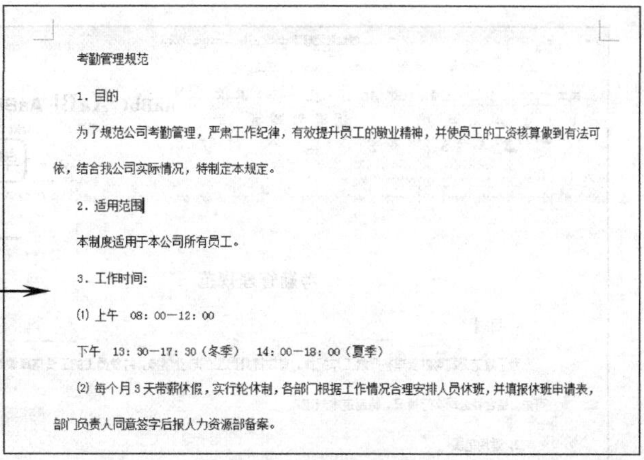

图 6-27　设置页边距　　　　图 6-28　查看设置页边距后的效果

（三）套用内置样式

内置样式是指 Word 2010 自带的样式，下面为“考勤管理规范.docx”文档套用内置样式，其具体操作如下。

（1）将插入点定位列标题“考勤管理规范”文本右侧，在【开始】/【样式】组

微课：套用内置样式

的列表框中选择“标题”选项，如图6-29所示。

（2）返回文档编辑区，即可查看设置标题样式后的文档效果，如图6-30所示。

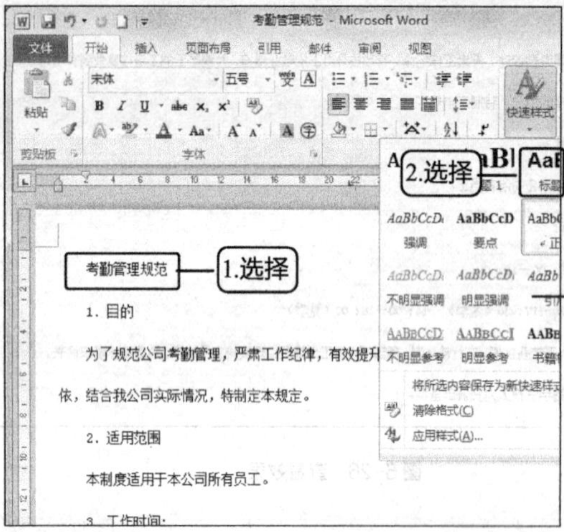

图6-29　套用内置样式

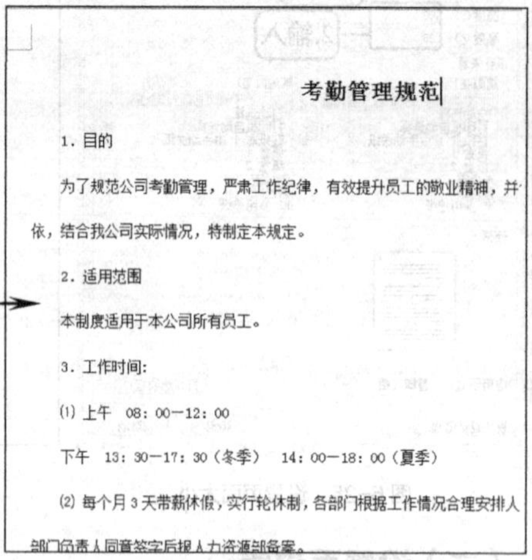

图6-30　查看设置标题样式后的效果

（四）创建样式

微课：创建样式

Word 2010中的内置样式是有限的，当用户需要使用的样式在Word中并没有内置样式时，可创建样式，其具体操作如下。

（1）将插入点定位到第一段“1. 目的”文本右侧，在【开始】/【样式】组中单击“对话框启动器”按钮，如图6-31所示。

（2）打开“样式”任务窗格，单击“新建样式”按钮，如图6-32所示。

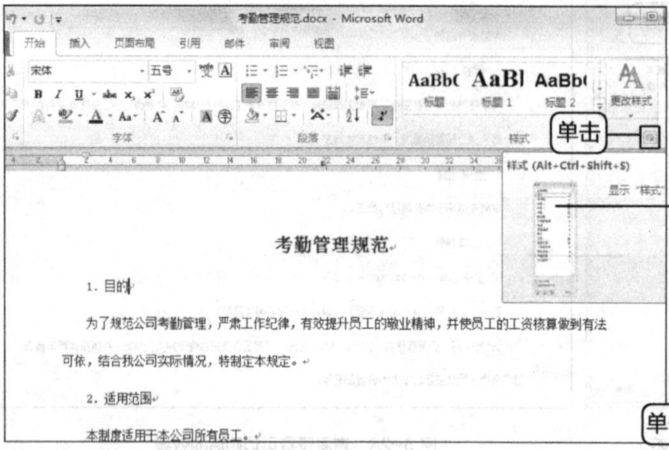

图6-31　打开“样式”任务窗格

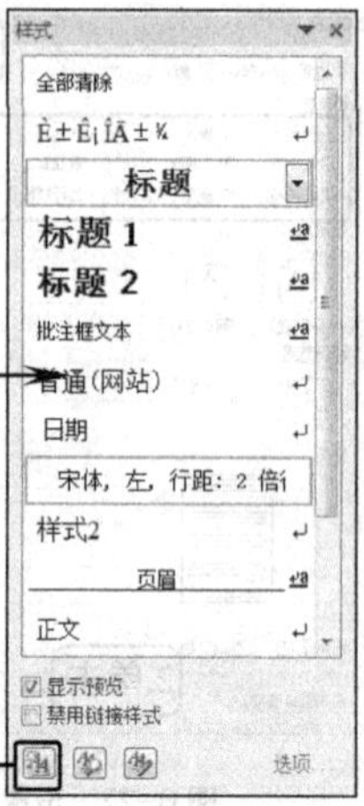

图6-32　单击“新建样式”按钮

（3）在打开“根据格式设置创建新样式”对话框的“名称”文本框中输入“小项目”，在格式栏中将格式设置为“汉仪长艺体简、五号”，单击 格式(O) 按钮，在打开的下拉列表中选择“段落”选项，如图6-33所示。

（4）打开“段落”对话框，在间距栏的“行距”下拉列表中选择“1.5倍行距”选项，单击 确定 按钮，如图 6-34 所示。

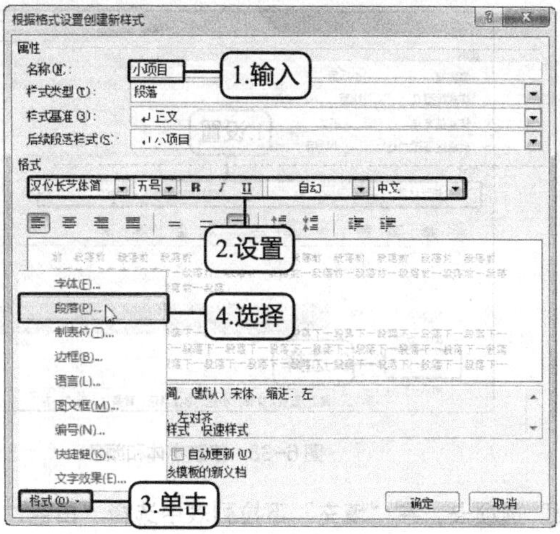

图 6-33 设置名称与格式

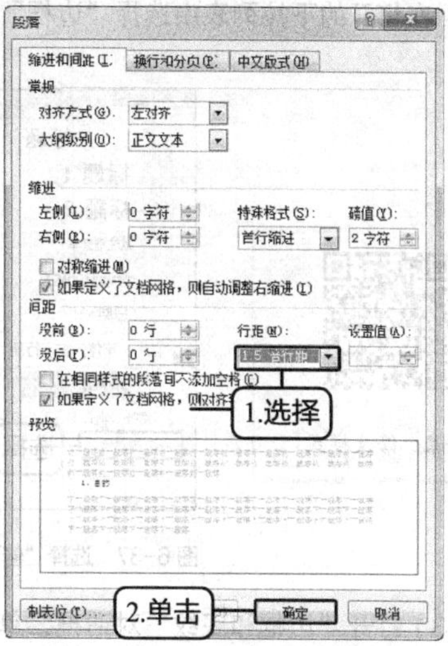

图 6-34 设置“段落”格式

（5）返回到“根据格式设置创建新样式”对话框，再次单击 格式(O)▾ 按钮，在打开的下拉列表中选择“边框”选项。

（6）打开“边框和底纹”对话框，单击“底纹”选项卡，在“填充”栏的下拉列表中选择“白色，背景 1，深色 50%”选项，依次单击 确定 按钮，如图 6-35 所示。

（7）返回文档编辑区，即可查看创建样式后的文档效果，如图 6-36 所示。

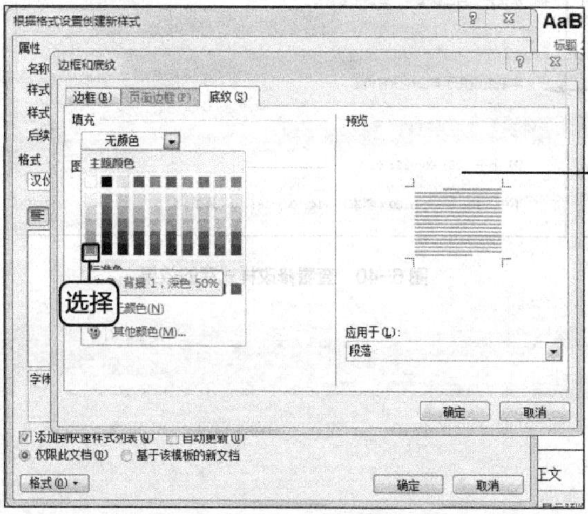

图 6-35 设置边框和底纹

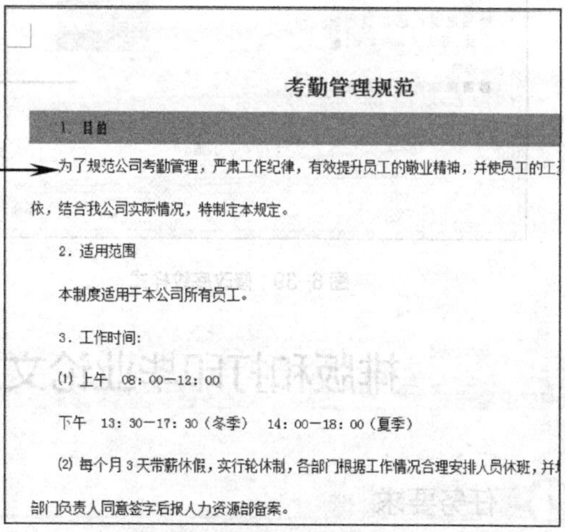

图 6-36 查看创建的样式效果

（五）修改样式

创建新样式时，如果用户对创建后的样式有不满意的地方，可通过“修改”样式功能对其进行修改，其具体操作如下。

（1）在“样式”任务窗格中选择创建的“小项目”样式，单击右側的▾按钮，在打开的下拉列表中选择“修改”选项，如图 6-37 所示。

（2）在打开对话框的“格式”栏中将字体格式设置为“小三、‘茶色，背景 2，深色 50%’”，单击 格式(O)▾ 按钮，在打开的下拉列表中选择“边框”选项，如图 6-38 所示。

微课：修改样式

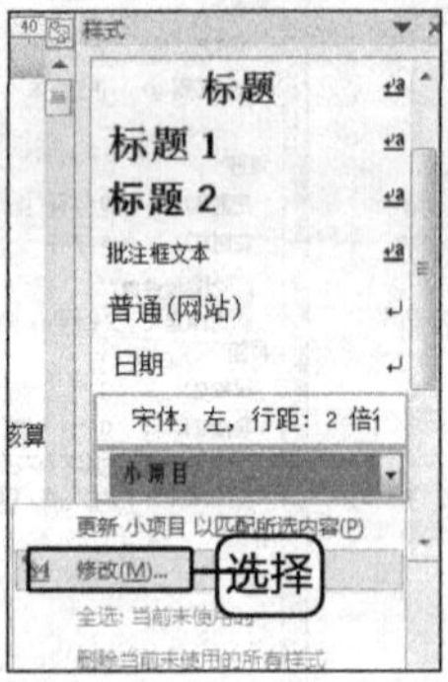

图 6-37　选择“修改”选项

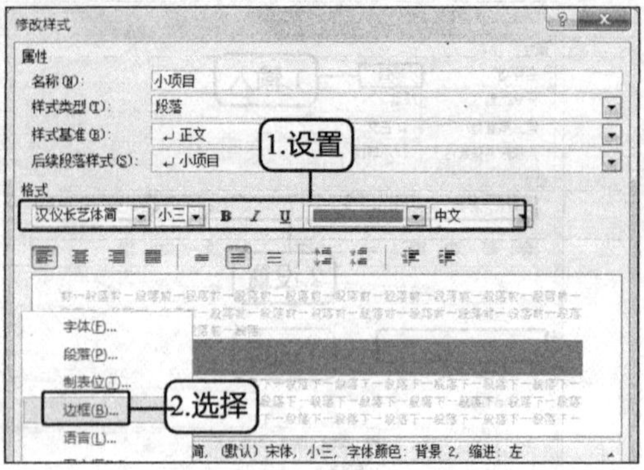

图 6-38　修改字体和颜色

（3）打开“边框和底纹”对话框，单击“底纹”选项卡，在“填充”下拉列表中选择“白色，背景 1，深色 15%”选项，单击 确定 按钮，如图 6-39 所示，即可修改样式。

（4）将插入点定位到其他同级别文本上，在“样式”窗格中选择“小项目”选项为其应用样式，如图 6-40 所示。

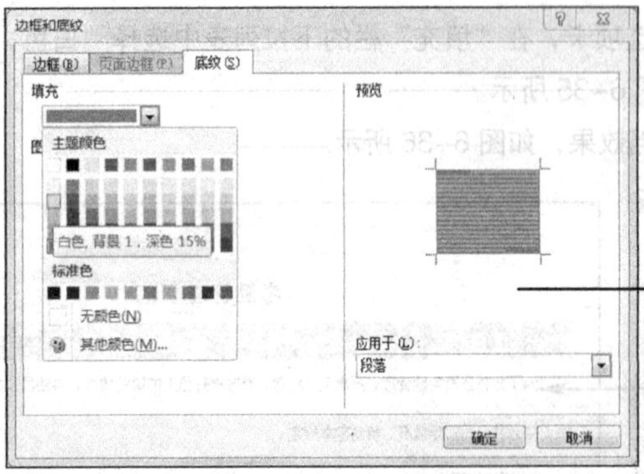

图 6-39　修改底纹样式

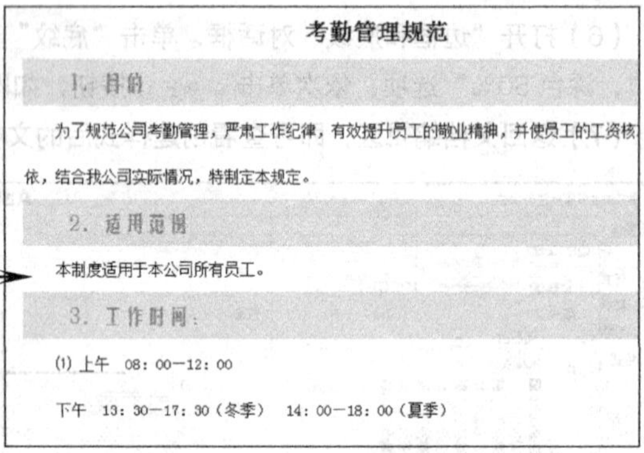

图 6-40　查看修改样式后的效果

任务三　排版和打印毕业论文

任务要求

肖雪是某职业高校的一名大三学生，临近毕业，她按照指导老师发放的毕业设计任务书要求，完成了实验调查和论文内容的书写。接下来，她需要使用 Word 2010 对论文的格式进行排版，完成后参考效果如图 6-41 所示，相关要求如下。

- 新建样式，设置正文字体，中文为“宋体”、西文为“Times New Roman”，字号为“五号”，首行统一缩进 2 个字符。
- 设置一级标题字体格式为“黑体、三号、加粗”，段落格式为“居中对齐、段前段后均为 0 行、2

倍行距”。

- 设置二级标题字体格式为“微软雅黑、四号、加粗”，段落格式为“左对齐、1.5 倍行距”。
- 设置“关键字：”文本字符格式为“微软雅黑、四号、加粗”，后面的关键字格式与正文相同。
- 使用大纲视图查看文档结构，然后分别在每个部分的前面插入分页符。
- 添加“反差型（奇数页）”样式的页眉，设置中文为“宋体”，西文为“Times New Roman”，字号为“五号”，行距为“单倍行距”，对齐方式为“居中对齐”。
- 添加“边线型”页脚，设置中文为“宋体”，西文为“Times New Roman”，字号为“五号”，段落样式为“单倍行距，居中对齐”，页脚显示当前页码。
- 选择“毕业论文”文本，设置格式为“方正大标宋简体、小初、居中对齐”，选择“降低企业成本途径分析”文本，设置格式为“黑体、小二、加粗、居中对齐”。
- 分别选择“姓名”“学号”“专业”文本，设置格式为“黑体、小四”，然后利用【Space】键使其居中对齐。同样利用【Space】键使论文标题上下居中对齐。
- 提取目录。设置“制表符前导符”为第一个选项， “格式”为“正式”，撤销选中“使用超链接而不使用页码”复选框。
- 选择【文件】/【打印】命令，预览并打印文档。

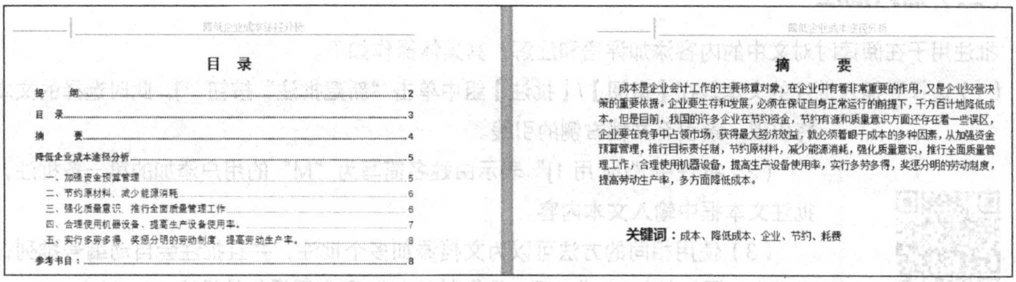

图 6-41 “毕业论文”文档效果

相关知识

（一）添加题注

题注通常用于对文档中的图片或表格进行自动编号，从而节约手动编号的时间，其具体操作如下。

（1）在【引用】/【题注】组中单击“插入题注”按钮，打开“题注”对话框，如图 6-42 所示。

（2）在“标签”下拉列表框中选择需要设置的标签，也可以单击 新建标签(N)... 按钮，打开“新建标签”对话框，在“标签”文本框中输入自定义的标签名称。

（3）单击 确定 按钮返回对话框，即可查看添加的新标签，单击 确定 按钮即可返回文档。

微课：添加题注

（二）创建交叉引用

交叉引用可以将文档中的图片、表格与正文相关的说明文字创建对应的关系，从而为作者提供自动更新功能，其具体操作如下。

（1）将插入点定位到需要使用交叉引用的位置，在【引用】/【题注】组中单击“交叉引用”按钮，打开“交叉引用”对话框，如图 6-43 所示。

（2）在“引用类型”下拉列表框中选择需要引用的类型，然后在“引用哪一个书签”列表框中选择需要引用的选项，这里没有创建书签，故没有选项。单击 插入(I) 按钮即可创建交叉引用。在选择插入的文本范围时，插入的交叉引用的内容将显示为灰色底纹，若修改被引用的内容，返回引用时按【F9】键即可更新。

微课：创建交叉引用

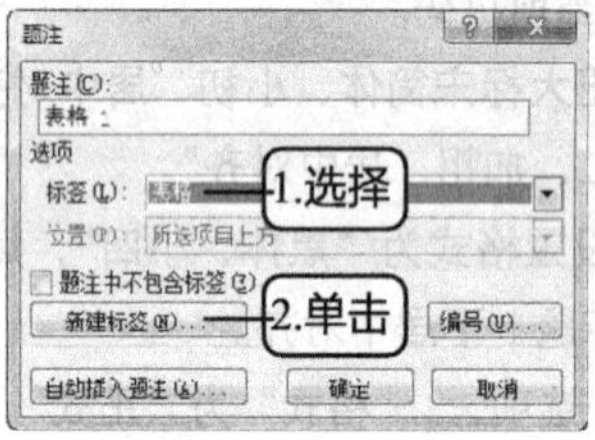

图 6-42 添加题注

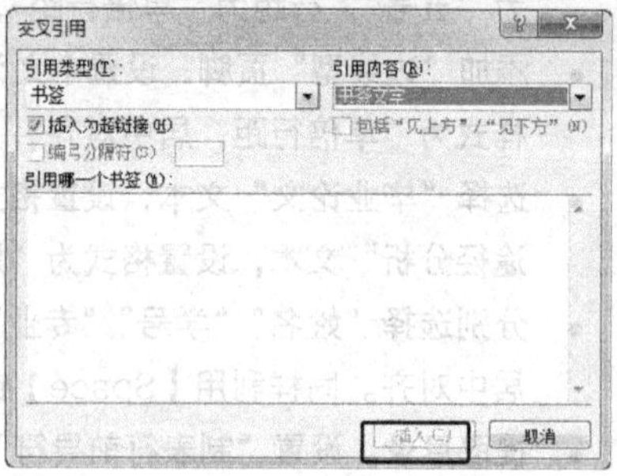

图 6-43 创建交叉引用

（三）插入批注

批注用于在阅读时对文中的内容添加评语和注解，其具体操作如下。

（1）选择要插入批注的文本，在【审阅】/【批注】组中单击“新建批注”按钮，此时选择的文本处将出现一条引至文档右侧的引线。

（2）批注中“[M 用 1]”表示由姓名简写为“M”的用户添加的第一条批注，在批注文本框中输入文本内容。

（3）使用相同的方法可以为文档添加多个批注，并且批注会自动编号排列，单击“上一页”按钮或“下一页”按钮，可查看添加的批注。

（4）为文档添加批注后，若要删除，可在要删除的批注上单击鼠标右键，在弹出的快捷菜单中选择“删除批注”命令。

微课：插入批注

（四）添加修订

对错误的内容添加修订，并将文档发送给制作人员予以确认，可减少文档出错率，其具体操作如下。

（1）在【审阅】/【修订】组中单击“修订”按钮，进入修订状态，此时对文档的任何操作都将被记录下来。

微课：添加修订

（2）对文档内容进行修改，在修改后原位置会显示修订的结果，并在左侧出现一条竖线，表示该处进行了修订。

（3）在【审阅】/【修订】组中单击 显示标记 按钮右侧的下拉按钮，在打开的下拉列表中选择【批注框】/【在批注框中显示修订】选项。

（4）对文档修订结束后，必须再次单击“修订”按钮退出修订状态，否则文档中任何操作都会被作为修订操作。

（五）接受与拒绝修订

对于文档中的修订，用户可根据需要选择接受或拒绝修订的内容，其具体操作如下。

（1）在【审阅】/【更改】组中单击“接受”按钮接受修订，或单击“拒绝”按钮拒绝修订。

（2）单击“接受”按钮下方的按钮，在打开的下拉列表中选择“接受对文档的所有修订”选项，可一次性接受文档的所有修订。

微课：接受与拒绝修订

（六）插入并编辑公式

当需要使用一些复杂的数学公式时，可使用 Word 中提供的公式编辑器快速、方便地编写数学公式，如根式公式或积分公式等，其具体操作如下。

微课：插入并编辑公式

（1）在【插入】/【符号】组中单击“公式”按钮π下方的下拉按钮，在打开的下拉列表中选择“插入新公式”选项。

（2）在文档中将出现一个公式编辑框，在【设计】/【结构】组中单击“括号”按钮{()}，在打开的下拉列表的“事例和堆栈”栏中选择“事例（两条件）”选项。

（3）单击括号上方的条件框，将插入点定位到其中，并输入数据，然后在“符号”组中单击“大于”按钮>。

（4）单击括号下方的条件框，选择该条件框，然后在【设计】/【结构】组中单击“分数”按钮$\frac{x}{y}$，在打开的下拉列表的“分数”栏中选择“分数（竖式）”选项。

（5）在插入的公式编辑框中输入数据，完成后在文档的任意处单击退出公式编辑框。

任务实现见习题集

项目七
制作 Excel 表格

Excel 2010 是一款功能强大的电子表格处理软件，主要用于将庞大的数据转换为比较直观的表格或图表。本项目将通过 3 个任务，介绍 Excel 2010 的使用方法，包括基本操作、编辑数据、设置格式和打印表格等。

课堂学习目标

- 制作学生信息表
- 格式化学生信息表
- 编辑工作表

任务一　制作学生信息表

任务要求

新生入学后，班主任让班长制作一份本班同学的信息表，并以“学生成绩表”为名进行保存，班长取得各位学生成绩单后，利用Excel进行数据录入，参考效果如图7-1所示，相关要求如下。

- 新建一个空白工作簿，在A1：G1单元格中输入各字段名。
- 将A列单元格格式设置为文本，E列单元格格式设置为长日期。
- 利用序列填充功能分别输入编号、学号、出生年月三列数据。
- 利用单元格的记忆和选择功能提高“生源地”列的录入速度。
- 利用数据有效性，将“入学成绩”列的数据限制为只能输入0～600的数值，输错则提示“请输入有效分数。”
- 利用数据有效性，为“性别”列制作序列值为“男，女”的下拉式菜单。
- 利用查找和替换功能，将“王力”修改为“王立”。
- 数据录入结束后，以“学生信息表”为名进行保存。

	A	B	C	D	E	F	G
1	编号	学号	姓名	性别	出生年月	生源地	入学成绩
2	01	20103501	于晓萌	女	1992年3月1日	广西北海	521
3	02	20103502	王力	男	1992年3月2日	云南昆明	522
4	03	20103503	王学楠	男	1992年3月3日	广西北海	523
5	04	20103504	孙明明	女	1992年3月4日	广西桂林	494
6	05	20103505	朱宏明	男	1992年3月5日	湖南长沙	495
7	06	20103506	许晓	男	1992年3月6日	广西桂林	496
8	07	20103507	张小宁	女	1992年3月7日	广西南宁	497
9	08	20103508	张政	男	1992年3月8日	广西柳州	528
10	09	20103509	张辉	女	1992年3月9日	广西南宁	529
11	10	20103510	李阳阳	女	1992年4月1日	广西百色	530

图7-1　任务一效果图

相关知识

（一）熟悉Excel 2010工作界面

Excel 2010工作界面与Word 2010的工作界面基本相似，由快速访问工具栏、标题栏、功能区选项卡、功能区、编辑栏和工作表编辑区等部分组成，如图7-2所示。下面介绍功能区选项卡、功能区、编辑栏和工作表编辑区的作用。

1．功能区选项卡和功能区

Excel 2010用功能区选项卡和功能区代替了传统的菜单栏及工具栏，上面集成了几乎所有常用功能的命令选项，是用户主要的操作区域。此外功能区还支持自定义功能，通过Excel选项，用户可以根据个人需求制定选项卡及功能区，以方便用户使用，效果如图7-3所示。

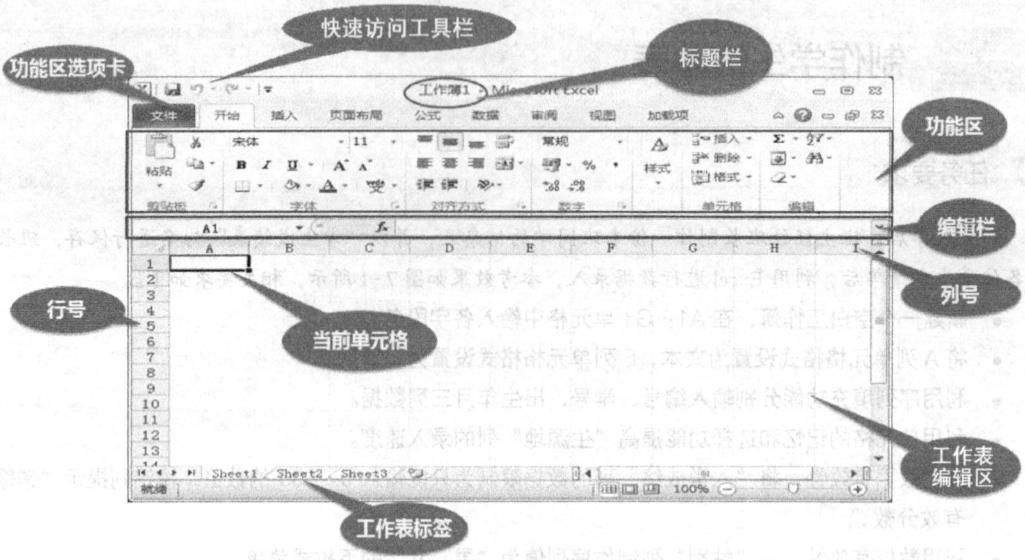

图 7-2　Excel 2010 工作界面

图 7-3　功能区自定义

2. 编辑栏

编辑栏用来显示和编辑当前活动单元格中的数据或公式。默认情况下，编辑栏中包括名称框、"插入函数”按钮 和编辑框，但在单元格中输入数据或插入公式与函数时，编辑栏中的“取消”按钮 和“输入”按钮 也将显示出来。

- 名称框。名称框用来显示当前单元格的地址或函数名称，如在名称框中输入“A1”后，按【Enter】键，表示选择 A1 单元格。
- “插入函数”按钮 。单击该按钮，将快速打开“插入函数”对话框，在其中可选择相应的函数插入到表格中。
- 编辑框。编辑框用于显示在单元格中输入或编辑的内容，并在其中直接输入和进行编辑。
- “取消”按钮 。单击该按钮，表示取消输入的内容。
- “输入”按钮 。单击该按钮，表示确定并完成输入的内容。

3. 工作表编辑区

工作表编辑区是 Excel 编辑数据的主要场所，它包括行号与列标、单元格和工作表标签等。

- 行号与列标。行号用“1、2、3…”等阿拉伯数字标识，列标用“A、B、C…”等大写英文字母标识。一般情况下，单元格地址表示为“列标+行号”，如位于 A 列 1 行的单元格可表示为 A1 单元格。
- 工作表标签。工作表标签用于显示工作表的名称，如“Sheet1”“Sheet2”“Sheet3”等。在工作表标签左侧单击 或 按钮，当前工作表标签将返回到最左侧或最右侧的工作表标签，单击 或 按钮将向前或向后切换一个工作表标签。若在工作表标签左侧的任意一个滚动显示按钮上单击鼠标右键，在弹出的快捷菜单中选择“任意一个工作表”选项也可切换工作表。

（二）认识工作簿、工作表、单元格

在 Excel 中，工作簿、工作表和单元格之间存在着包含与被包含的关系。了解其概念和相互之间的关系，有助于在 Excel 中执行相应的操作。

1. 工作簿、工作表和单元格的概念

下面首先了解工作簿、工作表和单元格的概念。

- 工作簿。工作簿即 Excel 文件，用来存储和处理数据的主要文档，也称为电子表格。默认情况下，新建的工作簿以“工作簿 1”命名，若继续新建工作簿将以“工作簿 2”“工作簿 3”……命名，且工作簿名称将显示在标题栏的文档名处。
- 工作表。工作表用来显示和分析数据，它存储在工作簿中。默认情况下，一张工作簿中只包含 3 个工作表，分别以“Sheet1”“Sheet2”“Sheet3”进行命名。
- 单元格。单元格是 Excel 中最基本的存储数据单元，它通过对应的行号和列标进行命名和引用。单个单元格地址可表示为“列标+行号”，而多个连续的单元格称为单元格区域，其地址表示为“单元格:单元格”，如 A2 单元格与 C5 单元格之间连续的单元格可表示为 A2:C5 单元格区域。

2. 工作簿、工作表、单元格之间的关系

工作簿中包含了一张或多张工作表，工作表又是由排列成行或列的单元格组成。在计算机中，工作簿以文件的形式独立存在，Excel 2010 创建的文件扩展名为“.xlsx”，而工作表依附在工作簿中，单元格则依附在工作表中，因此它们三者之间是包含与被包含的关系。

（三）切换工作簿视图

在 Excel 中，可根据需要在视图栏中单击视图按钮组 中的相应按钮，或在【视图】/【工作簿

视图】组中单击相应的按钮来切换工作簿视图。下面分别介绍各工作簿视图的作用。

- 普通视图。普通视图是 Excel 中的默认视图，用于正常显示工作表，在其中可以执行数据输入、数据计算和图表制作等操作。
- 页面布局视图。在页面布局视图中，每一页都会同时显示页边距、页眉和页脚，用户可以在此视图模式下编辑数据、添加页眉和页脚，并可以通过拖动标尺中上边或左边的滑块进行设置页面边距。
- 分页预览视图。分页预览视图可以显示蓝色的分页符，用户可以用鼠标拖动分页符以改变显示的页数和每页的显示比例。
- 全屏显示视图。要在屏幕上尽可能多地显示文档内容，则可切换为全屏显示视图，单击【视图】/【工作簿视图】组中的【全屏显示】按钮，即可切换到全屏显示视图，在该模式下，Excel 将不显示功能区和状态栏等部分。

（四）数据的数字格式及有效性

单元格的数据大致可分成两类：一种是可计算的数字（包括日期、时间），另一种则是不可计算的文本。

可计算的数字：由数字 0～9 及一些符号（如+、–、$、%…)所组成，例如 15.36、–99、$350、75%等都是数字。日期与时间也是属于数字，只不过会含有少量的文字或符号，例如：2012/06/10、08:30PM、3 月 14 日等。

不可计算的文本：包括中文字样、英文字母、英文和数字的组合（如身份证号码）。不过，数字资料有时也会被当成文字输入，如电话号码、邮编等。

用户可以通过设置单元格的数字格式及数据有效性，不仅可以输入特定的数据，而且可以减少输错的概率。

1. 单元格数字格式

数字格式允许同一数值可以根据需要以不同类型呈现出来，如用户可以根据需要将数值 123 设置为“货币”数字格式，单元格的显示为“￥123.00”；如果选择“日期”数字格式，单元格的数据将显示为“1905–10–23 ”。

数字格式有以下几种：

- 常规：默认格式。输入的数字显示为整数或小数，如果数字过大则用科学记数法显示。
- 数值：可设置小数位、是否使用分隔符及显示负数的方式。
- 货币：可设置小数位、选择货币符号及显示负数的方式。在该格式中，使用逗号分隔千位。
- 会计专用：与货币格式相似，两者的主要区别在于货币符号总是垂直排列。
- 日期：设置日期格式。
- 时间：设置时间格式。
- 百分比：可设置小数位及显示百分号。
- 分数：设置分数的显示格式。
- 科学记数：设置指数符号的位数。
- 文本：可将数值当作文本。
- 特殊：包括邮政编码、中文小写数字和中文大写数字 3 种附加数字格式。
- 自定义：可自定义前面没有包含的数字格式。

用户可以通过“数字”功能区及“设置单元格格式”对话框对数字格式进行设置，如图 7–4 所示。

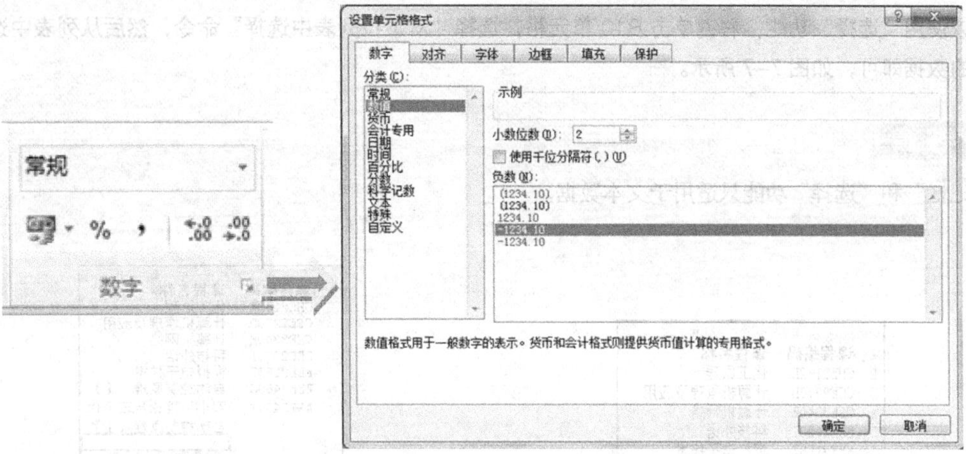

图 7-4 单元格数字格式

2. 数据有效性

在用户输入数据的过程中，数据有效性设置可以提醒用户可输入数据的范围，或提供菜单选择数据。从而可以减少数据输错的概率，提高数据的输入速度，如图 7-5 所示。

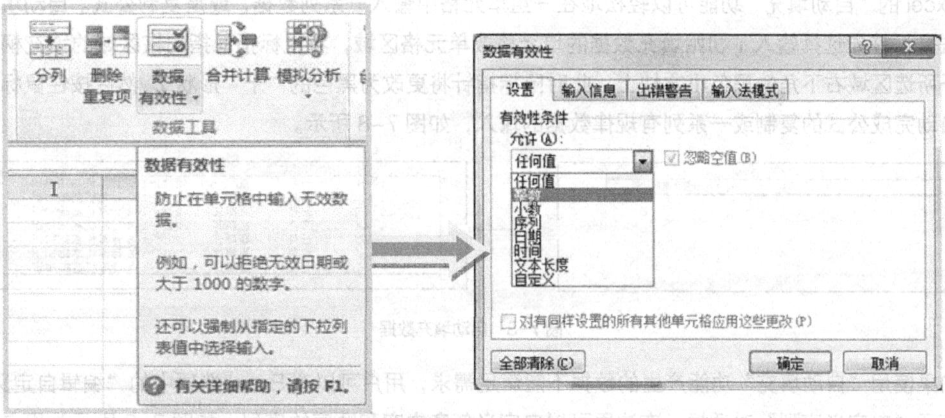

图 7-5 数据有效性

用户可以通过“数据工具”功能区打开“数据有效性”对话框，在“有效性条件”下拉列表中进行设置，如“整数”可以设置整数型数据的输入范围。

（五）数据输入

输入数据之前，用户可根据需要对单元格或单元格区域设置数字格式及其有效性。用户除了直接在单元格中输入数据之外，还可以采用以下几种方法来提高输入效率。

1. 利用“记忆”和“选择”功能输入相同的数据

在输入同一列的数据时，若内容有重复，就可以通过“记忆”和“选择”功能快速输入。例如，要在 B9 单元格中输入内容“自动控制原理（Ⅰ）”，只需在 B9 单元格中输入“自”字，此时“自”之后自动填入与 B7 单元格相同的文字，如图 7-6 所示。

若要在 B10 单元格中输入内容“计算机网络”，则记忆功能不适用。因“计”开头的数据不只一个，此时可以使用“选择”功能，右键单击 B10 单元格，选择“从下拉列表中选择”命令，然后从列表中选择所需要的数据即可，如图 7–7 所示。

注意

“记忆”和“选择”功能只适用于文本数据。

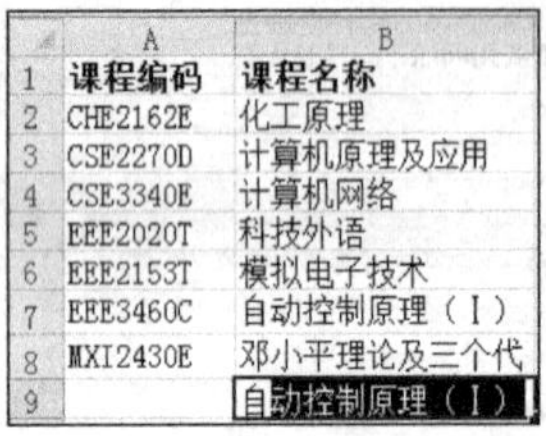

图 7–6 “记忆”输入

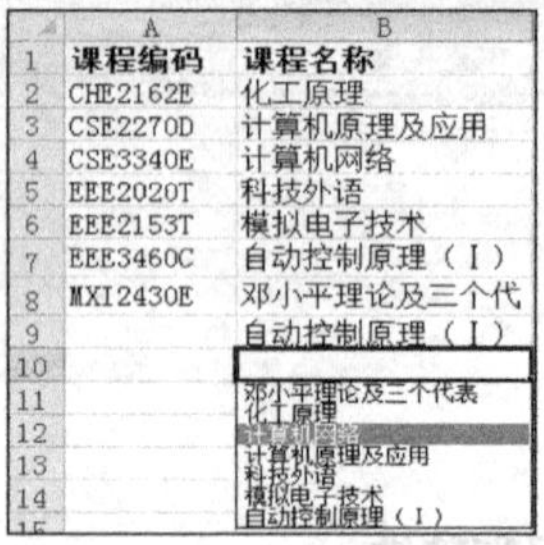

图 7–7 选择输入

2. 使用“自动填充”功能输入一系列数据

Excel 的“自动填充”功能可以轻松地在一组单元格中输入一系列数据，或是复制公式。自动填充数据的方法是：首先选择输入了初始填充数据的单元格或单元格区域，将鼠标指针指向该区域的填充柄（填充柄位于所选区域右下角的黑色小方块上，此时鼠标指针将更改为黑色的“十”形状），然后按住鼠标左键拖放就自动完成公式的复制或一系列有规律数据的输入，如图 7–8 所示。

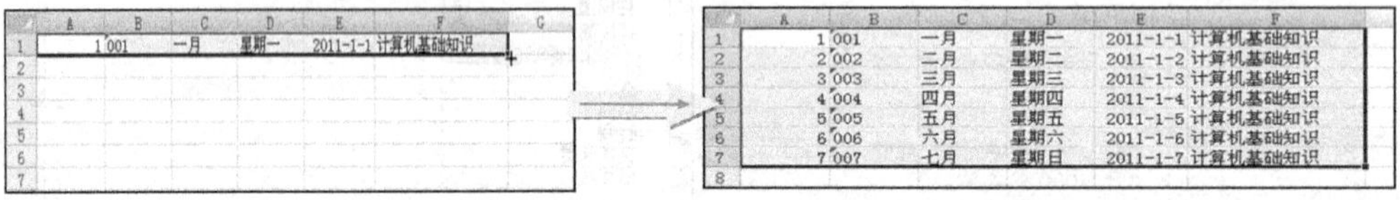

图 7–8 自动填充数据

如果使用“自动填充”功能产生的数据不能满足需求，用户可以在 Excel 选项中的“编辑自定义列表”功能打开“自定义序列”对话框，在这里可以自定义任意内容和顺序的序列。如图 7–9 所示为用户在“输入序列”编辑框中自定义了一个包含“班级,学号,姓名,数学,计算机”的序列，使用时只要输入任意一个字段，都可以利用自动填充功能产生该组序列。

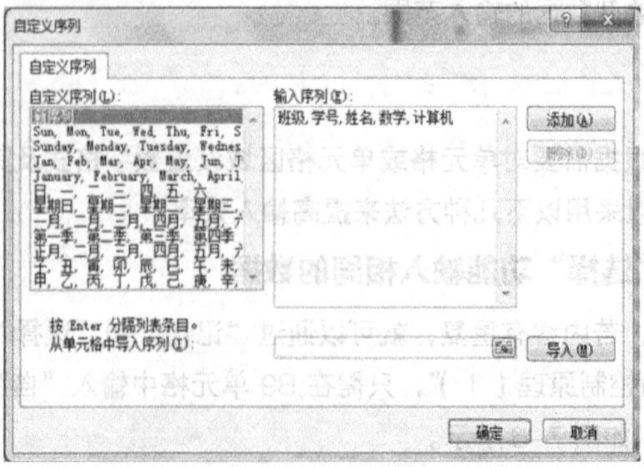

图 7–9 自定义序列

（六）数据编辑

在 Excel 表格中手动查找与替换某个数据将会非常麻烦，且容易出错。此时可利用查找与替换功能快速定位到满足查找条件的单元格，并将单元格中的数据替换为需要的数据。

1. 查找数据

利用 Excel 提供的查找功能查找数据的具体操作如下。

（1）在【开始】/【编辑】组中单击“查找和选择”按钮，在打开的下拉列表中选择“查找”选项，打开“查找和替换”对话框，单击“查找”选项卡。

（2）在“查找内容”下拉列表框中输入要查找的数据，单击查找下一个(F)按钮，便能快速查找到匹配条件的单元格。

微课：查找数据

（3）单击查找全部(I)按钮，可以在“查找和替换”对话框下方列表中显示所有包含需要查找数据的单元格位置。单击关闭按钮关闭“查找和替换”对话框。

2. 替换数据

替换数据的具体操作如下。

（1）在【开始】/【编辑】组中单击“查找和选择”按钮，在打开的下拉列表中选择“替换”选项，打开“查找和替换”对话框，单击“替换”选项卡。

（2）在“查找内容”下拉列表框中输入要查找的数据，在“替换为”下拉列表框中输入需替换的内容。

微课：替换数据

（3）单击查找下一个(F)按钮，查找符合条件的数据，然后单击替换(R)按钮进行替换，或单击全部替换(A)按钮，将所有符合条件的数据一次性全部替换。

3. 复制数据

Excel 复制数据与操作系统差别很大，主要的原因 Excel 单元格由诸多如数值、批注、格式、公式、有效性等多部分组成，用户粘贴数据时可以通过“选择性粘贴”对话框和“粘贴选项”按钮，根据需要全部或部分组成来完成复制。如在复制含有公式的数据时，可以只选择粘贴“数值”。

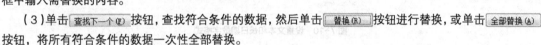

任务实现

（一）新建并保存工作簿

启动 Excel 后，系统将自动新建名为“工作簿 1”的空白工作簿。为了满足需要，用户还可新建更多的空白工作簿，其具体操作如下。

（1）选择【开始】/【所有程序】/【Microsoft Office】/【Microsoft Excel 2010】命令，启动 Excel 2010，然后选择【文件】/【新建】命令，在窗口中间的“可用模板”列表框中选择“空白工作簿”选项，在右下角单击“创建”按钮。

微课：新建并保存工作簿

（2）系统将新建名为“工作簿 2”的空白工作簿。

（3）选择【文件】/【保存】命令，在打开的“另存为”对话框的“地址栏”下拉列表框中选择文件保存路径，在“文件名”下拉列表框中输入“学生成绩表.xlsx”，然后单击保存(S)按钮。

提示

按【Ctrl+N】组合键可快速新建空白工作簿，在桌面或文件夹的空白位置处单击鼠标右键，在弹出的快捷菜单中选择【新建】/【Microsoft Excel 工作表】命令也可新建空白工作簿。

（二）设置数字格式

设置数字格式后，用户可以输入各种类型的数值，为便于操作对象的描述，直接在 A1:G1 单元格区域依次输入“编号，学号，姓名，性别，出生年月，生源地，入学成绩”等。

选择编号列，单击【数据】功能区中的下拉列表，然后选择“文本”选项。

选择出生年月列，单击【数据】功能区中的下拉列表，然后选择“长日期”选项，如图 7-10 所示。

图 7-10　设置文本和长日期数字格式

（三）设置数据有效性

为单元格设置数据有效性后，可确定输入的数据在指定的范围内，从而减少出错率，其具体操作如下。

微课：设置数据有效性

（1）在 C3:C11 单元格区域中输入学生名字，然后选择 D3:G11 单元格区域。

（2）选择“入学成绩”，在【数据】/【数据工具】组中单击“数据有效性”按钮，打开“数据有效性”对话框，在“允许”下拉列表中选择“整数”选项，在“数据”下拉列表中选择“介于”选项，在“最小值”和“最大值”文本框中分别输入 0 和 600，如图 7-11 所示。

（3）单击“出错警告”选项卡，在“标题”文本框中输入“出错”文本，在“错误信息”文本框中输入“请输入有效分数”文本，完成后单击 确定 按钮，如图 7-12 所示。

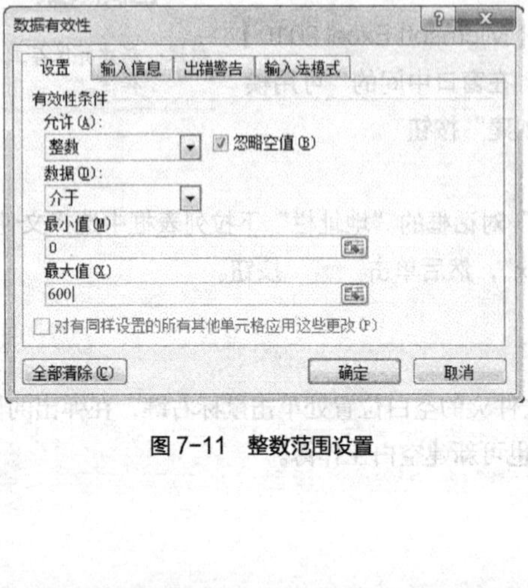

图 7-11　整数范围设置

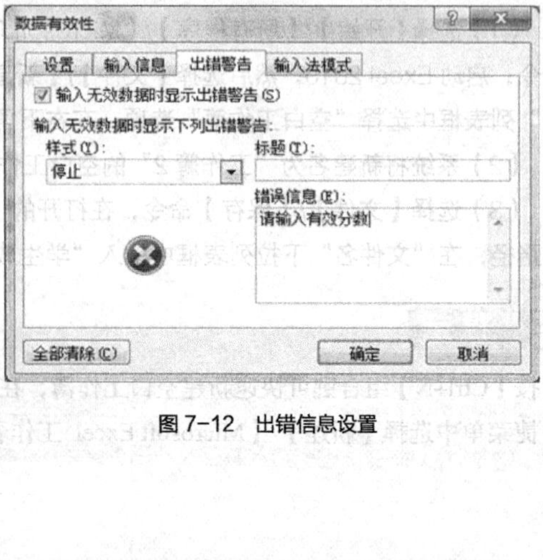

图 7-12　出错信息设置

(4) 选择“性别”列，打开“数据有效性”对话框，在“设置”选项卡的“允许”下拉列表中选择“序列”选项，在“来源”文本框中输入“男,女”文本。注意：男，女之间用英文标点的逗号隔开，如图 7-13 所示。

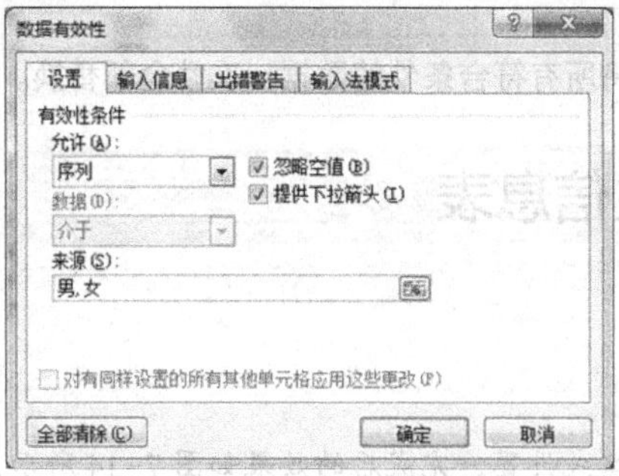

图 7-13　有效性条件选项设置

(四) 输入数据

对部分有规律的数据和该列出现过的数据，在输入时可以使用记忆、选择、序列填充的方法提高数据的录入速度。

1. 序列填充

对编号、学号、出生年月 3 列数据都可以采用序列填充的方法输入，以“编号”列为例，其具体操作如下。

(1) 选择 A2 单元格，在其中输入“01”文本，然后按【Enter】完成输入。

(2) 选择 A2 单元格，将鼠标指针移到单元格右下角，当出现“十”形状的控制柄时，按住鼠标左键不放，拖动鼠标至 A11 单元格，此时 A2:A11 单元格区域将自动生成序列号。

注意

由于学号列是数值，将鼠标指针移动到单元格右下角，当出现“十”形状的控制柄时，需按住【Ctrl】键的同时，在控制柄上按住鼠标左键不放拖动鼠标才能自动生成序号。

2. 记忆和选择

对“生源地”列的部分数据，可以借助记忆和选择功能提高效率，如 F4 单元格输入可以采用“记忆”功能，F7 单元格可以使用“选择”功能。其具体操作如下：

(1) 分别在 F2、F3 单元格中输入“广西北海”“云南昆明”，F4 单元格则利用“记忆”功能只输“广”字即可。

(2) 而 F7 单元格的“广西桂林”则需要通过打开下拉列表，右键单击 F7 单元格并选择”从下拉列表中选择“命令，然后从列表中选择“广西桂林”。

(3) 对“性别”列，因已通过数据有效性已建立的下拉菜单，可以直接单击“性别”列的任一单元格，然后选择输入即可。

(五) 替换数据

替换数据的具体操作如下。

(1) 选择“姓名”列，在【开始】/【编辑】组中单击“查找和选择”按钮，在打开的下拉列表中选择“替换”选项，打开“查找和替换”对话框，单击“替换”选项卡。

（2）在“查找内容”下拉列表框中输入要查找的数据“王力”，在“替换为”下拉列表框中输入需替换的内容“王立”。

（3）单击 全部替换(A) 按钮，将所有符合条件的数据一次性全部替换。

任务二 格式化学生信息表

任务要求

对任务一的学生信息表进行格式设置，完成后的效果如图7-14所示，相关要求如下。

- 在第一行上方插入一行，合并A1:G1单元格，输入“学生信息”。
- 利用单元格主题样式“60%-强调文字颜色3”修饰A1单元格，并将其单元格字体格式设置为“方正兰亭粗黑简体、20号”。
- 选择A2:G2单元格区域，设置单元格格式为“方正中等线简体、12、居中对齐”，设置底纹为“橄榄色，强调文字颜色3，淡色80%”。
- 选择A2:G12单元格区域，为其设置绿色双线边框。
- 自动调整A–G列的列宽，手动设置第2～12行的行高为“15”。
- 为“学号”列设置条件格式，当学号出现重复值则以“浅红填充色深红文本”显示。
- 为入学成绩列设置条件格式，将高于平均值的单元格以“绿填充色深绿文本”显示。

	A	B	C	D	E	F	G
1	学生信息						
2	编号	学号	姓名	性别	出生年月	生源地	入学成绩
3	01	20103501	于晓萌	女	1992年3月1日	广西北海	521
4	02	20103502	王力	男	1992年3月2日	云南昆明	522
5	03	20103503	王学楠	男	1992年3月3日	广西北海	523
6	04	20103504	孙明明	女	1992年3月4日	广西桂林	494
7	05	20103505	朱宏明	男	1992年3月5日	湖南长沙	495
8	06	20103506	许晓	男	1992年3月6日	广西桂林	496
9	07	20103507	张小宁	女	1992年3月7日	广西南宁	497
10	08	20103508	张政	男	1992年3月8日	广西柳州	528
11	09	20103509	张辉	女	1992年3月9日	广西南宁	529
12	10	20103510	李阳阳	女	1992年4月1日	广西百色	530

图7-14 任务二效果图

相关知识

（一）选择单元格

要在表格中输入数据，首先应选择输入数据的单元格。在工作表中选择单元格的方法有以下几种。

- 选择单个单元格。单击单元格，或在名称框中输入单元格的行号和列标后，按【Enter】键即可选择所需的单元格。
- 选择所有单元格。单击行号和列标左上角交叉处的“全选”按钮，或按【Ctrl+A】组合键即可选择工作表中的所有单元格。
- 选择相邻的多个单元格。选择起始单元格后，按住鼠标左键不放拖曳鼠标到目标单元格，或按住

【Shift】键的同时选择目标单元格，即可选择相邻的多个单元格。

- 选择不相邻的多个单元格。按住【Ctrl】键的同时依次单击需要选择的单元格，即可选择不相邻的多个单元格。
- 选择整行。将鼠标移动到需选择行的行号上，当鼠标光标变成➡形状时，单击即可选择该行。
- 选择整列。将鼠标移动到需选择列的列标上，当鼠标光标变成⬇形状时，单击即可选择该列。

（二）合并与拆分单元格

当默认的单元格样式不能满足实际需要时，可通过合并与拆分单元格的方法来设置表格。

1. 合并单元格

在编辑表格的过程中，为了使表格结构看起来更美观、层次更清晰，有时需要对某些单元格区域进行合并操作。选择需要合并的多个单元格，然后在【开始】/【对齐方式】组中单击“合并后居中”按钮。单击合并后居中按钮右侧的下拉按钮，在打开的下拉列表中，可以选择“跨越合并”“合并单元格”“取消单元格合并”等选项。

2. 拆分单元格

拆分单元格的方法与合并单元格的方法完全相反，在拆分时选择合并的单元格，然后单击合并后居中按钮，或打开“设置单元格格式”对话框，在“对齐方式”选项卡下撤销选中“合并单元格”复选框即可。

（三）插入与删除单元格

在表格中可插入和删除单个单元格，也可插入或删除一行或一列单元格。

1. 插入单元格

插入单元格的具体操作如下。

（1）选择单元格，在【开始】/【单元格】组中单击“插入”按钮右侧的下拉按钮，在打开的下拉列表中选择“插入工作表行”或“插入工作表列”选项，即可插入整行或整列单元格。此处选择“插入单元格”选项。

（2）打开“插入”对话框，单击选中对应的单选项后，单击确定按钮即可。

微课：插入单元格

2. 删除单元格

删除单元格的具体操作如下。

（1）选择要删除的单元格，单击【开始】/【单元格】组中的“删除”按钮右侧的下拉按钮，在打开的下拉列表中选择“删除工作表行”或“删除工作表列”选项，即可删除整行或整列单元格。此处选择“删除单元格”选项。

（2）打开“删除”对话框，单击选中对应的单选项后，单击确定按钮即可删除所选的单元格。

微课：删除单元格

（四）自定义单元格样式

单元格的格式化使单元格中的数据更加清晰、美观。单元格格式化的基本操作包括：字体格式、单元格对齐方式、加边框和背景颜色等。

格式化的方法：

- 使用功能区“开始”选项卡中的各选项组设置。
- 使用右击所选区域时出现的浮动工具栏设置。

• 使用“设置单元格格式”对话框中的各选项卡设置。

1. “开始”选项卡

功能区“开始”选项卡中提供了快速访问最常用的格式化选项。选定单元格区域后，可以使用“字体”“对齐方式”“数字”选项组中的各命令按钮进行设置，如图 7-15 所示。

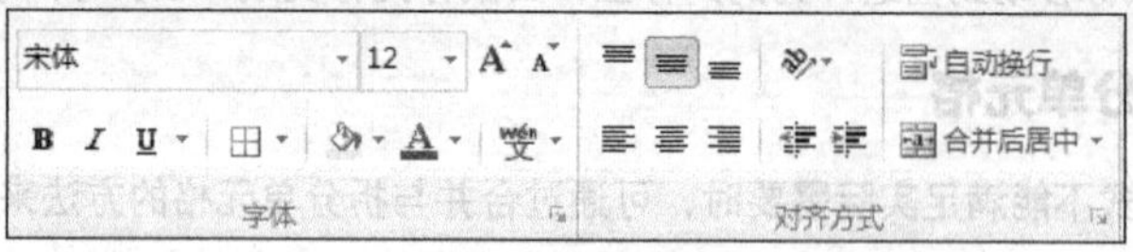

图 7-15　格式化功能区

2. 浮动工具栏

单元格格式化最快捷的方法莫过于使用浮动工具栏。右击所选区域，弹出如 7-16 所示的浮动工具栏，该工具栏包含“字体”“字号”“增大字号”“减少字号”“格式刷”“黑体”“斜体”“居中”“边框”“字体颜色”“填充颜色”“合并后居中”等常用命令按钮。

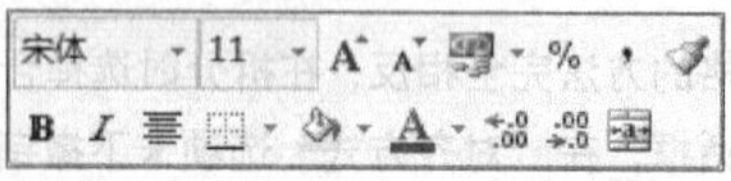

图 7-16　浮动工具栏

3. “设置单元格格式”对话框

如果“开始”选项卡中的格式化工具不能满足用户的各种需求，用户还可以通过“设置单元格格式”对话框对单元格格式进行设置。该对话框包含 6 个选项卡：“数字”“对齐”“字体”“边框”“填充”和“保护”。每个选项卡都可以实现特定的功能，如在对齐选项卡中可以设置单元格的对齐方式、文本方向、自动换行及合并单元格等。由于单元格中的边框线打印时不显示出来。因此用户在打印表格或要突出某些单元格时，可以在“边框”选项卡中为单元格添加边框，如图 7-17 所示。

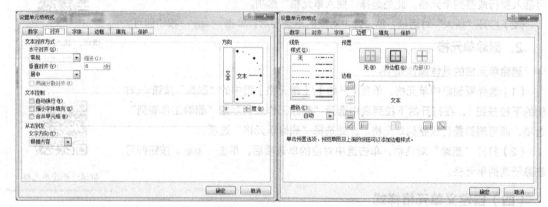

图 7-17　“对齐”和“边框”选项卡

（五）使用单元格样式修饰单元格

Excel 允许用户可以通过单元格样式自动修饰单元格来提高工作效率，若想为单元格加边框，则可以使用套用表格格式修饰单元格。方法是：选择数据区域，在样式功能区中，单击“单元格样式”或“表格套用格式”命令按钮，如图 7-18 和图 7-19 所示。

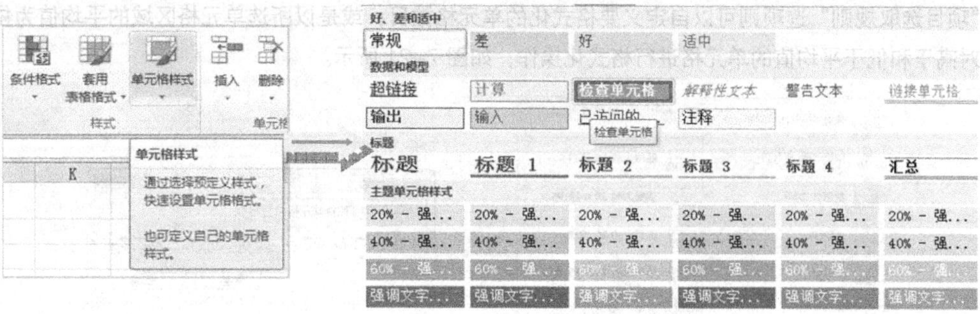

图 7-18　单元格样式

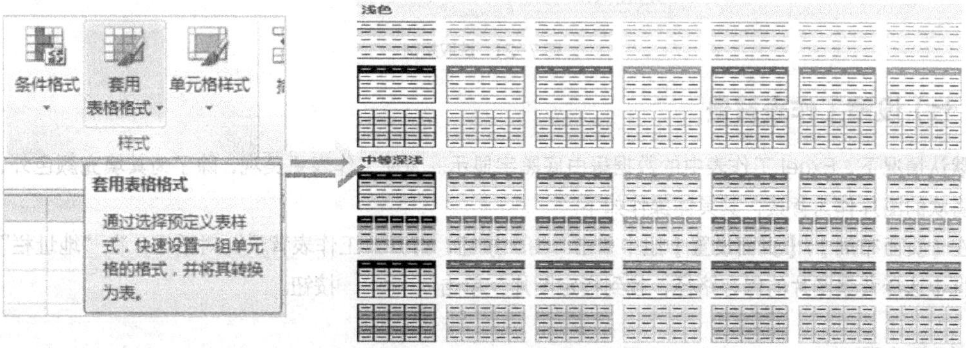

图 7-19　表格套用格式

（六）使用条件格式修饰单元格

通过设置条件格式，用户可以将不满足或满足条件的数据以特定的格式单独显示出来，条件格式化的操作方法是：选择数据区域，在样式功能区中单击“条件格式”命令按钮，选择相应规则， 条件格式下拉菜单的常用规则主要有两个。

1. 突出显示单元格规则

在“突出显示单元格规则”的下拉列表选项中可以选择大于、小于，文本包含等各种规则，然后设置表达式，将满足条件的单元格格式化，如图 7-20 所示。

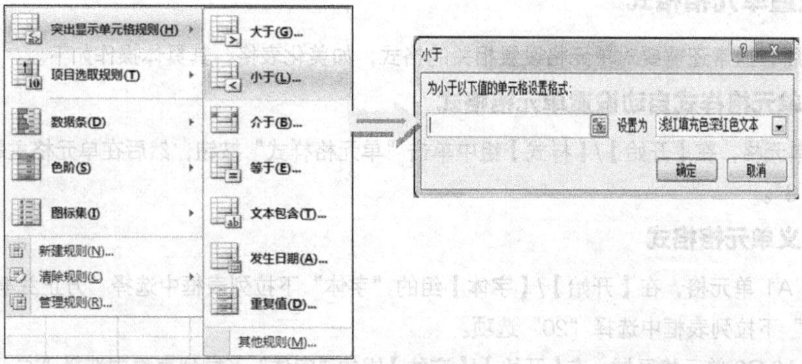

图 7-20　突出规则

2. 项目选取规则

“项目选取规则”选项则可以自定义要格式化的单元格数目；或是以所选单元格区域的平均值为依据，分别对高于和低于平均值的单元格进行格式化操作，如图 7-21 所示。

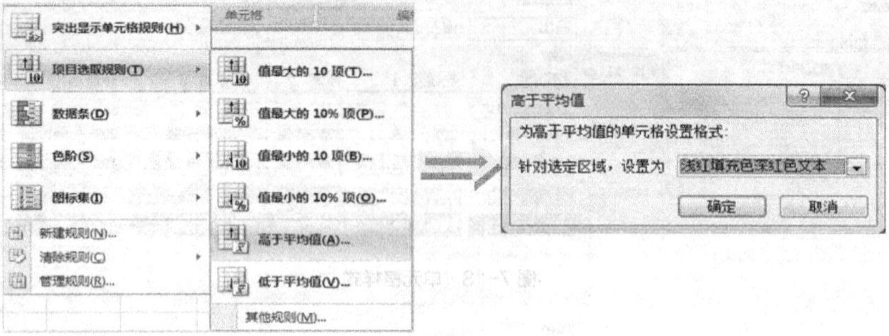

图 7-21　选取规则

（七）设置工作表背景

默认情况下，Excel 工作表中的数据呈白底黑字显示。为使工作表更美观，除了为其填充颜色外，还可插入喜欢的图片作为背景，其具体操作如下。

在【页面布局】/【页面设置】组中单击 背景 按钮，打开“工作表背景”对话框，在“地址栏”下拉列表框中选择背景图片的保存路径，找到指定图片，单击 确定 按钮。

任务实现

（一）插入行与列

右键单击单元格，可以选择行或列的插入，Excel 默认在当前行的上方，在当前列的左侧插入。其具体操作是：选择 A1 单元格，单击右键，依次选择插入/整行，即可在 A1 单元格的上方插入一行。

（二）合并单元格

选择 A1:G1 单元格区域，然后在【开始】/【对齐方式】组中单击“合并后居中”按钮，即可完成 A1:G1 单元格区域的合并。

（三）设置单元格格式

输入数据后，通常还需要对单元格设置相关的格式，如美化表格，其具体操作如下。

1. 使用单元格样式自动设置单元格格式

选择 A1 单元格，在【开始】/【样式】组中单击“单元格样式”按钮，然后在单元格主题样式“60%-强调文字颜色 3”。

2. 自定义单元格格式

（1）选择 A1 单元格，在【开始】/【字体】组的“字体”下拉列表框中选择“方正兰亭粗黑简体”选项，在“字号”下拉列表框中选择“20”选项。

（2）选择 A2:G2 单元格区域，在【开始】/【字体】组的“字体”下拉列表框中选择“方正中等线简体”，字号为“12”，在【开始】/【对齐方式】组中单击“居中对齐”按钮、保持选择状态，在【开始】/【字体】组中单击“填充颜色”按钮右侧的下拉按钮，在打开的下拉列表中选择“橄榄色，强调文字颜色 3，淡色 80%”选项。

（3）选择 A2:G12 单元格区域，打开“设置单元格格式“对话框，在边框中按顺序依次选择“双线条”样式，颜色为绿色，然后再单击“外边框”和“内部”按钮，如图 7-22 所示。

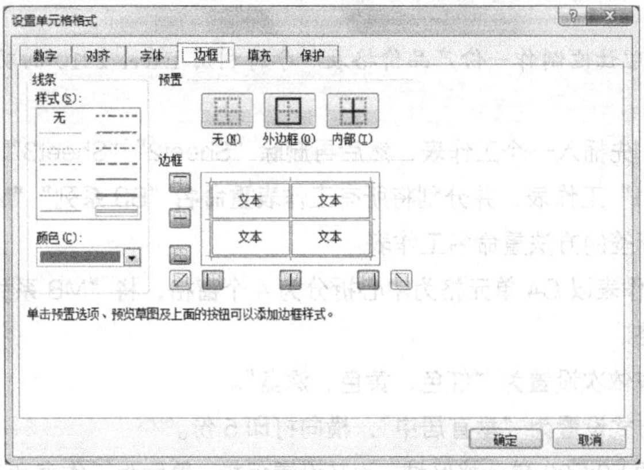

图 7-22　绿色双线边框设置

（四）设置条件格式

通过设置条件格式，用户可以将不满足或满足条件的数据单独显示出来，其具体操作如下。

微课：设置条件格式

（1）选择“学号”列单元格区域，在【开始】/【样式】组中单击“条件格式”按钮，在打开的下拉列表中选择“突出显示单元格规则-重复值”选项，打开“重复值”对话框，然后选择“浅红填充色深红文本”，如图 7-23 所示。

（2）选择“入学成绩”列单元格区域，在【开始】/【样式】组中单击“条件格式”按钮，在打开的下拉列表中选择“项目选取规则-高于平均值”选项，打开“高于平均值”对话框，然后选择“绿填充色深绿色文本”，如图 7-24 所示。

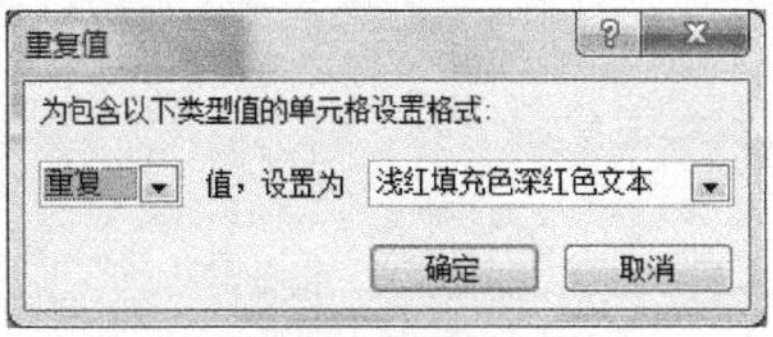

图 7-23　重复值设置

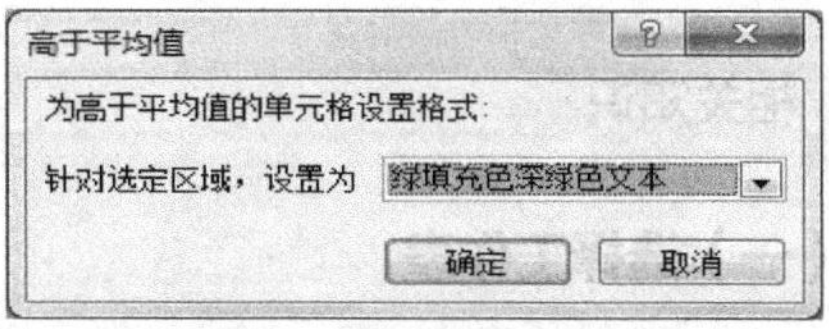

图 7-24　高于平均值设置

（五）调整行高与列宽

默认状态下，单元格的行高和列宽是固定不变的，但是当单元格中的数据太多不能完全显示其内容时，则需要调整单元格的行高或列宽使其符合单元格大小，其具体操作如下。

微课：调整行高和列宽

（1）选择 A-G 列，在【开始】/【单元格】组中单击“格式”按钮，在打开的下拉列表中选择“自动调整列宽”选项。

（2）选择第 2～12 行，在【开始】/【单元格】组中单击“格式”按钮，在打开的下拉列表中选择“行高”选项，在打开的“行高”对话框的“数值”框中输入“15”，单击 确定 按钮，此时，在工作表中可看到第 2～12 行的行高增大。

任务三 编辑工作表

李涛是一名库管，经理让他制作一份产品价格表。李涛利用 Excel 2010 的功能完成了制作，完成后的参考效果如图 7-25 所示。

- 打开素材工作簿，先插入一个工作表，然后再删除“Sheet2”“Sheet3”“Sheet4”工作表。
- 复制两次“Sheet1”工作表，并分别将所有工作表重命名“BS 系列”“MB 系列”和“RF 系列”。
- 通过双击工作表标签的方法重命名工作表。
- 将“BS 系列”工作表以 C4 单元格为中心拆分为 4 个窗格，将“MB 系列”工作表 B3 单元格作为冻结中心冻结表格。
- 分别将 3 个工作表依次设置为“红色、黄色、深蓝”。
- 将工作表的对齐方式设置为“垂直居中”，横向打印 5 份。
- 选择“RF 系列”的 E3:E20 单元格区域，为其设置保护，最后为工作表和工作簿分别设置保护密码，其密码为“123”。

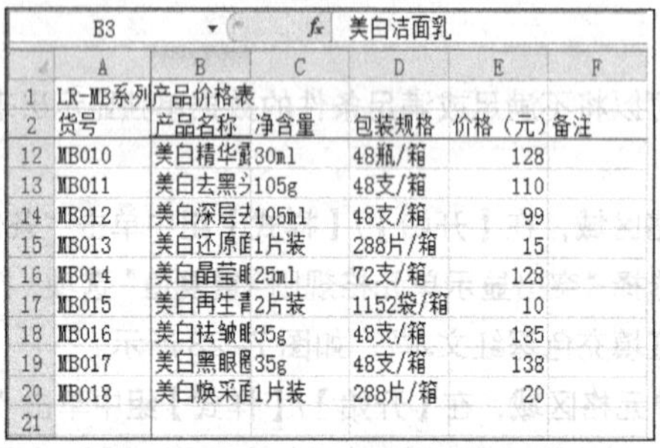

图 7-25 “产品价格表”工作簿最终效果

相关知识

（一）选择工作表

选择工作表的实质是选择工作表标签，主要有以下 4 种方法。

- 选择单张工作表。单击工作表标签，可选择对应的工作表。
- 选择连续多张工作表。单击选择第一张工作表，按住【Shift】键不放的同时选择其他工作表。
- 选择不连续的多张工作表。单击选择第一张工作表，按住【Ctrl】键不放的同时选择其他工作表。
- 选择全部工作表。在任意工作表上单击鼠标右键，在弹出的快捷菜单中选择“选定全部工作表”命令。

（二）隐藏与显示工作表

在工作簿中，当不需要显示某个工作表时，可将其隐藏；当需要时，再将其重新显示出来，其具体操作如下。

（1）选择需要隐藏的工作表，在其上单击鼠标右键，在弹出的快捷菜单中选择“隐藏”命令，即可隐藏所选的工作表。

（2）在工作簿的任意工作表上单击鼠标右键，在弹出的快捷菜单中选择“取消隐藏”命令。

（3）在打开的“取消隐藏”对话框的列表框中选择需显示的工作表，然后单击 确定 按钮即可将隐藏的工作表显示出来，如图 7-26 所示。

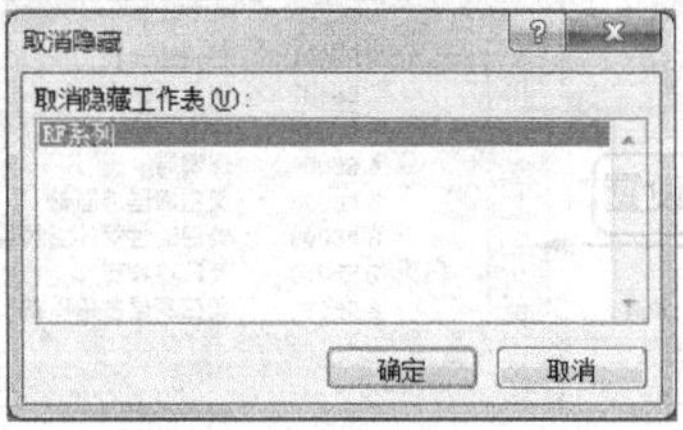

图 7-26 “取消隐藏”对话框

微课：隐藏与显示工作表

（三）设置超链接

在制作电子表格时，可根据需要为相关的单元格设置超链接，其具体操作如下。

（1）单击选择需要设置超链接的单元格，在【插入】/【超链接】组中单击“超链接”按钮，打开“插入超链接”对话框。

（2）在打开的对话框中，可根据需要设置链接对象的位置等，如图 7-27 所示，完成后单击 确定 按钮。

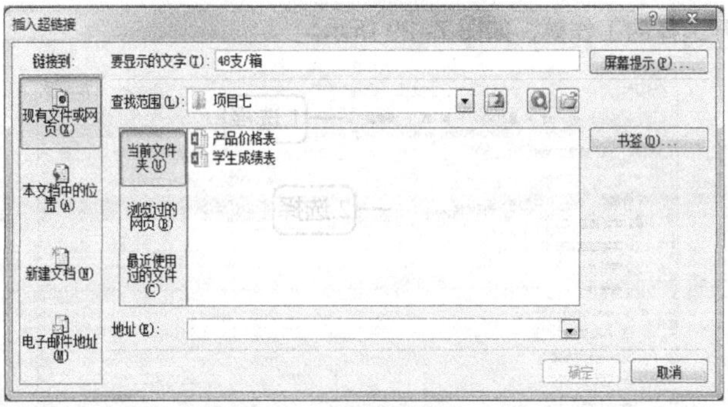

图 7-27 “插入超链接”对话框

微课：设置超链接

（四）套用表格格式

如果用户希望工作表更美观，但又不想浪费太多的时间设置工作表格式时，可利用套用工作表格式功能，直接调用系统中已设置好的表格格式，这样不仅可提高工作效率，还可保证表格格式的美观，其具体操作如下。

（1）选择需要套用表格格式的单元格区域，在【开始】/【样式】组中单击“套用表格格式”按钮，在打开的下拉列表中选择一种表格样式选项。

（2）由于已选择了套用范围的单元格区域，这里只需在打开的“套用表格格式”对话框中单击 确定 按钮即可，如图 7-28 所示。

（3）套用表格格式后，将激活“表格工具-设计”选项卡，在其中可重新设置表格样式。另外，在【表格工具-设计】/【工具】组中单击 转换为区域 按钮，可将套用

微课：套用表格格式

的表格格式转换为区域，即转换为普通的单元格区域。

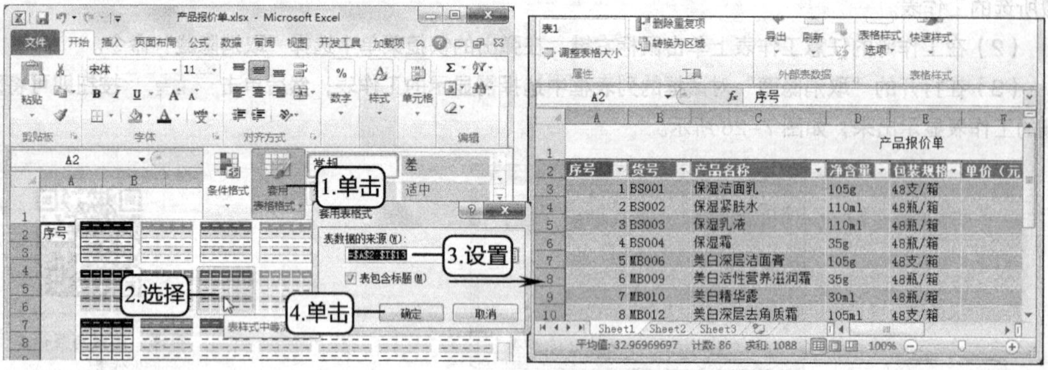

图 7-28　套用表格格式

任务实现

（一）打开工作簿

要查看或编辑保存在计算机中的工作簿，首先要打开该工作簿，其具体操作如下。

（1）启动 Excel 2010 程序，选择【文件】/【打开】命令。

（2）打开“打开”对话框，在“地址栏”下拉列表框中选择文件路径，在工作区选择“产品价格表.xlsx”工作簿，单击 打开(O) 按钮即可打开选择的工作簿，如图 7-29 所示。

微课：打开工作簿

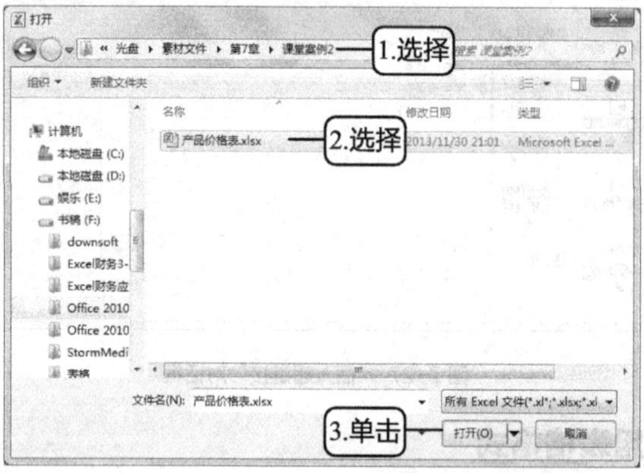

图 7-29　“打开”对话框

提示

按【Ctrl+O】组合键，也可打开“打开”对话框，在其中选择文件路径和所需的文件；另外，在计算机中双击需打开的 Excel 文件也可打开所需的工作簿。

（二）插入与删除工作表

在 Excel 中，当工作表的数量不够使用时，可通过插入工作表来增加工作表的数量，若插入了多余的工作表，则可将其删除。

1. 插入工作表

默认情况下，Excel 工作簿中提供了 3 张工作表，但用户可以根据需要插入更多工作表。下面在“产品价格表.xlsx”工作簿中通过“插入”对话框插入空白工作表，其具体操作如下。

微课：插入工作表

（1）在“Sheet1”工作表标签上单击鼠标右键，在弹出的快捷菜单中选择“插入”命令。

（2）在打开的“插入”对话框的“常用”选项卡的列表框中选择“工作表”选项，然后单击 确定 按钮，即可插入新的空白工作表，如图 7-30 所示。

图 7-30　插入工作表

提示

在“插入”对话框中单击“电子表格方案”选项卡，在其中可以插入基于模板的工作表。另外，在工作表标签后单击“插入工作表”按钮，或在【开始】/【单元格】组中单击“插入”按钮下方的按钮，在打开的下拉列表中选择“插入工作表”选项，都可快速插入空白工作表。

2. 删除工作表

当工作簿中存在多余的工作表或不需要的工作表时，可以将其删除。下面将删除“产品价格表.xlsx”工作簿中的“Sheet2”“Sheet3”和“Sheet4”工作表，其具体操作如下。

微课：删除工作表

（1）按住【Ctrl】键不放，同时选择“Sheet2”“Sheet3”和“Sheet4”工作表，在其上单击鼠标右键，在弹出的快捷菜单中选择“删除”命令。

（2）返回工作簿中可看到“Sheet2”“Sheet3”和“Sheet4”工作表已被删除，如图 7-31 所示。

提示

若要删除有数据的工作表，将打开询问是否永久删除这些数据的提示对话框，单击 删除 按钮将删除工作表和工作表中的数据，单击 取消 按钮将取消删除工作表的操作。

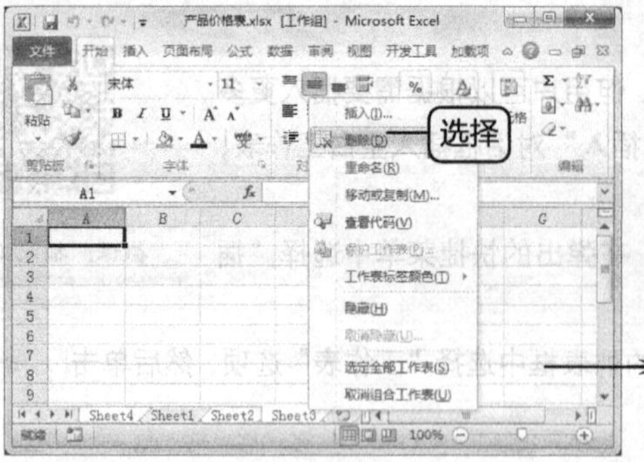

图 7-31　删除工作表

（三）移动与复制工作表

在 Excel 中工作表的位置并不是固定不变的，为了避免重复制作相同的工作表，用户可根据需要移动或复制工作表，即在原表格的基础上改变表格位置或快速添加多个相同的表格。下面将在“产品价格表.xlsx”工作簿中移动并复制工作表，其具体操作如下。

（1）在“Sheet1”工作表上单击鼠标右键，在弹出的快捷菜单中选择“移动或复制”命令。

（2）在打开的“移动或复制工作表”对话框的“下列选定工作表之前”列表框中选择移动工作表的位置，这里选择“移至最后”选项，然后单击选中“建立副本”复选框复制工作表，完成后单击 确定 按钮即可移动并复制“Sheet1”工作表，如图 7-32 所示。

微课：移动与复制工作表

图 7-32　设置移动位置并复制工作表

提示

将鼠标指针移动到需移动或复制的工作表标签上，按住鼠标右键不放并进行拖动或按住【Ctrl】键不放的同时按住鼠标左键进行拖动，此时鼠标指针变成或形状，将其拖动到目标工作表之后释放鼠标，此时工作表标签上有一个符号将随鼠标指针移动，释放鼠标后在目标工作表中可看到移动或复制的工作表。

（3）用相同方法在“Sheet1 (2)”工作表后继续移动并复制工作表，如图 7-33 所示。

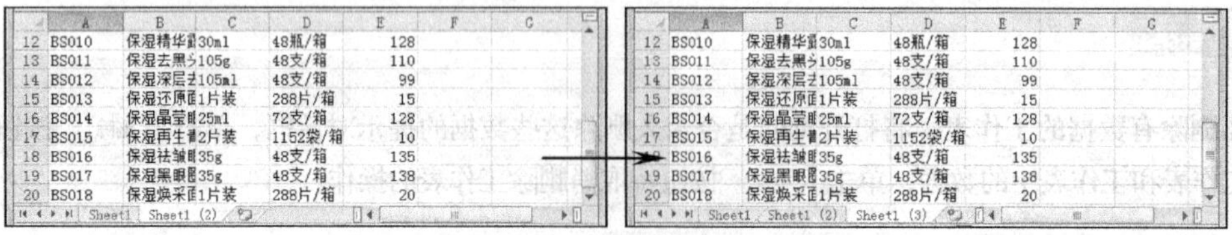

图 7-33　移动并复制工作表

（四）重命名工作表

工作表的名称默认为“Sheet1”“Sheet2”……，为了便于查询，可重命名工作表名称。下面在“产品价格表.xlsx”工作簿中重命名工作表，其具体操作如下。

微课：重命名工作表

（1）双击“Sheet1”工作表标签，或在“Sheet1”工作表标签上单击鼠标右键，在弹出的快捷菜单中选择“重命名”命令，此时选择的工作表标签呈可编辑状态，且该工作表的名称自动呈黑底白字显示。

（2）直接输入文本“BS 系列”，然后按【Enter】键或在工作表的任意位置单击退出编辑状态。

（3）使用相同的方法将 Sheet1（2）和 Sheet1（3）工作表标签重命名为“MB 系列”和“RF 系列”，完成后再在相应的工作表中双击单元格修改其中的数据，如图 7-34 所示。

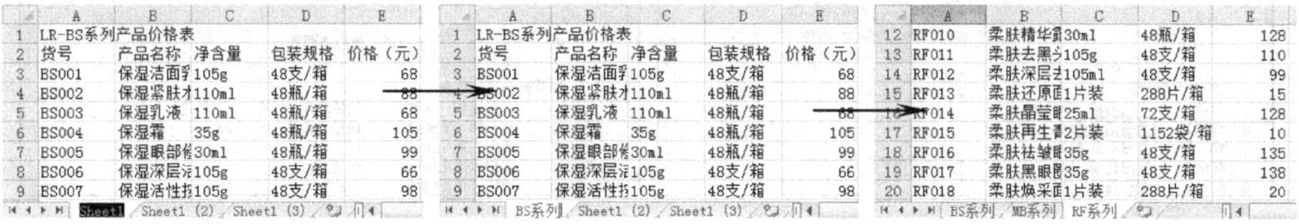

图 7-34　重命名工作表

（五）拆分工作表

在 Excel 中，可以使用拆分工作表的方法将工作表拆分为多个窗格，每个窗格中都可进行单独的操作，这样有利于在数据量比较大的工作表中查看数据的前后对照关系。要拆分工作表，首先应选择作为拆分中心的单元格，然后执行拆分命令即可。下面在“产品价格表.xlsx”工作簿的“BS 系列”工作表中以 C4 单元格为中心拆分工作表，其具体操作如下。

微课：拆分工作表

（1）在“BS 系列”工作表中选择 C4 单元格，然后在【视图】/【窗口】组中单击 拆分 按钮。

（2）此时工作簿将以 C4 单元格为中心拆分为 4 个窗格，在任意一个窗口中选择单元格，然后滚动鼠标即可显示出工作表中的其他数据，如图 7-35 所示。

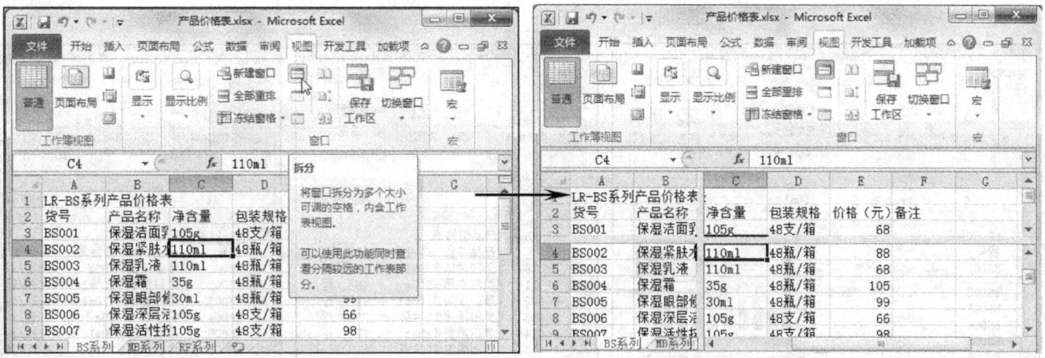

图 7-35　拆分工作表

（六）冻结窗格

在数据量比较大的工作表中，为了方便查看表头与数据的对应关系，可通过冻结工作表窗格，随意查看工作表的其他部分而不移动表头所在的行或列。下面在“产品价格表.xlsx”工作簿的“MB 系列”工作表中以 B3 单元格为冻结中心冻结窗格，其具体操作如下。

微课：冻结窗格

（1）选择“MB 系列”工作表，在其中选择 B3 单元格作为冻结中心，然后在【视图】/【窗口】组中单击“冻结窗格”按钮，在打开的下拉列表中选择“冻结拆分窗格”选项。

（2）返回工作表中，保持 B3 单元格上方和左侧的行和列位置不变，然后拖动水平滚动条或垂直滚动条，即可查看工作表其他部分的行或列，如图 7-36 所示。

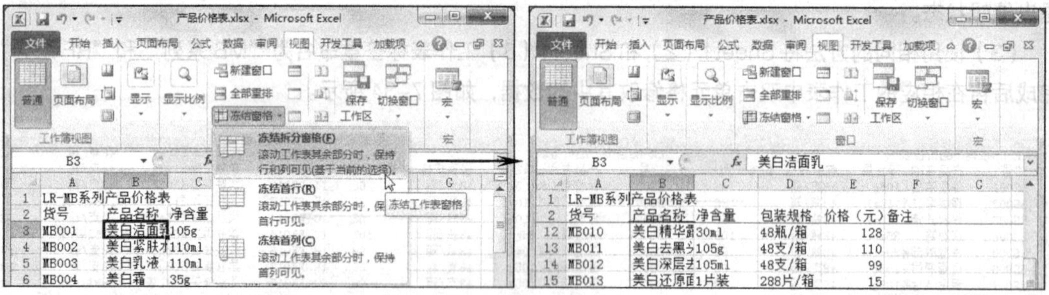

图 7-36　冻结拆分窗格

（七）设置工作表标签颜色

默认状态下，工作表标签的颜色呈白底黑字显示，为了让工作表标签更美观醒目，可设置工作表标签的颜色。下面在“产品价格表.xlsx”工作簿中，分别设置工作表标签颜色，其具体操作如下。

微课：设置工作表标签颜色

（1）在工作簿的工作表标签滚动显示按钮上单击◂按钮，显示出“BS 系列”工作表，然后在其上单击鼠标右键，在弹出的快捷菜单中选择【工作表标签颜色】/【红色，强调文字颜色 2】命令。

（2）返回工作表中可查看设置的工作表标签颜色，单击其他工作表标签，然后使用相同的方法分别为“MB 系列”和“RF 系列”工作表，设置工作表标签颜色为“黄色”和“深蓝”，如图 7-37 所示。

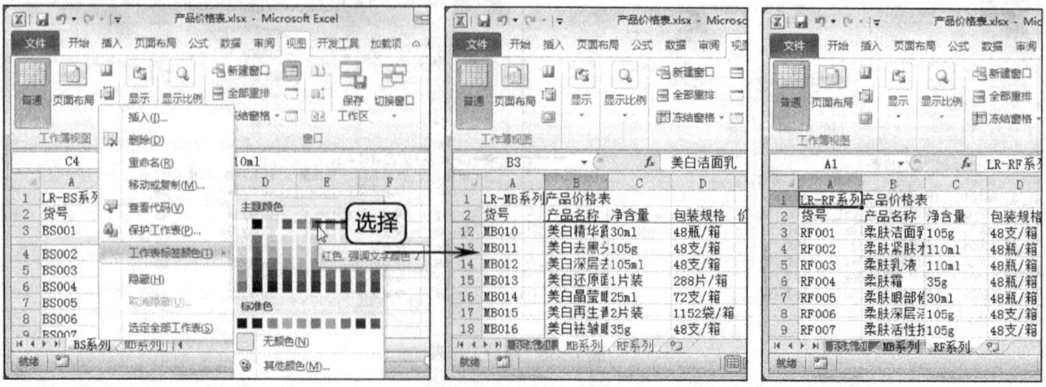

图 7-37　设置工作表标签颜色

（八）预览并打印表格数据

在打印表格之前需先预览打印效果，当对表格内容的设置满意后再开始打印。在 Excel 中根据打印内容的不同，可分为两种情况：一是打印整个工作表；二是打印区域数据。

1. 设置打印参数

选择需打印的工作表，预览其打印效果后，若对表格内容和页面设置不满意，可重新进行设置，如设置纸张方向和纸张页边距等，直至设置满意后再打印。下面在“产品价格表.xlsx”工作簿中预览并打印工作表，其具体操作如下。

微课：打印整个工作表

（1）选择【文件】/【打印】命令，在窗口右侧预览工作表的打印效果，在窗口中间列表框的“设置”栏的“纵向”下拉列表框中选择“横向”选项，再在窗口中间列表框的下方单击 页面设置 按钮，如图 7-38 所示。

（2）在打开的“页面设置”对话框中单击“页边距”选项卡，在“居中方式”栏中单击选中“水平”和“垂直”复选框，然后单击 确定 按钮，如图 7-39 所示。

提示

在“页面设置”对话框中单击“工作表”选项卡，在其中可设置打印区域或打印标题等内容，然后单击 确定 按钮，返回工作簿的打印窗口，单击“打印”按钮可只打印设置的区域数据。

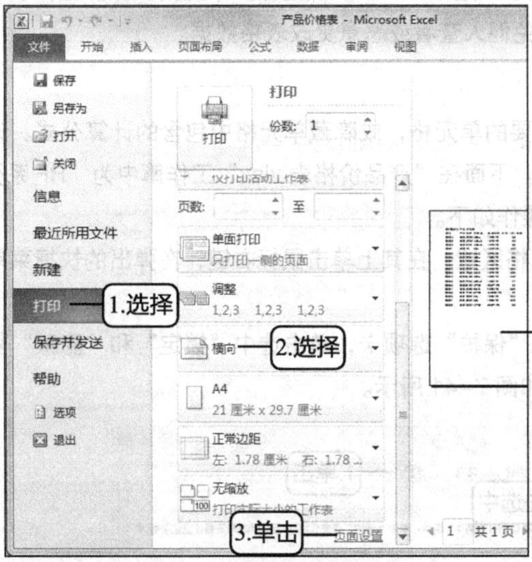

图 7-38　预览打印效果并设置纸张方向

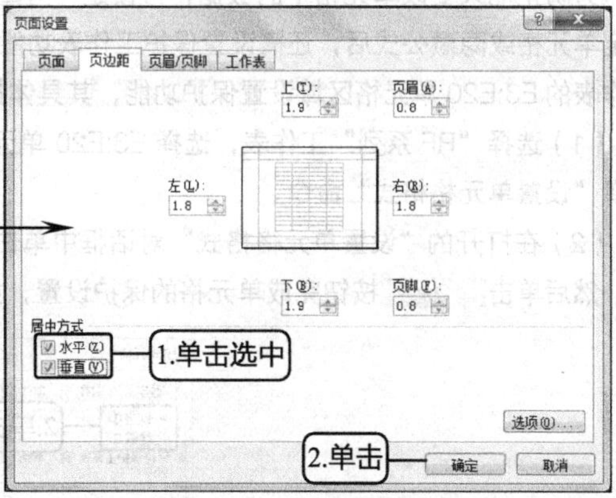

图 7-39　设置居中方式

（3）返回打印窗口，在窗口中间的“打印”栏的“份数”数值框中可设置打印份数，这里输入 “5”，设置完成后单击“打印”按钮打印表格。

2. 设置打印区域数据

当只需打印表格中的部分数据时，可通过设置工作表的打印区域打印表格数据。下面在“产品价格表.xlsx”工作簿中设置打印的区域为 A1:F4 单元格区域，其具体操作如下。

微课：打印区域数据

（1）选择 A1:F4 单元格区域，在【页面布局】/【页面设置】组中单击 打印区域 按钮，在打开的下拉列表中选择“设置打印区域”选项，所选区域四周将出现虚线框，表示该区域将被打印。

（2）选择【文件】/【打印】命令，单击“打印”按钮 即可，如图 7-40 所示。

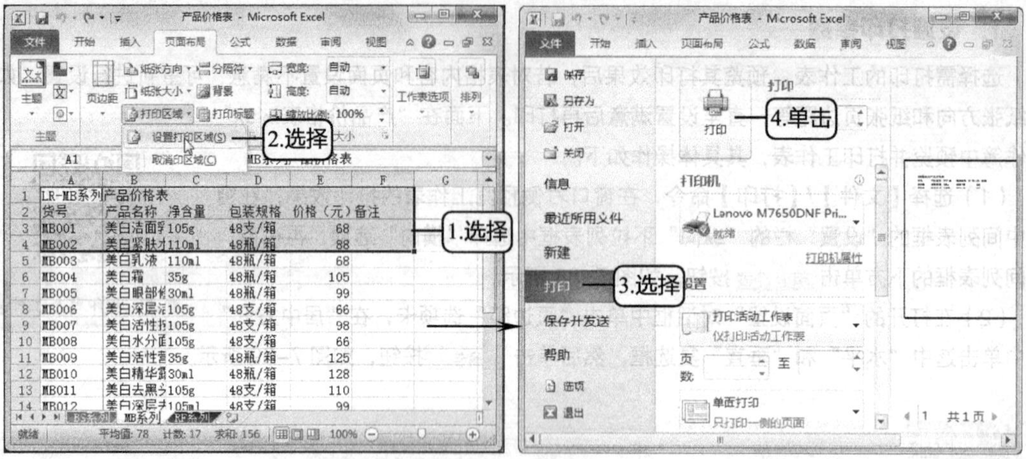

图 7-40 设置打印区域数据

（九）保护表格数据

在 Excel 表格中可能会存放一些重要的数据，因此，利用 Excel 提供的保护单元格、保护工作表和保护工作簿等功能对表格数据进行保护，能够有效地避免他人查看或恶意更改表格数据。

1. 保护单元格

为防止他人更改单元格中的数据，可锁定一些重要的单元格，或隐藏单元格中包含的计算公式。设置锁定单元格或隐藏公式后，还需设置保护工作表功能。下面在“产品价格表.xlsx”工作簿中为“RF 系列”工作表的 E3:E20 单元格区域设置保护功能，其具体操作如下。

（1）选择“RF 系列”工作表，选择 E3:E20 单元格区域，在其上单击鼠标右键，在弹出的快捷菜单中选择“设置单元格格式”命令。

（2）在打开的“设置单元格格式”对话框中单击“保护”选项卡，单击选中“锁定”和“隐藏”复选框，然后单击 确定 按钮完成单元格的保护设置，如图 7-41 所示。

微课：保护单元格

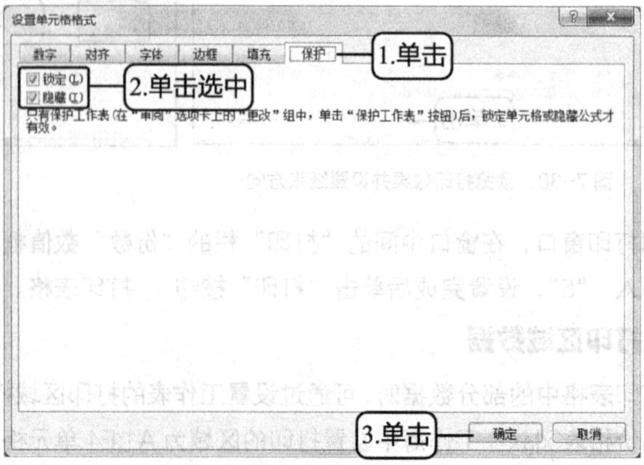

图 7-41 保护单元格

2. 保护工作表

设置保护工作表功能后，其他用户只能查看表格数据，不能修改工作表中的数据，这样可避免他人恶意更改表格数据。下面在“产品价格表.xlsx”工作簿中设置工作表的保护功能，其具体操作如下。

（1）在【审阅】/【更改】组中单击 保护工作表 按钮。

（2）在打开的“保护工作表”对话框的“取消工作表保护时使用的密码”文本框中输入取消保护工作表的密码，这里输入密码“123”，然后单击 确定 按钮。

（3）在打开的“确认密码”对话框的“重新输入密码”文本框中输入与前面相同的密码，然后单击 确定 按钮，如图 7-42 所示，返回工作簿中可发现相应选项卡中的按钮或命令呈灰色状态显示。

微课：保护工作表

提 示

设置工作表或工作簿的保护密码时，应设置容易记忆的密码，且不能过长，可以设置数字和字母组合的密码，这样不易丢失或忘记，且安全性较高。

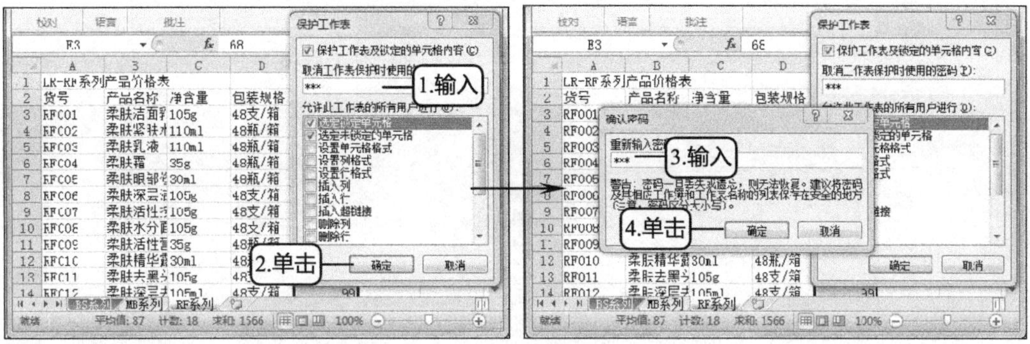

图 7-42　保护工作表

3. 保护工作簿

若不希望工作簿中的重要数据被他人使用或查看，可使用工作簿的保护功能保证工作簿的结构和窗口不被他人修改。下面在“产品价格表.xlsx”工作簿中设置工作簿的保护功能，其具体操作如下。

（1）在【审阅】/【更改】组中单击 保护工作簿 按钮。

（2）在打开的“保护结构和窗口”对话框中单击选中“窗口”复选框，表示在每次打开工作簿时工作簿窗口大小和位置都相同，然后在“密码”文本框中输入密码“123”，单击 确定 按钮。

（3）在打开的“确认密码”对话框的“重新输入密码”文本框中，输入与前面相同的密码，单击 确定 按钮，如图 7-43 所示。返回工作簿中，完成后再保存并关闭工作簿。

微课：保护工作簿

提 示

要撤销工作表或工作簿的保护功能，可在【审阅】/【更改】组中单击 撤消工作表保护 按钮，或单击 保护工作簿 按钮，在打开的对话框中输入撤销工作表或工作簿的保护密码，完成后单击 确定 按钮即可。

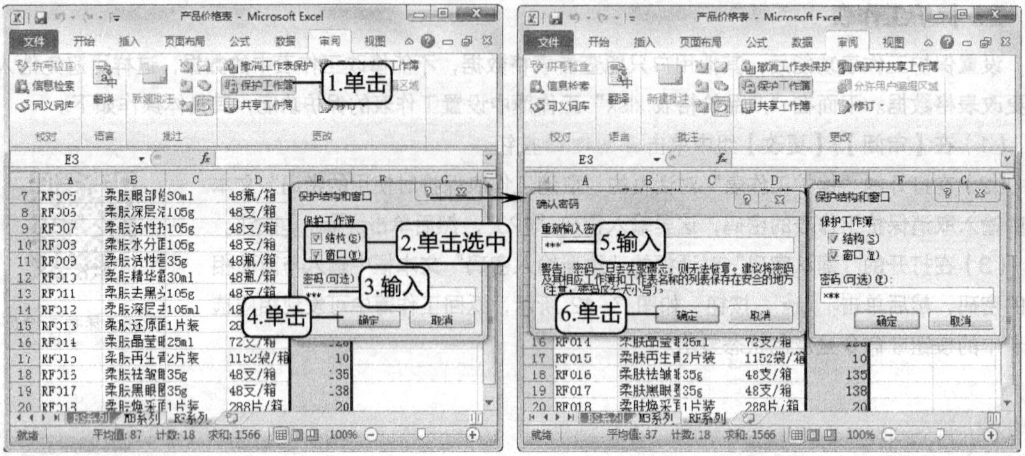

图 7-43　保护工作簿

项目八
计算和分析 Excel 数据

Excel 2010 具有强大的数据处理功能，主要体现在计算数据和分析数据上。本项目将通过 3 个典型任务，介绍在 Excel 2010 中计算和分析数据的方法，包括公式与函数的使用、排序数据、筛选数据、分类汇总数据、创建图表分析数据，以及使用数据透视图和数据透视表分析数据等。

课堂学习目标

- 制作产品销售测评表
- 统计分析员工绩效表
- 制作销售分析表

任务一 制作产品销售测评表

任务要求

公司总结了上半年旗下各门店的营业情况，李总让肖雪针对各门店每个月的营业额进行统计，统计后制作一份“产品销售测评表”，以便了解各门店的营业情况，并评出优秀门店予以奖励。肖雪根据李总提出的要求，利用 Excel 制作上半年产品销售测评表，参考效果如图 8-1 所示，相关操作如下。

- 使用求和函数 SUM 计算各门店月营业额。
- 使用平均值函数 AVERAGE 计算月平均营业额。
- 使用最大值函数 MAX 和最小值函数 MIN 计算各门店的月最高和最低营业额。
- 使用排名函数 RANK 计算各个门店的销售排名情况。
- 使用 IF 嵌套函数计算各个门店的月营业总额是否达到评定优秀门店。
- 使用 INDEX 函数查询“产品销售测评表”中“B 店二月营业额”和“D 店五月营业额”。

上半年产品销售测评表

店名	营业额（万元）						月营业总额	月平均营业额	名次	是否优秀
	一月	二月	三月	四月	五月	六月				
A店	95	85	85	90	89	84	528	88	1	优秀
B店	92	84	85	85	88	90	524	87	2	优秀
D店	85	88	87	84	84	83	511	85	4	优秀
E店	80	82	86	88	81	80	497	83	6	合格
F店	87	89	86	84	83	88	517	86	3	优秀
G店	86	84	85	81	80	82	498	83	5	合格
H店	71	73	69	74	69	77	433	72	11	合格
I店	69	74	76	72	76	65	432	72	12	合格
J店	76	72	72	77	72	80	449	75	9	合格
K店	72	77	80	82	86	88	485	81	7	合格
L店	88	70	80	79	77	75	469	78	8	合格
M店	74	65	78	77	68	73	435	73	10	合格
月最高营业额	95	89	87	90	89	90	528	88		
月最低营业额	69	65	69	72	68	65	432	72		

查询B店二月营业额	84
查询D店五月营业额	84

产品销售测评表

图 8-1 “产品销售测评表”工作簿效果

相关知识

（一）公式运算符和语法

在 Excel 中使用公式前，首先需要对公式中的运算符和公式的语法有大致的了解，下面分别对其进行简单介绍。

1. 运算符

运算符即公式中的运算符号，用于对公式中的元素进行特定的计算。运算符主要用于连接数字并产生相应的计算结果。运算符有算术运算符（如加、减、乘、除）、比较运算符（如逻辑值 FALSE 与 TRUE）、文本运算符（如&）、引用运算符（如冒号与空格）和括号运算符（如()）5 种，当一个公式中包含了这 5 种运算符时，应遵循从高到低的优先级进行计算，如负号（–）、百分比（%）、求幂（^）、乘和除（*和/）、加和减（+和–）、文本连接符（&）、比较运算符（=，<,>,<=,>=,<>）；若公式中还包含括号运算符，一定要注意每个左括号必须配一个右括号。

2. 语法

Excel 中的公式是按照特定的顺序进行数值运算的，这一特定顺序即为语法。Excel 中的公式遵循一个特定的语法，最前面是等号，后面是参与计算的元素和运算符。如果公式中同时用到了多个运算符，则需按照运算符的优先级别进行运算，如果公式中包含了相同优先级别的运算符，则先进行括号里面的运算，然后再从左到右依次计算。

（二）单元格引用和单元格引用分类

在使用公式计算数据前要了解单元格引用和单元格引用分类的基础知识。

1. 单元格引用

在 Excel 中是通过单元格的地址来引用单元格的，单元格地址指单元格的行号与列标的组合。如“=193800+123140+146520+152300”，数据“193800”位于 B3 单元格，其他数据依次位于 C3、D3 和 E3 单元格中，通过单元格引用，可以将公式输入为“=B3+C3+D3+E3”，同样可以获得相同的计算结果。

2. 单元格引用分类

在计算数据表中的数据时，通常会通过复制或移动公式来实现快速计算，因此会涉及不同的单元格引用方式。Excel 中包括相对引用、绝对引用和混合引用 3 种引用方法，不同的引用方式，得到的计算结果也不相同。

- 相对引用。相对引用是指输入公式时直接通过单元格地址来引用单元格。相对引用单元格后，如果复制或剪切公式到其他单元格，那么公式中引用的单元格地址会根据复制或剪切的位置而发生相应改变。
- 绝对引用。绝对引用是指无论引用单元格的公式的位置如何改变，所引用的单元格均不会发生变化。绝对引用的形式是在单元格的行列号前加上符号“$”。
- 混合引用。混合引用包含了相对引用和绝对引用。混合引用有两种形式，一种是行绝对、列相对，如“B$2”表示行不发生变化，但是列会随着新的位置发生变化；另一种是行相对、列绝对，如“$B2”表示列保持不变，但是行会随着新的位置而发生变化。

（三）使用公式计算数据

Excel 中的公式是对工作表中的数据进行计算的等式，它以“=（等号）”开始，其后是公式的表达式，最后以回车符结束。公式的表达式可包含运算符、常量数值、单元格引用和单元格区域引用。

1. 输入公式

在 Excel 中输入公式的方法与输入数据的方法类似，公式包含的运算符及计算对象全部由用户根据需求自己输入或插入，将公式输入到相应的单元格中后，即可计算出结果。输入公式的方法为选择要输入公式的单元格，在单元格或编辑栏中输入“=”，接着输入公式内容，完成后按【Enter】键或单击编辑栏上的“输入”按钮✓即可。

在单元格中输入公式后，按【Enter】键可在计算出公式结果的同时选择同列的下一个单元格；按【Tab】键可在计算出公式结果的同时选择同行的下一个单元格；按【Ctrl+Enter】组合键则在计算出公式结果后，仍保持当前单元格的选择状态。

2. 查看和编辑公式

通过双击公式所在的单元格，可以显示完整的公式，用于检查和查看公式引用的对象是否准确，此时也可以直接编辑公式修改的错误之处。如果要显示所有单元格的公式，则可以依次选择【公式】/【公式审核】/【显示公式】，方便进一步查看和修改。

此外编辑公式也可以使用编辑数据的方法，即选择含有公式的单元格，将插入点定位在编辑栏或单元格中需要修改的位置，按【Backspace】键删除多余或错误的内容，再输入正确的内容。完成后按【Enter】键即可完成公式的编辑，Excel 自动对新公式进行计算。

3. 复制公式

在 Excel 中复制公式是快速计算数据的最佳方法，因为在复制公式的过程中，Excel 会自动改变引用单元格的地址，可避免手动输入公式的麻烦，提高工作效率。通常使用序列填充的方法，即通过拖动控制柄进行公式复制，如果操作对象为数据清单，还可以直接双击控制柄完成复制。还可选择添加了公式的单元格，按【Ctrl+C】组合键进行复制，然后再将插入点定位到要复制到的单元格，按【Ctrl+V】组合键进行粘贴就可完成公式的复制。

需要注意的是，公式复制时单元格的引用方式默认为相对引用，而很多公式及函数使用时必须使用绝对引用。若需要绝对引用，不要忘记在单元格的行列号前加上符号“$”。如图 8-2（a）所示，要求编辑公式计算月平均差额（月平均差额=月营业额-各店月平均额），在 C3 单元格编辑公式“=B3-B11”，复制公式后得到图 8-2（b）所示的结果。

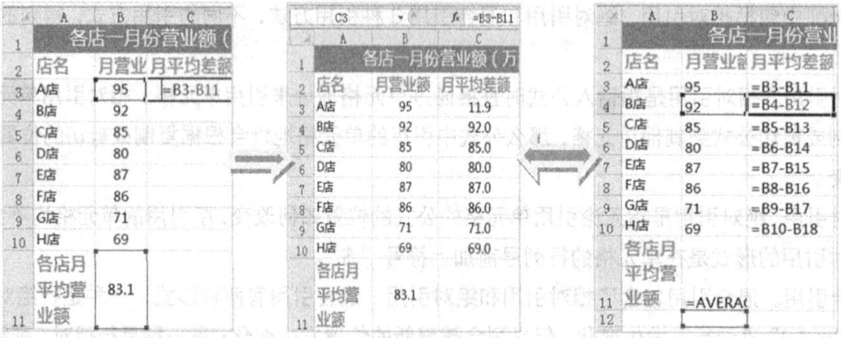

（a）　　（b）　　（c）

图 8-2　复制公式

很明显，除 C3 单元格之外，其他单元格的计算结果都是错误的。将计算结果以公式显示如图 8-2（c）所示，可以看出从 C4 单元格开始，各公式所减的各店月平均额都不是 B11 单元格，而是随着公式复制后的位置依次相对往下移动一个（即相对引用）。因此为了得到正确的计算结果，B11 单元格的引用方式应改为绝对引用，即在 C3 单元格中编辑公式“=B3-$B$11”，公式复制后即可得到正确结果。

（四）Excel 中的常用函数

函数是指设计好的公式，由 Excel 软件提供。使用函数时，要了解该函数的功能及语法，即该函数能做什么，应该怎么做。

Excel 2010 中提供了多种函数，每个函数的功能、语法结构及其参数的含义各不相同，除本书中提到的 SUM 函数和 AVERAGE 函数外，常用的函数还有 IF 函数、MAX/MIN 函数、COUNT 函数、SIN 函数和 PMT 函数等。

- SUM 函数。SUM 函数的功能是对选择的单元格或单元格区域进行求和计算，其语法结构为 SUM (number1,number2,…)，number1,number2,…表示若干个需要求和的参数。填写参数时，可以使用单元格地址 (如 E6,E7,E8)，也可以使用单元格区域 (如 E6:E8)，甚至混合输入 (如 E6,E7:E8)。
- AVERAGE 函数。AVERAGE 函数的功能是求平均值，计算方法是：将选择的单元格或单元格区域中的数据先相加，再除以单元格个数，其语法结构为 AVERAGE (number1,number2,…)，其中 number1,number2,…表示需要计算的若干个参数的平均值。
- IF 函数。IF 函数是一种常用的条件函数，它能执行真假值判断，并根据逻辑计算的真假值返回不同结果，其语法结构为 IF (logical_test,value_if_true,value_if_false)，其中，logical_test 表示计算结果为 true 或 false 的任意值或表达式；value_if_true 表示 logical_test 为 true 时要返回的值，可以是任意数据；value_if_false 表示 logical_test 为 false 时要返回的值，也可以是任意数据。
- MAX/MIN 函数。MAX 函数的功能是返回所选单元格区域中所有数值的最大值，MIN 函数则用来返回所选单元格区域中所有数值的最小值。其语法结构为 MAX/MIN (number1,number2,…)，其中 number1,number2,…表示要筛选的若干个数值或引用。
- COUNT 函数。COUNT 函数的功能是返回包含数字及包含参数列表中的数字的单元格的个数，通常利用它来计算单元格区域或数字数组中数字字段的输入项个数，其语法结构为 COUNT (value1,value2,…)，value1, value2,…为包含或引用各种类型数据的参数 (1 到 30 个)，但只有数字类型的数据才被计算。
- COUNTIF 函数。对区域中满足单个指定条件的单元格进行计数。可以对大于或小于某一指定数字的所有单元格进行计数，也可以对以某一字母开头的所有单元格进行计数。其语法结构为 COUNTIF(range, criteria)。Range 是指对其进行计数的一个或多个单元格，其中包括数字或名称、数组或包含数字的引用，空值和文本值将被忽略。criteria 用于定义将对那些单元格进行计数的数字、表达式、单元格引用文本或字符串。
- SUMIF 函数。SUMIF 函数的功能是根据指定条件对若干单元格求和，其语法结构为 SUMIF (range,criteria,sum_range)，其中，range 为用于条件判断的单元格区域；criteria 为确定哪些单元格将被作为相加求和的条件，其形式可以为数字、表达式或文本；sum_range 为需要求和的实际单元格。
- SIN 函数。SIN 函数的功能是返回给定角度的正弦值，其语法结构为 SIN(number)，number 为需要计算正弦的角度，以弧度表示。
- PMT 函数：PMT 函数的功能是基于固定利率及等额分期付款方式，返回贷款的每期付款额，其语法结构为 SUM (rate,nper,pv,fv,type)，rate 为贷款利率；nper 为该项贷款的付款总数；pv 为现值，或一系列未来付款的当前值的累积和，也称为本金；fv 为未来值，或在最后一次付款后希望得到的现金余额，如果省略 fv，则假设其值为零，也就是一笔贷款的未来值为零；type 为数字 0 或 1，用以指定各期的付款时间是在期初还是期末。
- VLOOKUP 函数：VLOOKUP 函数的功能是搜索某个单元格区域的第一列，然后返回该区域相同行上任何单元格中的值。其语法结构为 VLOOKUP(lookup_value, table_array, col_index_num, [range_lookup])，lookup_value 是必选参数，指要在表格或区域的第一列中搜索的值。table_array 是必选参数，指包含数据的单元格区域。col_index_num 是必选参数，指 table_array 参数中必须返回的匹配值的列号。range_lookup 是可选参数。指定希望 VLOOKUP 查找精确匹配值还是近似匹配值。

（五）使用函数计算数据

函数的使用方法有 3 种，具体如下。

1. 菜单选择函数

如果用户要使用求和、求平均值、求最大或最小值、计数功能的函数，则可以利用“菜单选择”直接使用函数。该方法最为简单，用户不需要掌握函数的语法，甚至不需要了解函数名，只要掌握操作方法即可。菜单选择的操作方法是：

（1）选择保存计算结果的单元格。

在【公式】/【函数库】组中单击 Σ 自动求和 · 的倒三角形按钮，在弹出的下拉菜单中选择相应功能的选项，如平均值，如图 8-3 所示。

（2）选择要计算的区域，单击编辑区中的“输入”按钮✓，完成计算。

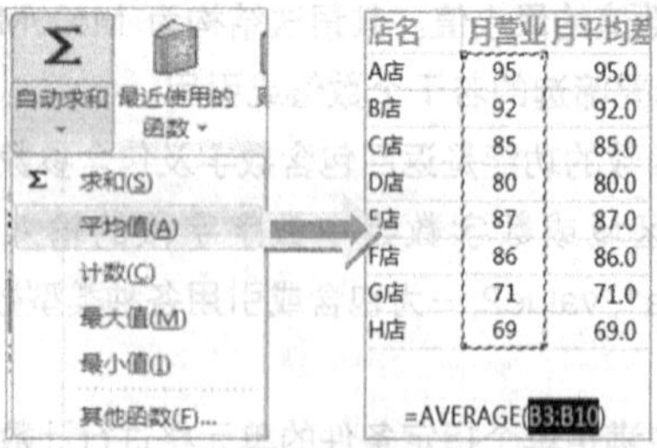

图 8-3 菜单选择函数

2. 直接输入函数

像输入公式一样，可以直接在单元格中输入函数，函数以“=”号开头，回车结束。Excel 提供实时辅助功能，在输入函数的过程中，能帮助用户选择函数，用户只要输入函数的前几个字母，就可以在弹出的快捷菜单中选择相应的函数，如图 8-4 所示。确认函数后会显示函数的语法，方便用户输入参数。

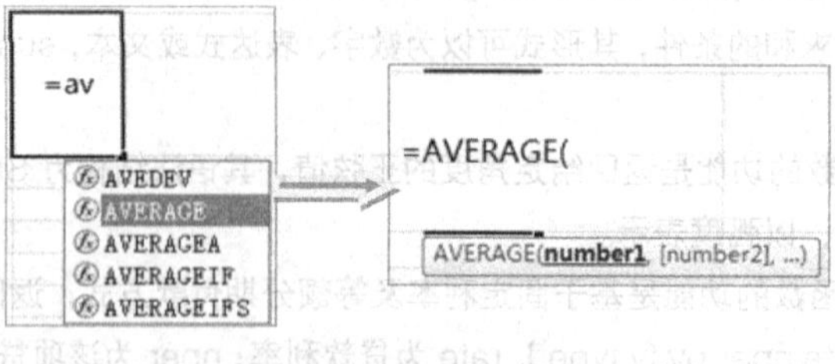

图 8-4 直接输入函数

3. 插入函数

插入函数是最常用的方法，在插入函数的过程中，用户不仅可以查看函数的功能、语法以及参数的描述，还可以通过该函数的帮助系统进一步了解函数的使用。插入函数的方法是：

（1）在【公式】/【函数库】组中单击“插入函数”按钮 *fx* 或按【Shift+F3】组合键，打开“插入函数”对话框。在“插入函数”对话框中，用户可以直接搜索函数，也可以在“或选择类别”下拉列表框中选择函数类型选项，然后在“选择函数”列表框中选择相应的函数，在选择过程中，对话框左下角会出现该函数功能的说明，方便用户选择，如图 8-5 所示。

（2）选择函数后，在“函数参数”对话框中可以看到要输入参数的个数及类型，且输入参数时，在对话框的下方会显示关于该参数的描述，方便用户输入，如图 8-6 所示。

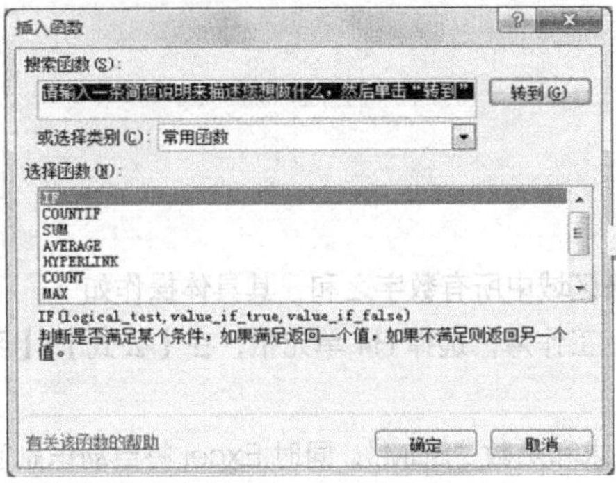

图 8-5　插入函数对话框

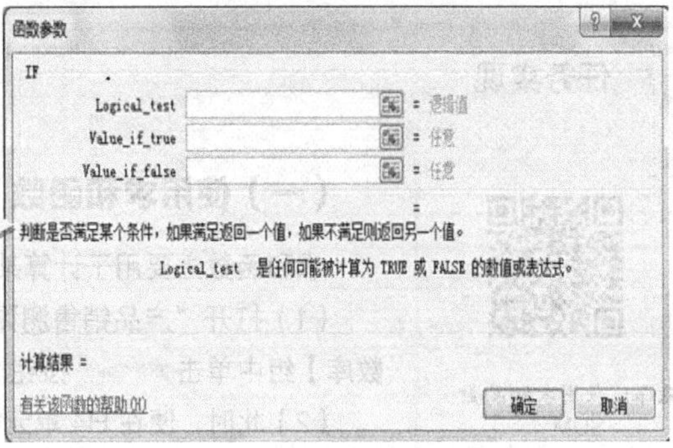

图 8-6　函数参数对话框

4. Excel 帮助对话框——函数帮助系统

在函数的选择和参数输入过程中，用户还可以通过单击图 8-5 和图 8-6 对话框左下角的“有关该函数的帮助”打开 Excel 帮助对话框——函数帮助系统。该系统全面、深入地对函数的功能、语法、参数以及注意事项进行了说明，并附带函数的经典实例，实例可以直接复制到 Excel 单元格中使用。不管是对于初学者还是经常使用 Excel 软件的用户，函数帮助系统是一个不可多得的学习平台。

（六）函数和公式的出错提示

用户使用公式或函数时，如果公式或函数中包含有错误，编辑的单元格将显示出错信息。了解出错信息有助于修改公式和函数以及加深其理解。常见的出错提示有以下几种：

#NAME?　　无法识别公式或函数中的文本时，将出现此错误；

#VALUE!　　当使用的参数或操作数的类型不正确时，会出现此错误；

#NUM!　　如果公式或函数中使用了无效的数值，则会出现此错误；

#REF!　　引用了无效单元格时，会出现此错误 ；

#DIV/0!　　被零除时会出现此错误；

#N/A　　引用了当前无法使用的数值时会出现此错误；

#NULL!　　指定了两个不相交区域的交集，会出现此提示。

如图 8-7 所示，当用户试图将数值与文本进行计算时，单元格将出现#VALUE! 提示，单击菜单中的“关于此错误的提示”，将打开“Excel 帮助”对话框，用户可以在此对话框中看到错误的症状、原因及解决方案。

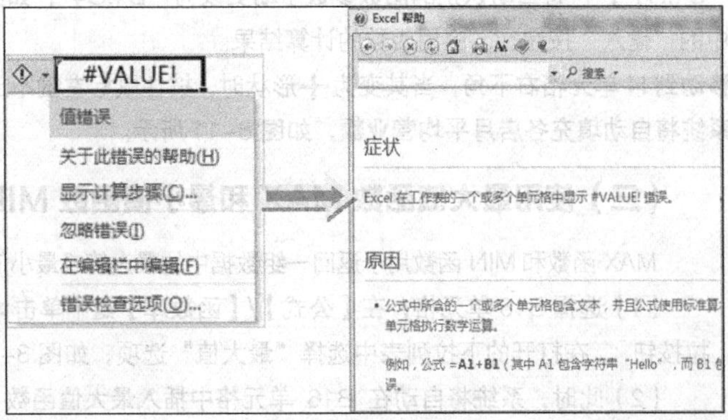

图 8-7　出错提示及帮助

任务实现

微课：使用求和函数 SUM

（一）使用求和函数 SUM

求和函数主要用于计算某一单元格区域中所有数字之和，其具体操作如下。

（1）打开“产品销售测评表.xlsx”工作簿，选择 H4 单元格，在【公式】/【函数库】组中单击 Σ 自动求和 · 按钮。

（2）此时，便在 H4 单元格中插入求和函数“SUM”，同时 Excel 将自动识别函数参数“B4:G4”，如图 8-8 所示。

（3）单击编辑区中的“输入”按钮✓，完成求和的计算。将鼠标指针移动到 H4 单元格右下角，当其变为十形状时，按住鼠标左键不放向下拖曳，至 H15 单元格释放鼠标左键，系统将自动填充各店月营业总额，如图 8-9 所示。

图 8-8 插入求和函数

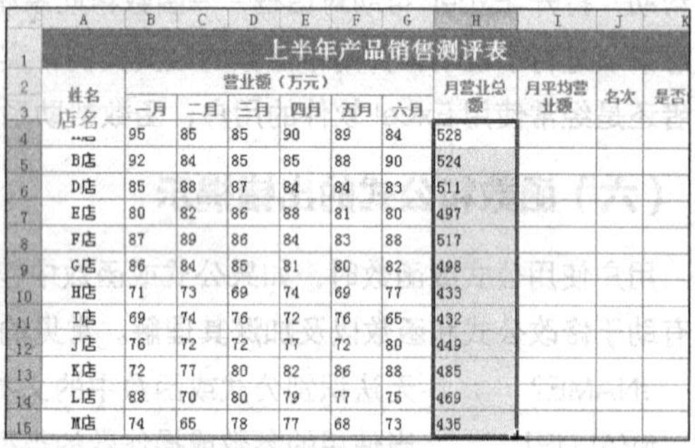

图 8-9 自动填充营业额

微课：使用平均值函数 AVERAGE

（二）使用平均值函数 AVERAGE

AVERAGE 函数用来计算某一单元格区域中的数据平均值，即先将单元格区域中的数据相加再除以单元格个数，其具体操作如下。

（1）选择 I4 单元格，在【公式】/【函数库】组中单击 Σ 自动求和 按钮右侧的下拉按钮 ·，在打开的下拉列表中选择“平均值”选项。

（2）此时，系统将自动在 I4 单元格中插入平均值函数“AVERAGE”，同时，Excel 将自动识别函数参数“B4:H4”，再将自动识别的函数参数手动更改为“B4:G4”，如图 8-10 所示。

（3）单击编辑区中的“输入”按钮✓，应用函数的计算结果。

（4）将鼠标指针移动到 I4 单元格右下角，当其变为十形状时，按住鼠标左键不放向下拖曳，至 I15 单元格释放鼠标左键，系统将自动填充各店月平均营业额，如图 8-11 所示。

微课：使用最大值函数 MAX 和最小值函数 MIN

（三）使用最大值函数 MAX 和最小值函数 MIN

MAX 函数和 MIN 函数用于返回一组数据中的最大值或最小值，其具体操作如下。

（1）选择 B16 单元格，在【公式】/【函数库】组中单击 Σ 自动求和 按钮右侧的下拉按钮 ·，在打开的下拉列表中选择“最大值”选项，如图 8-12 所示。

（2）此时，系统将自动在 B16 单元格中插入最大值函数“MAX”，同时 Excel 将自动识别函数参数“B4:B15”，如图 8-13 所示。

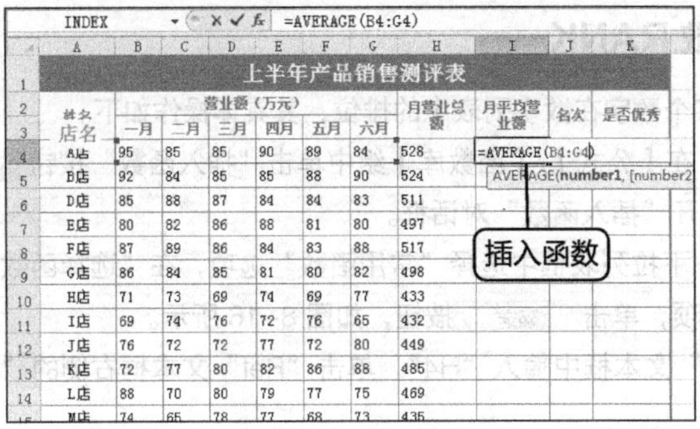

图 8-10 更改函数参数

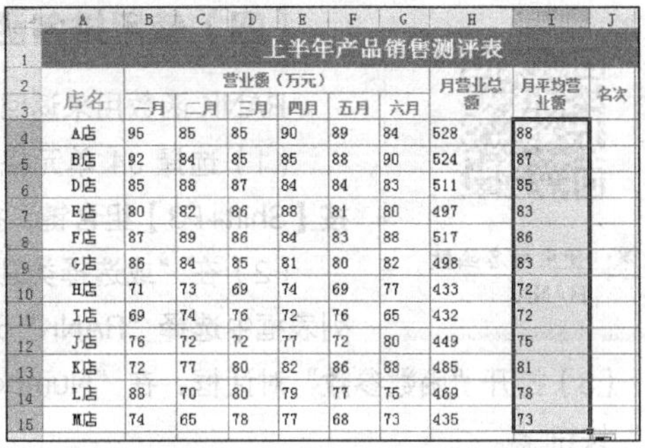

图 8-11 自动填充月平均营业额

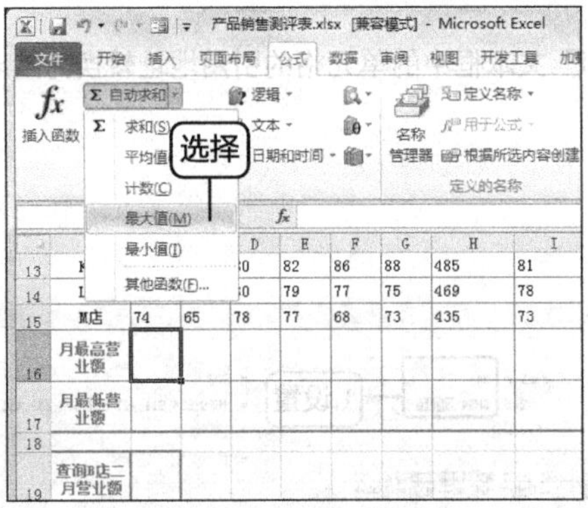

图 8-12 选择“最大值”选项

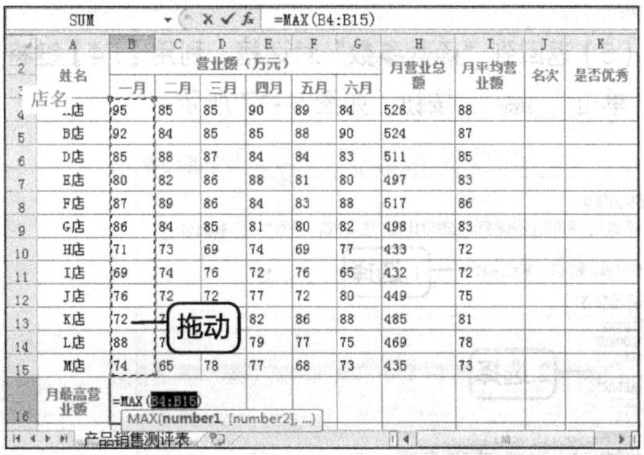

图 8-13 插入最大值函数

（3）单击编辑区中的“输入”按钮，确认函数的应用计算结果，将鼠标指针移动到 B16 单元格右下角，当其变为十形状时，按住鼠标左键不放向右拖曳。直至 I16 单元格，释放鼠标，将自动计算出各门店月最高营业额、月最高营业总额和月平均营业额。

（4）选择 B17 单元格，在【公式】/【函数库】组中单击 Σ 自动求和按钮右侧的下拉按钮，在打开的下拉列表中选择“最小值”选项。

（5）此时，系统自动在 B17 单元格中插入最小值函数“MIN”，同时 Excel 将自动识别函数参数“B4:B16”，并手动将其更改为“B4:B15”。

（6）单击编辑区中的“输入”按钮，应用函数的计算结果，如图 8-14 所示。

（7）将鼠标指针移动到 B16 单元格右下角，当其变为十形状时，按住鼠标左键不放向右拖曳，至 I16 单元格，释放鼠标左键，将自动计算出各门店月最低营业额和月最低营业总额、月最低平均营业额，如图 8-15 所示。

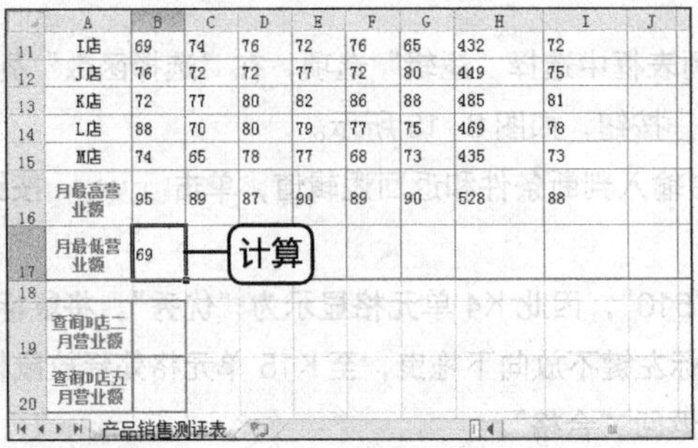

图 8-14 插入最小值

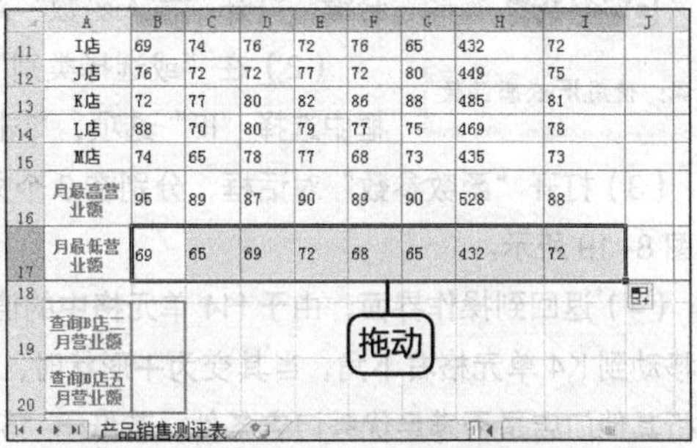

图 8-15 自动填充月最低营业额

微课：使用排名函数RANK

（四）使用排名函数 RANK

RANK 函数用来返回某个数字在数字列表中的排位，其具体操作如下。

（1）选择 J4 单元格，在【公式】/【函数库】组中单击“插入函数”按钮 f_x 或按【Shift+F3】组合键，打开“插入函数”对话框。

（2）在“或选择类别”下拉列表框中选择“常用函数”选项，在“选择函数”列表框中选择“RANK”选项，单击 确定 按钮，如图 8-16 所示。

（3）打开“函数参数”对话框，在“Number”文本框中输入“H4”，单击“Ref”文本框右侧的“收缩”按钮。

（4）此时该对话框呈收缩状态，拖曳鼠标选择要计算的 H4:H15 单元格区域，单击右侧的“拓展”按钮。

（5）返回到“函数参数”对话框，利用【F4】键将“Ref”文本框中的单元格的引用地址转换为绝对引用，单击 确定 按钮，如图 8-17 所示。

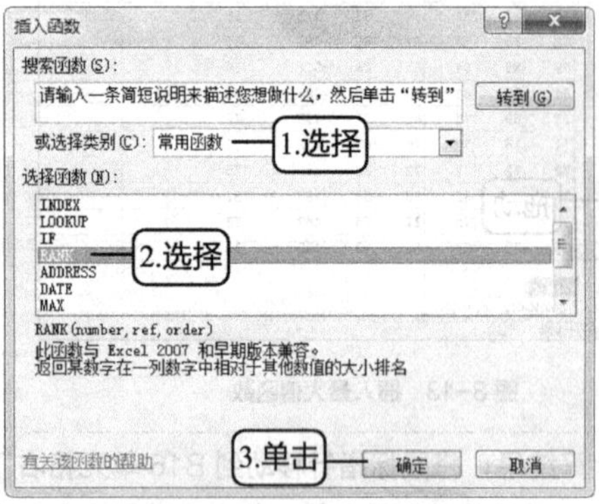

图 8-16　选择需要插入的函数

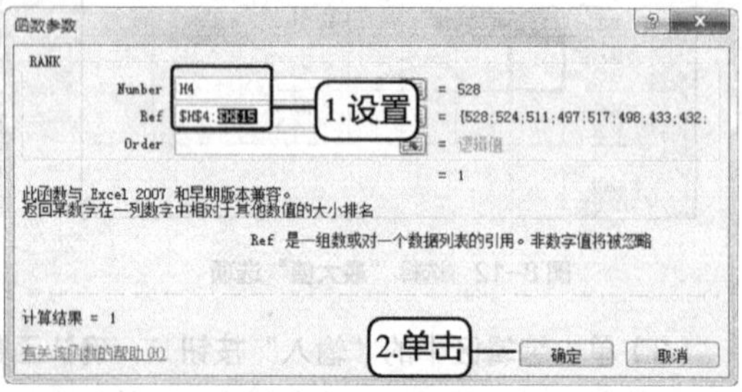

图 8-17　设置函数参数

（6）返回到操作界面，即可查看排名情况，将鼠标指针移动到 J4 单元格右下角。当其变为+形状时，按住鼠标左键不放向下拖曳，直至 J15 单元格，释放鼠标左键，即可显示出每个门店的名次。

（五）使用 IF 嵌套函数

微课：使用 IF 嵌套函数

嵌套函数 IF 用于判断数据表中的某个数据是否满足指定条件，如果满足则返回特定值，不满足则返回其他值，其具体操作如下。

（1）选择 K4 单元格，单击编辑栏中的“插入函数”按钮 f_x 或按【Shift+F3】组合键，打开“插入函数”对话框。

（2）在“或选择类别”下拉列表框中选择“逻辑”选项，在“选择函数”列表框中选择“IF”选项，单击 确定 按钮，如图 8-18 所示。

（3）打开“函数参数”对话框，分别在 3 个文本框中输入判断条件和返回逻辑值，单击 确定 按钮，如图 8-19 所示。

（4）返回到操作界面，由于 H4 单元格中的值大于“510”，因此 K4 单元格显示为“优秀”。将鼠标指针移动到 K4 单元格右下角，当其变为+形状时，按住鼠标左键不放向下拖曳，至 K15 单元格处释放鼠标，分析其他门店是否满足优秀门店条件，若低于“510”则返回“合格”。

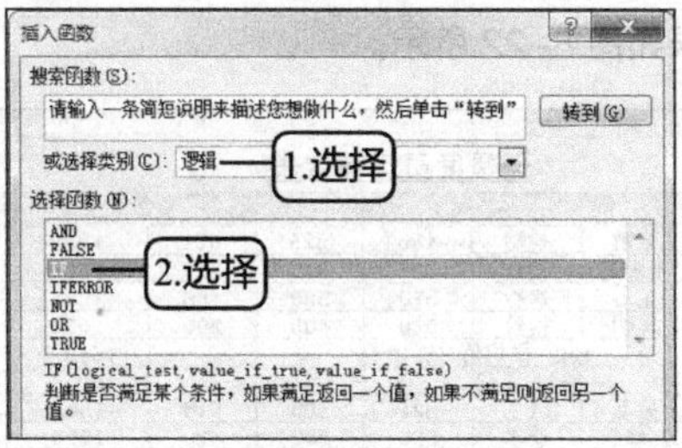

图 8-18　选择需要插入的函数

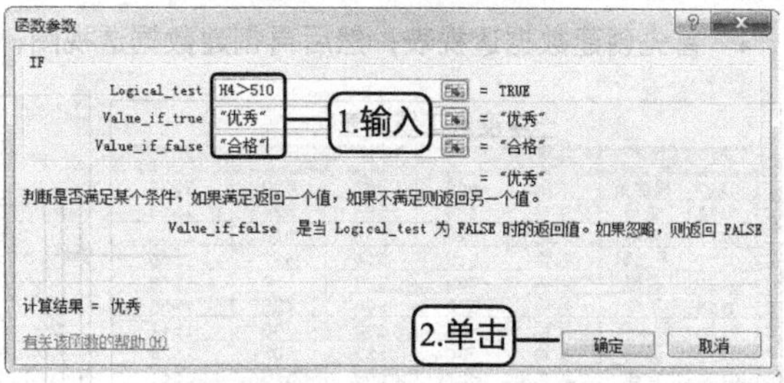

图 8-19　设置判断条件和返回逻辑值

（六）使用 INDEX 函数

INDEX 函数用于返回表或区域中的值或对值的引用，其具体操作如下。

（1）选择 B19 单元格，在编辑栏中输入"=INDEX("，编辑栏下方将自动提示 INDEX 函数的参数输入规则，拖曳鼠标选择 A4:G15 单元格区域，编辑栏中将自动录入"A4:G15"。

（2）继续在编辑栏中输入参数",2,3)"，单击编辑栏中的"输入"按钮✓，如图 8-20 所示，确认函数的计算结果。

（3）选择 B20 单元格，编辑栏中输入"=INDEX("，拖曳鼠标选择 A4:G15 单元格区域，编辑栏中将自动录入"A4:G15"，如图 8-21 所示。

（4）继续在编辑栏中输入参数",3,6)"，按【Ctrl+Enter】组合键确认函数的应用并计算结果。

微课：使用 INDEX 函数

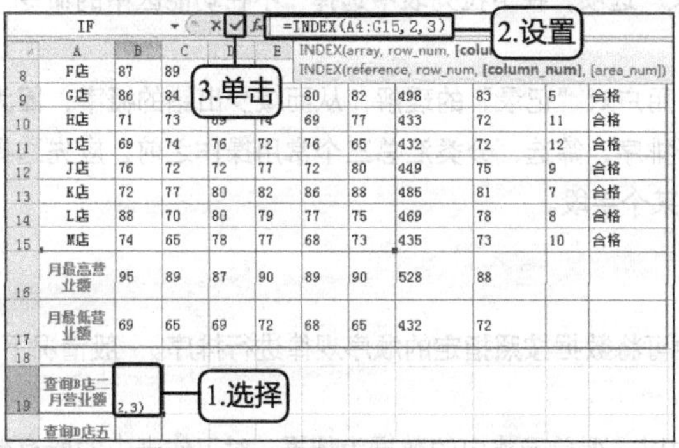

图 8-20　确认函数的应用

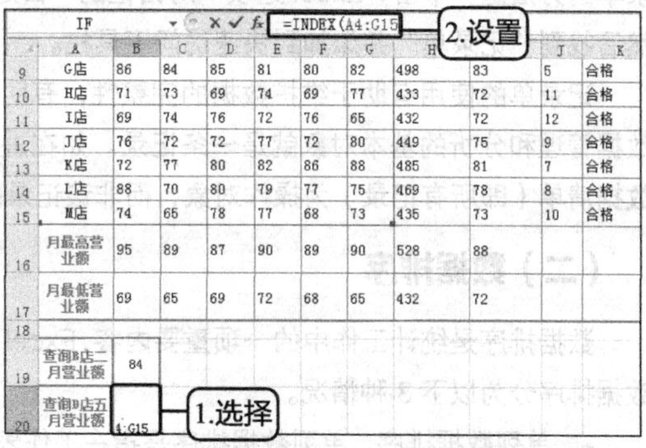

图 8-21　选择参数

任务二　统计分析员工绩效表

任务要求

公司要对下属工厂的员工进行绩效考评，小丽作为财政部的一名员工，部长让小丽对该工厂一季度的员工绩效表进行统计分析，相关要求如下。

- 打开已经创建并编辑完成的员工绩效表，对其中的数据分别进行快速排序、组合排序和自定义排序。
- 对表中的数据按照不同的条件进行自动筛选、自定义筛选和高级筛选，并在表格中使用条件格式。
- 按照不同的设置字段，为表格中的数据创建分类汇总、嵌套分类汇总，然后查看分类汇总的数据。

- 首先创建数据透视表，然后再创建数据透视图，最终要求如图 8-22 所示。

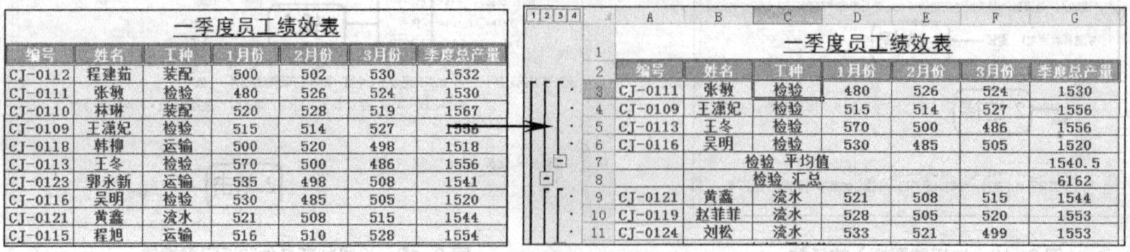
一季度员工绩效表
编号 姓名 工种 1月份 2月份 3月份 季度总产量
CJ-0112 程建茹 装配 500 502 530 1532
CJ-0111 张敏 检验 480 526 524 1530
CJ-0110 林琳 装配 520 528 519 1567
CJ-0109 王潇妃 检验 515 514 527
CJ-0118 韩柳 运输 500 520 498 1518
CJ-0113 王冬 检验 570 500 486 1556
CJ-0123 郭永新 运输 535 498 508 1541
CJ-0116 吴明 检验 530 485 505 1520
CJ-0121 黄鑫 流水 521 508 515 1544
CJ-0115 程旭 运输 516 510 528 1554
一季度员工绩效表
编号 姓名 工种 1月份 2月份 3月份 季度总产量
CJ-0111 张敏 检验 480 526 524 1530
CJ-0109 王潇妃 检验 515 514 527 1556
CJ-0113 王冬 检验 570 500 486 1556
CJ-0116 吴明 检验 530 485 505 1520
检验 平均值 1540.5
检验 汇总 6162
CJ-0121 黄鑫 流水 521 508 515 1544
CJ-0119 赵菲菲 流水 528 505 520 1553
CJ-0124 刘松 流水 533 521 499 1553

图 8-22 “员工绩效表”工作簿最终效果

相关知识

（一）数据清单

Excel 数据管理和分析包含数据的排序、数据的筛选、数据的分类汇总、数据合并等操作。其处理的数据对象称为数据清单，数据清单又称数据列表，与前面介绍的工作表中的数据区域不同的是，数据清单是一个结构化数据的单元格区域，该区域可以看作数据库的二维表，即数据清单中的每一行相当于二维表的一条记录；数据清单中的列相当于二维表中的字段，列标题相当于字段名。

数据清单可以像普通数据一样直接建立和编辑，也可以通过“记录单”以记录为单位编辑。在“记录单”中可以对记录进行新建、修改、删除、查看和查询等操作。“记录单”命令不在功能区中显示，打开记录单的方法是：单击“Excel 选项”对话框的“自定义”选项，在下拉列表中选择“不在功能区中的命令”，然后找到“记录单”并添加到快速访问工具栏。

记录单的使用有助于维护数据的完整性，有助于用户对“记录”的理解，从而减少出错的概率，因为数据管理和分析的基本对象就是一条记录。如在进行排序，筛选，分类汇总三个常用操作之前，应先选择数据清单（即所有记录）为操作对象，而非该记录的某个字段。

（二）数据排序

数据排序是统计工作中的一项重要内容，Excel 中可将数据按照指定的顺序规律进行排序。一般情况下，数据排序分为以下 3 种情况。

- 单列数据排序。单列数据排序是指在工作表中以一列单元格中的数据为依据，对工作表中的所有数据进行排序。
- 多列数据排序。在对多列数据进行排序时，需要按某个数据进行排列，该数据则称为“关键字”。以关键字进行排序，其他列中的单元格数据将随之发生变化。对多列数据进行排序时，首先需要选择多列数据对应的单元格区域，然后选择关键字，排序时就会自动以该关键字进行排序，未选择的单元格区域将不参与排序。
- 自定义排序。使用自定义排序可以通过设置多个关键字对数据进行排序，并可以通过其他关键字对相同的数据进行排序。

（三）数据筛选

数据筛选功能是对数据进行分析时常用的操作之一，数据排序分为以下 3 种情况。

- 自动筛选。自动筛选数据即根据用户设定的筛选条件，自动将表格中符合条件的数据显示出来，而表格中的其他数据将隐藏。

- 自定义筛选。自定义筛选是在自动筛选的基础上进行操作的，即单击自动筛选后的需自定义的字段名称右侧的下拉按钮▾，在打开的下拉列表中选择相应的选项确定筛选条件，然后在打开的“自定义筛选方式”对话框中进行相应的设置。
- 高级筛选。若需要根据自己设置的筛选条件对数据进行筛选，则需要使用高级筛选功能。高级筛选功能可以筛选出同时满足两个或两个以上约束条件的记录。

（四）分类汇总

分类汇总对数据清单中同一类记录进行分类，然后对指定的其他字段使用函数计算的一种分析方法。创建分类汇总前需先对数据清单排序，排序的主要关键字要跟分类字段一致，因此创建分类汇总前必须明确其分类字段。

分类汇总步骤可分为以下三步：

（1）选择数据清单，以分类字段为主要关键字进行升序排序或降序排序；

（2）选择数据清单，单击“数据”选项卡，在“分级显示”选项组中单击“分类汇总”按钮，弹出“分类汇总”对话框；

（3）在“分类汇总”对话框中选择相应的分类字段、汇总方式及汇总选项，最后单击“确定”按钮完成分类汇总。

任务实现

（一）排序员工绩效表数据

使用 Excel 中的数据排序功能对数据进行排序，有助于快速直观地显示并理解、组织和查找所需的数据，其具体操作如下。

微课：排序员工绩效表数据

（1）打开“员工绩效表.xlsx”工作簿，选择 G 列任意单元格，在【数据】/【排序和筛选】组中单击“升序”按钮，此时即可将选择的数据表按照“季度总产量”由低到高进行排序。

（2）选择 A2:G14 单元格区域，在“排序和筛选”组中单击“排序”按钮。

（3）打开“排序”对话框，在“主要关键字”下拉列表框中选择“季度总产量”选项，在“排序依据”下拉列表框中选择“数值”选项，在“次序”下拉列表框中选择“降序”选项，如图 8-23 所示。

（4）单击添加条件(A)按钮，在“次要关键字”下拉列表框中选择“3 月份”选项，在“排序依据”下拉列表框中选择“数值”选项，在“次序”下拉列表框中选择“降序”选项，单击确定按钮。

（5）此时即可对数据表先按照“季度总产量”序列降序排列，对于“季度总产量”列中相同的数据，则按照“3 月份”序列进行降序排列，效果如图 8-24 所示。

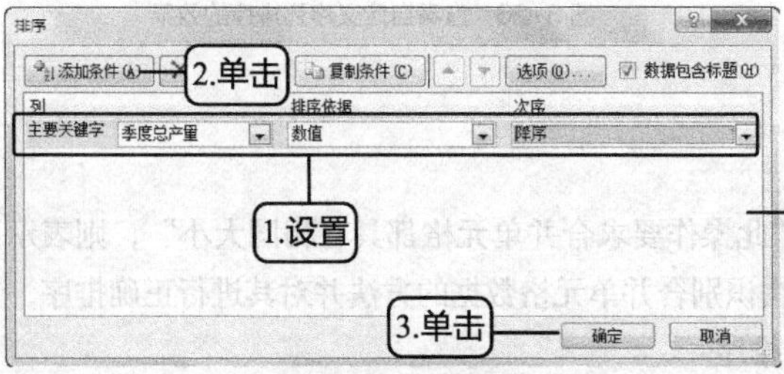

图 8-23 设置主要排序条件

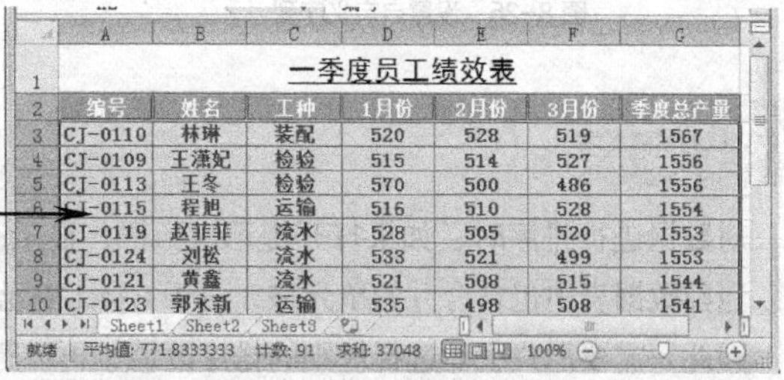

图 8-24 查看排序结果

提示

数据表中的数据较多，很可能出现数据相同的情况，此时可以单击[添加条件(A)]按钮，添加更多排序条件，这样就能解决相同数据排序的问题。另外，在 Excel 2010 中，除了可以对数字进行排序外，还可以对字母或日期进行排序。对于字母而言，升序是从 A 到 Z 排列；对于日期来说，降序是日期按最早的日期到最晚的日期进行排序，升序则相反。

（6）选择【文件】/【选项】命令，打开“Excel 选项”对话框，在左侧的列表中单击“高级”选项卡，在右侧列表框的“常规”栏中单击[编辑自定义列表(O)...]按钮。

（7）打开“自定义序列”对话框，在“输入序列”列表框中输入序列字段“流水,装配,检验,运输”，单击[添加(A)]按钮，将自定义字段添加到左侧的“自定义序列”列表框中。

提示

在 Excel 2010 中，必须先建立自定义字段，然后才能进行自定义排序。输入自定义序列时，各个字段之间必须使用逗号或分号隔开（英文符号），也可换行输入。自定义序列时，首先须确定排序依据，即存在多个重复项，如果序列中无重复项，则排序的意义不大。

（8）单击[确定]按钮，关闭“Excel 选项”对话框，返回到数据表，选择任意一个单元格，在“排序和筛选”组中单击“排序”按钮，打开“排序”对话框。

（9）在“主要关键字”下拉列表框中选择“工种”选项，在“次序”下拉列表框中选择“自定义序列”选项，打开“自定义序列”对话框，在“自定义序列”列表框中选择前面创建的序列，单击[确定]按钮。

（10）返回到“排序”对话框，在“次序”下拉列表中将显示设置的自定义序列，单击[确定]按钮，如图 8-25 所示。

（11）此时即可将数据表按照“工种”序列中的自定义序列进行排序，效果如图 8-26 所示。

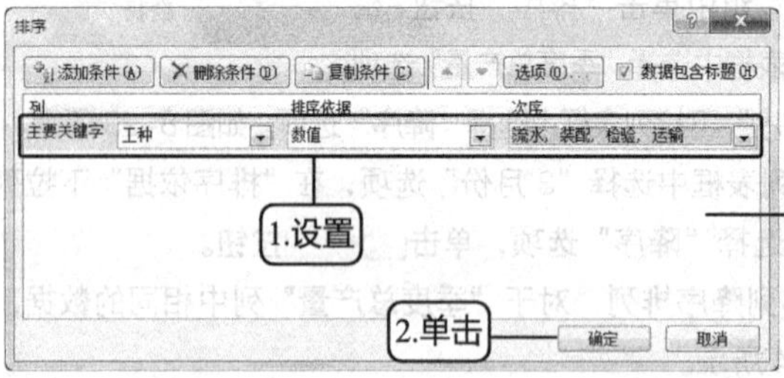

图 8-25　设置自定义序列

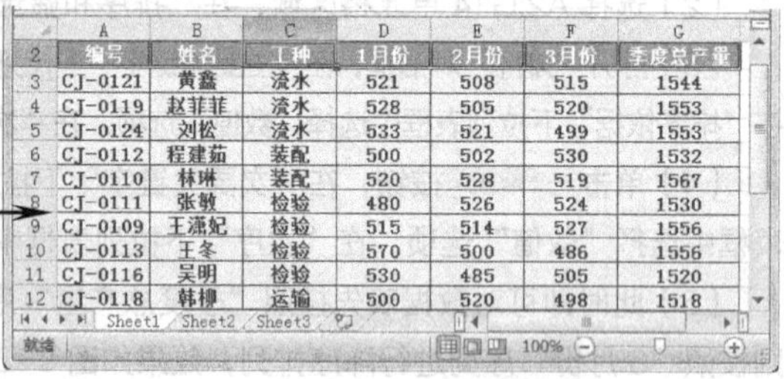

图 8-26　查看自定义序列排序的效果

提示

对数据进行排序时，如果打开提示对话框，显示“此操作要求合并单元格都具有相同大小”，则表示当前数据表中包含合并的单元格，由于 Excel 中无法识别合并单元格数据的方法并对其进行正确排序，因此，需要用户手动选择规则的排序区域，再进行排序。

（二）筛选员工绩效表数据

Excel 筛选数据功能可根据需要显示满足某一个或某几个条件的数据，而隐藏其他的数据。

1. 自动筛选

自动筛选可以快速在数据表中显示指定字段的记录并隐藏其他记录。下面在“员工绩效表.xlsx”工作簿中筛选出工种为“装配”的员工绩效数据，其具体操作如下。

微课：自动筛选

（1）打开表格，选择工作表中的任意单元格，在【数据】/【排序和筛选】组中单击“筛选”按钮，进入筛选状态，列标题单元格右侧显示出“筛选”按钮。

（2）在 C2 单元格中单击“筛选”下拉列表框右侧的下拉按钮，在打开的下拉列表框中撤销选中“检验”“流水”和“运输”复选框，仅单击选中“装配”复选框，单击确定按钮。

（3）此时将在数据表中显示工种为“装配”的员工数据，而将其他员工数据全部隐藏。

提示

通过选择字段可以同时筛选多个字段的数据。单击“筛选”按钮后，将打开设置筛选条件的下拉列表框，只需在其中单击选中对应的复选框即可。在 Excel 2010 中，还能通过颜色、数字和文本进行筛选，但是这类筛选方式都需要提前对表格中的数据进行设置。

2. 自定义筛选

自定义筛选多用于筛选数值数据，通过设定筛选条件可以将满足指定条件的数据筛选出来，而将其他数据隐藏。下面在“员工绩效表.xlsx”工作簿中筛选出季度总产量大于“1540”的相关信息，其具体操作如下。

（1）打开“员工绩效表.xlsx”工作簿，单击“筛选”按钮进入筛选状态，在“季度总产量”单元格中单击按钮，在打开的下拉列表框中选择【数字筛选】/【大于】选项。

（2）打开“自定义自动筛选方式”对话框，在“季度总产量”栏的“大于”下拉列表框右侧的下拉列表框中输入“1540”，单击确定按钮，如图 8-27 所示。

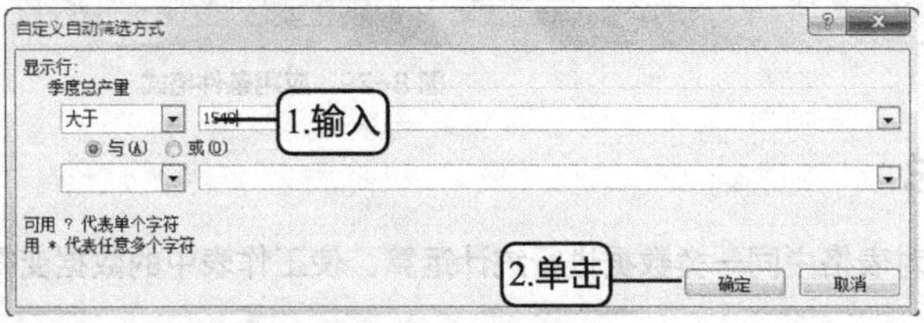

图 8-27　自定义筛选

微课：自定义筛选

提示

筛选并查看数据后，在“排序和筛选”组中单击清除按钮，可清除筛选结果，但仍保持筛选状态；单击“筛选”按钮，可直接退出筛选状态，返回到筛选前的数据表。

3. 高级筛选

微课：高级筛选

通过高级筛选功能，可以自定义筛选条件，在不影响当前数据表的情况下显示出筛选结果。而对于较复杂的筛选，可以使用高级筛选来进行。下面在“员工绩效表.xlsx”工作簿中筛选出 1 月份产量大于“510”，季度总产量大于“1556”的数据，其具体操作如下。

（1）打开“员工绩效表.xlsx”工作簿，在 C16 单元格中输入筛选序列“1 月份”，在 C17 单元格中输入条件“>510”，在 D16 单元格中输入筛选序列“季度总产量”，在 D17 单元格中输入条件“>1556”，在表格中选择任意的单元格，在【数据】/【排序和筛选】组中单击高级按钮。

（2）打开“高级筛选”对话框，单击选中“将筛选结果复制到其他位置”单选项，将“列表区域”设置为“$A$2:$G$14”，在“条件区域”文本框中输入“$C$16:$D$17”，在“复制到”文本框中输入“$A$18:$G$25”，单击确定按钮。

（3）此时即可在原数据表下方的 A18:G19 单元格区域中单独显示出筛选结果。

4. 使用条件格式

微课：使用条件格式

条件格式用于将数据表中满足指定条件的数据以特定的格式显示出来，从而便于直观查看与区分数据。下面在“员工绩效表.xlsx”工作簿中将月产量大于“500”的数据以浅红色填充显示，其具体操作如下。

（1）选择 D3:G14 单元格区域，在【开始】/【样式】组中单击“条件格式”按钮，在打开的下拉列表中选择【突出显示单元格规则】/【大于】选项。

（2）打开“大于”对话框，在数值框中输入“500”，在“设置为”下拉列表框中选择“浅红色填充”选项，单击确定按钮，如图 8-28 所示。

（3）此时即可将 D3:G14 单元格区域中所有数据大于“500”的单元格以浅红色填充显示，如图 8-29 所示。

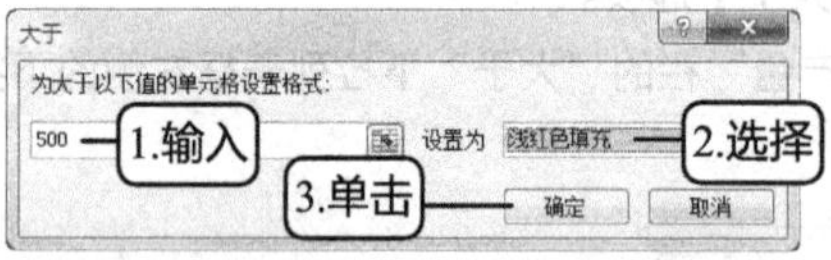

图 8-28 设置格式

	A	B	C	D	E	F	G
2	编号	姓名	工种	1月份	2月份	3月份	季度总产量
3	CJ-0112	程建茹	装配	500	502	530	1532
4	CJ-0111	张敏	检验	480	526	524	1530
5	CJ-0110	林琳	装配	520	528	519	1567
6	CJ-0109	王潇妃	检验	515	514	527	1556
7	CJ-0118	韩柳	运输	500	520	498	1518
8	CJ-0113	王冬	检验	570	500	486	1556
9	CJ-0123	郭永新	运输	535	498	508	1541
10	CJ-0116	吴明	检验	530	485	505	1520
11	CJ-0121	黄鑫	流水	521	508	515	1544
12	CJ-0115	程旭	运输	516	510	528	1554

图 8-29 应用条件格式

（三）对数据进行分类汇总

运用 Excel 的分类汇总功能可对表格中同一类数据进行统计运算，使工作表中的数据变得更加清晰直观，其具体操作如下。

微课：对数据进行分类汇总

（1）打开表格，选择 C 列的任意一个单元格，在【数据】/【排序和筛选】组中单击“升序”按钮，对数据进行排序。

（2）单击“分级显示”按钮，在【数据】/【分级显示】组中单击“分类汇总”按钮，打开“分类汇总”对话框，在“分类字段”下拉列表框中选择“工种”选项，在“汇总方式”下拉列表框中选择“求和”选项，在“选定汇总项”列表框中单击选中“季度总产量”复选框，单击确定按钮，如图 8-30 所示。

（3）此时即可对数据表进行分类汇总，同时直接在表格中显示汇总结果。

（4）在 C 列中选择任意单元格，使用相同的方法打开“分类汇总”对话框，在“汇总方式”下拉列表框中选择“平均值”选项，在“选定汇总项”列表框中单击选中“季度总产量”复选框，撤销选中“替换当前分类汇总”复选框，单击 确定 按钮。

（5）在汇总数据表的基础上继续添加分类汇总，即可同时查看不同工种每季度的平均产量，效果如图 8-31 所示。

提示

分类汇总实际上就是分类加汇总，其操作过程首先是通过排序功能对数据进行分类排序，然后再按照分类进行汇总。如果没有进行排序，汇总的结果就没有意义。所以，在分类汇总之前，必须先将数据表进行排序，再进行汇总操作，且排序的条件最好是需要分类汇总的相关字段，这样汇总的结果将更加清晰。

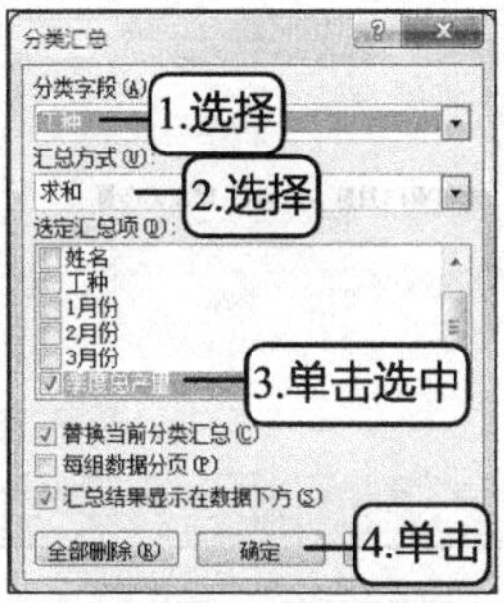

图 8-30　设置分类汇总

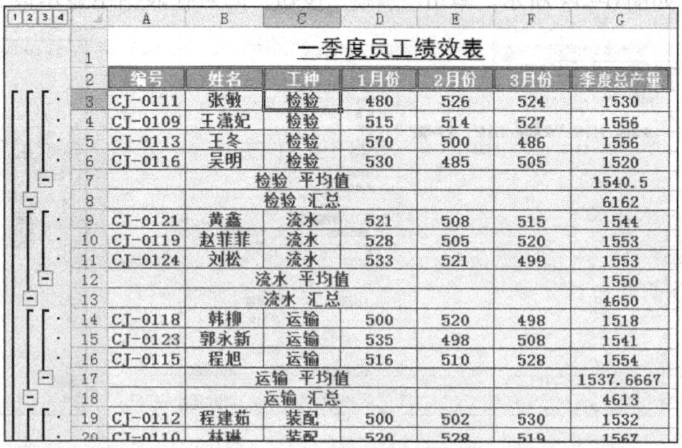

	A	B	C	D	E	F	G
1	一季度员工绩效表						
2	编号	姓名	工种	1月份	2月份	3月份	季度总产量
3	CJ-0111	张敏	检验	480	526	524	1530
4	CJ-0109	王潇妃	检验	515	514	527	1556
5	CJ-0113	王冬	检验	570	500	486	1556
6	CJ-0116	吴明	检验	530	485	505	1520
7			检验 平均值				1540.5
8			检验 汇总				6162
9	CJ-0121	黄鑫	流水	521	508	515	1544
10	CJ-0119	赵菲菲	流水	528	505	520	1553
11	CJ-0124	刘松	流水	533	521	499	1553
12			流水 平均值				1550
13			流水 汇总				4650
14	CJ-0118	韩柳	运输	500	520	498	1518
15	CJ-0123	郭永新	运输	535	498	508	1541
16	CJ-0115	程旭	运输	516	510	528	1554
17			运输 平均值				1537.6667
18			运输 汇总				4613
19	CJ-0112	程建茹	装配	500	502	530	1532
20	CJ-0110	林琳	装配	520	528	519	1567

图 8-31　查看嵌套分类汇总结果

提示

并不是所有数据表都能够进行分类汇总，必须保证数据表中具有可以分类的序列，才能进行分类汇总。另外，打开已经进行了分类汇总的工作表，在表中选择任意单元格，然后在“分级显示”组中单击“分类汇总”按钮，打开“分类汇总”对话框，直接单击 全部删除(R) 按钮即可删除创建的分类汇总。

（四）创建并编辑数据透视表

数据透视表是一种交互式的数据报表，可以快速汇总大量的数据，同时对汇总结果进行各种筛选以查看源数据的不同统计结果。下面为“员工绩效表.xlsx”工作簿创建数据透视表，其具体操作如下。

（1）打开“员工绩效表.xlsx”工作簿，选择 A2:G14 单元格区域，在【插入】/【表格】组中单击“数据透视表”按钮，打开“创建数据透视表”对话框。

（2）由于已经选定了数据区域，因此只需设置放置数据透视表的位置，这里单击选中“新工作表”单选按钮，单击 确定 按钮，如图 8-32 所示。

微课：创建并编辑数据透视表

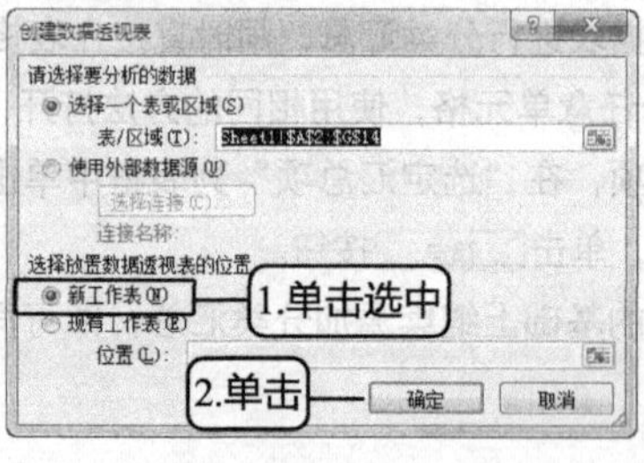

图 8-32　设置数据透视表的放置位置

（3）此时将新建一张工作表，并在其中显示空白数据透视表，右侧显示出“数据透视表字段列表”窗格。

（4）在“数据透视表字段列表”窗格中将“工种”字段拖动到“报表筛选”下拉列表框中，数据表中将自动添加筛选字段。然后用同样的方法将“姓名”和“编号”字段拖动到“报表筛选”下拉列表框中。

（5）使用同样的方法按顺序将“1月份~季度总产量”字段拖到“数值”下拉列表框中，如图8-33所示。

（6）在创建好的数据透视表中单击“工种”字段后的按钮，在打开的下拉列表框中选择“流水”选项，如图8-34所示，单击 确定 按钮，即可在表格中显示该工种下所有员工的汇总数据。

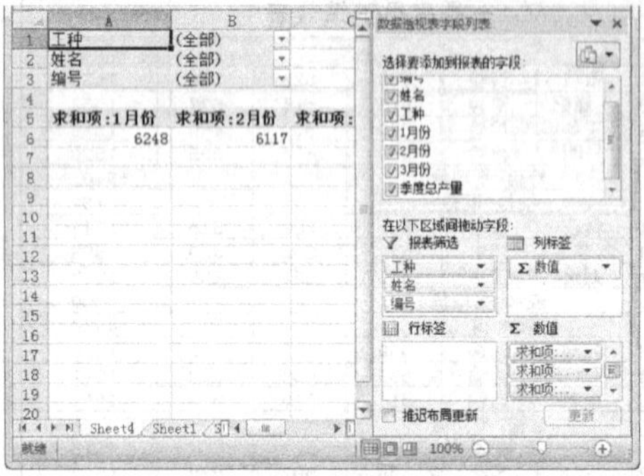

图 8-33　添加字段

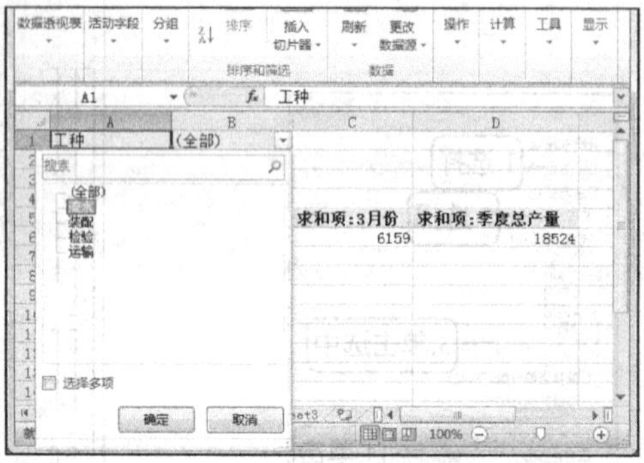

图 8-34　对汇总结果进行筛选

（五）创建数据透视图

微课：创建数据透视图

通过数据透视表分析数据后，为了直观地查看数据情况，还可以根据数据透视表进行制作数据透视图。下面根据“员工绩效表.xlsx”工作簿中的数据透视表创建数据透视图，其具体操作如下。

（1）在“员工绩效表.xlsx”工作簿中创建数据透视表后，在【数据透视表工具-选项】/【工具】组中单击“数据透视图”按钮，打开“插入图表”对话框。

（2）在左侧的列表中单击“柱形图”选项卡，在右侧列表框的“柱形图”栏中选择“三维簇状柱形图”选项，单击 确定 按钮，即可在数据透视表的工作表中添加数据透视图，如图8-35所示。

提示

数据透视图和数据透视表是相互联系的，即改变数据透视表，则数据透视图将发生相应的变化；反之若改变数据透视图，则数据透视表也发生相应变化。另外，数据透视表中的字段可拖动到 4 个区域，各区域作用介绍如下：报表筛选区域，作用类似于自动筛选，是所在数据透视表的条件区域，在该区域内的所有字段都将作为筛选数据区域内容的条件；行标签和列标签两个区域用于将数据横向或纵向显示，与分类汇总选项的分类字段作用相同；数值区域的内容主要是数据。

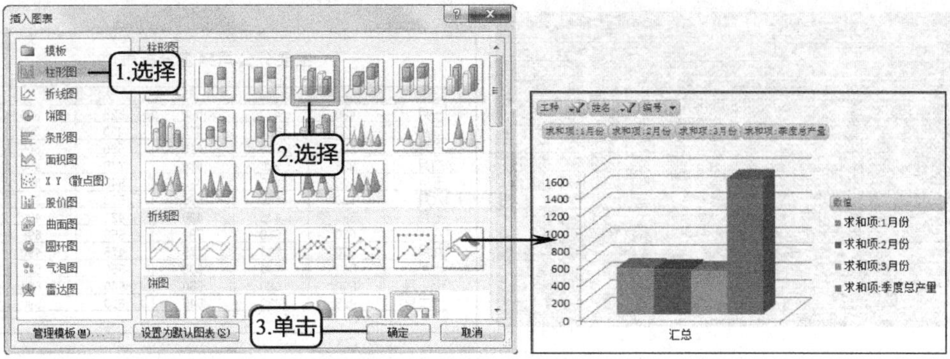

图 8-35 创建数据透视图

（3）在创建好的数据透视图中单击 姓名 按钮，在打开的下拉列表框中单击选中“全部”复选框，单击 确定 按钮，即可在数据透视图中看到所有流水工种员工的数据求和项，如图 8-36 所示。

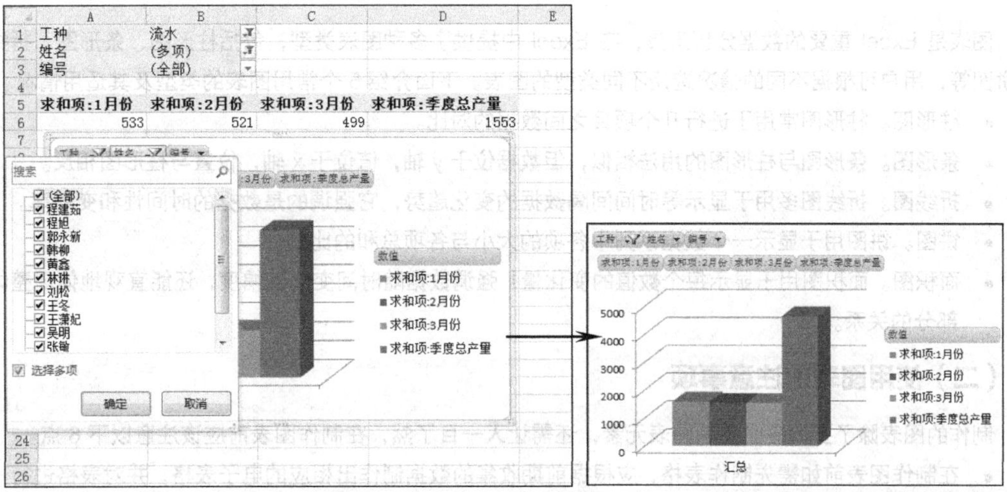

图 8-36 创建数据透视图

任务三 制作销售分析表

任务要求

年关将至，总经理需要在年终总结会议上指定来年的销售方案。因此，需要一份数据差异和走势明显，以及能够辅助预测发展趋势的电子表格，总经理让小夏在下周之前制作一份销售分析图表，制作完成后的效果如图 8-37 所示，相关操作如下。

- 打开已经创建并编辑好的素材表格，根据表格中的数据创建图表，并将其移动到新的工作表中。
- 对图表进行相应编辑，包括修改图表数据、更改图表类型、设置图表样式、调整图表布局、设置图表格式、调整图表对象的显示与分布和使用趋势线等。
- 为表格中的数据插入迷你图，并对其进行设置和美化。

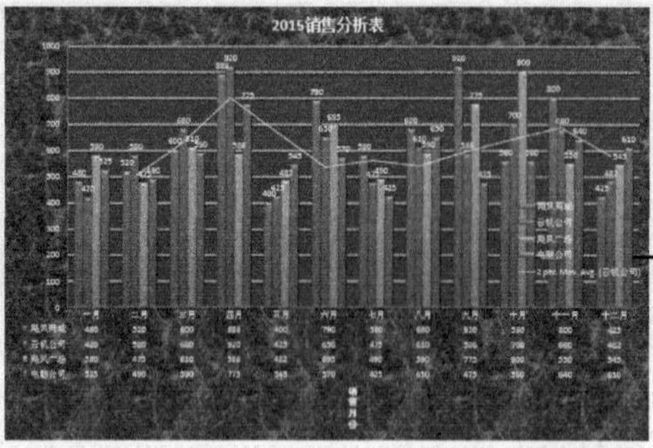

主要分公司销售分析表

单位：万元

列1	飓风商城	云帆公司	飓风广场	电脑公司	出版公司
一月	480	420	580	525	360
二月	520	580	475	490	380
三月	600	680	610	590	605
四月	888	920	586	775	490
五月	400	425	482	545	320
六月	790	650	695	570	340
七月	580	475	490	425	482
八月	680	610	590	650	695
九月	920	586	775	475	490
十月	560	700	900	560	685
十一月	800	680	550	640	694
十二月	425	482	545	610	590

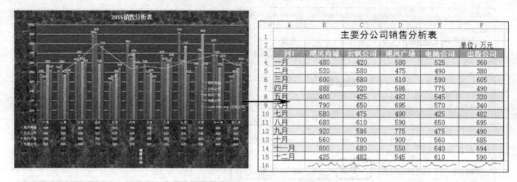

图 8-37 “销售分析表”工作簿最终效果

相关知识

（一）图表的类型

图表是 Excel 重要的数据分析工具，在 Excel 中提供了多种图表类型，包括柱形图、条形图、折线图和饼图等，用户可根据不同的情况选用不同类型的图表。下面介绍 5 个常用图表的类型及其适用情况。

- 柱形图。柱形图常用于进行几个项目之间数据的对比。
- 条形图。条形图与柱形图的用法相似，但数据位于 y 轴，值位于 x 轴，位置与柱形图相反。
- 折线图。折线图多用于显示等时间间隔数据的变化趋势，它强调的是数据的时间性和变动率。
- 饼图。饼图用于显示一个数据系列中各项的大小与各项总和的比例。
- 面积图。面积图用于显示每个数值的变化量，强调数据随时间变化的幅度，还能直观地体现整体和部分的关系。

（二）使用图表的注意事项

制作的图表除了要具备必要的图表元素，还需让人一目了然，在制作图表前应该注意以下 6 点。

- 在制作图表前如需先制作表格，应根据前期收集的数据制作出相应的电子表格，并对表格进行一定的美化。
- 根据表格中某些数据项或所有数据项创建相应形式的图表。选择电子表格中的数据时，可根据图表的需要视情况而定。
- 检查创建的图表中的数据有无遗漏，及时对数据进行添加或删除。然后对图表形状样式和布局等内容进行相应的设置，完成图表的创建与修改。
- 不同的图表类型能够进行的操作可能不同，如二维图表和三维图表就具有不同的格式设置。
- 图表中的数据较多时，应该尽量将所有数据都显示出来，所以一些非重点的部分，如图表标题、坐标轴标题和数据表格等都可以省略。
- 办公文件讲究简单明了，对于图表的格式和布局等，最好使用 Excel 自带的格式，除非有特定的要求，否则没有必要设置复杂的格式影响图表的阅读。

任务实现

（一）创建图表

图表可以将数据表以图例的方式展现出来。创建图表时，首先需要创建或打开数据表，然后根据数据表创建图表。下面为“销售分析表.xlsx”工作簿创建图表，其具体操作如下。

（1）打开“销售分析表.xlsx”工作簿，选择 A3:F15 单元格区域，在【插入】/【图表】组中单击“柱形图”按钮，在打开的下拉列表的“二维柱形图”栏中选择“簇状柱形图”选项。

（2）此时即可在当前工作表中创建一个柱形图，图表中显示了各公司每月的销售情况。将鼠标指针移动到图表中的某一系列，即可查看该系列对应的分公司在该月的销售数据，如图 8-38 所示。

微课：创建图表

提示

在 Excel 2010 中，如果不选择数据直接插入图表，则图表中将显示空白。这时可以在图表工具的【设计】/【数据】组中单击“选择数据”按钮，打开“选择数据源”对话框，在其中设置图表数据对应的单元格区域，即可在图表中添加数据。

（3）在【设计】/【位置】组中单击“移动图表”按钮，打开“移动图表”对话框，单击选中“新工作表”单选项，在后面的文本框中输入工作表的名称，这里输入“销售分析图表”，单击 确定 按钮。

（4）此时图表将移动到新工作表中，同时图表将自动调整为适合工作表区域的大小，如图 8-39 所示。

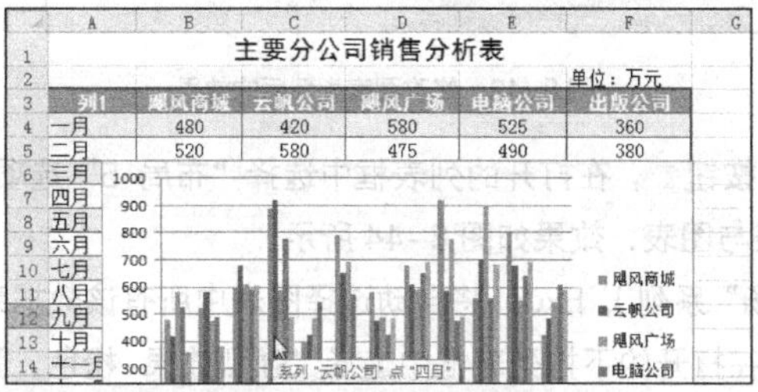

图 8-38　插入图表效果

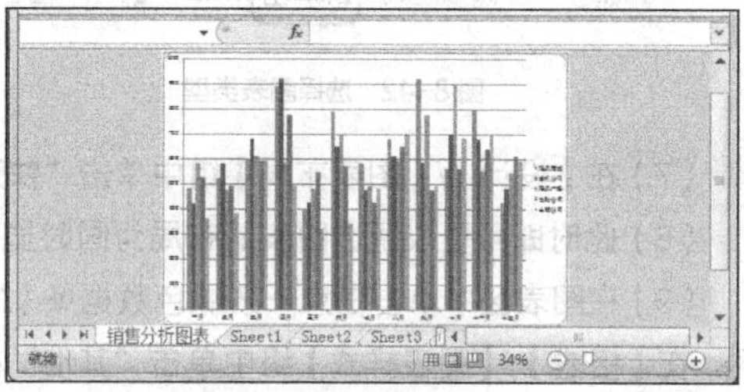

图 8-39　移动图表效果

（二）编辑图表

编辑图表包括修改图表数据、修改图表类型、设置图表样式、调整图表布局、设置图表格式、调整图表对象的显示以及分布和使用趋势线等操作，其具体操作如下。

（1）选择创建好的图表，在【数据透视图工具-设计】/【数据】组中单击“选择数据”按钮，打开“选择数据源”对话框，单击“图表数据区域”文本框右侧的按钮。

（2）对话框将折叠，在工作表中选择 A3:E15 单元格区域，单击按钮打开“选择数据源”对话框，在“图例项（系列）”和“水平（分类）轴标签”列表框中即可看到修改的数据区域，如图 8-40 所示。

微课：编辑图表

（3）单击 确定 按钮，返回图表，可以看到图表所显示的序列发生了变化，如图 8-41 所示。

（4）在【设计】/【类型】组中单击“更改图表类型”按钮，打开“更改图表类型”对话框，在左侧的列表框中单击“条形图”选项卡，在右侧列表框的“条形图”栏中选择“三维簇状条形图”选项，如图 8-42 所示，单击 确定 按钮。

（5）更改所选图表的类型与样式，更换后，图表中展现的数据并不会发生变化，如图 8-43 所示。

（6）在【设计】/【图表样式】组中单击“快速样式”按钮，在打开的下拉列表框中选择“样式 42”选项，此时即可更改所选图表样式。

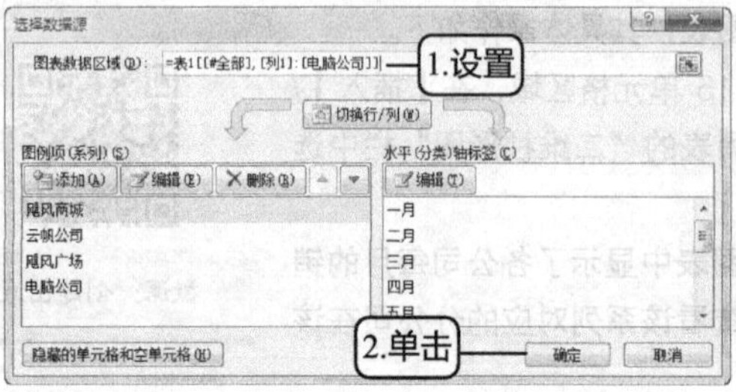

图 8-40　选择数据源

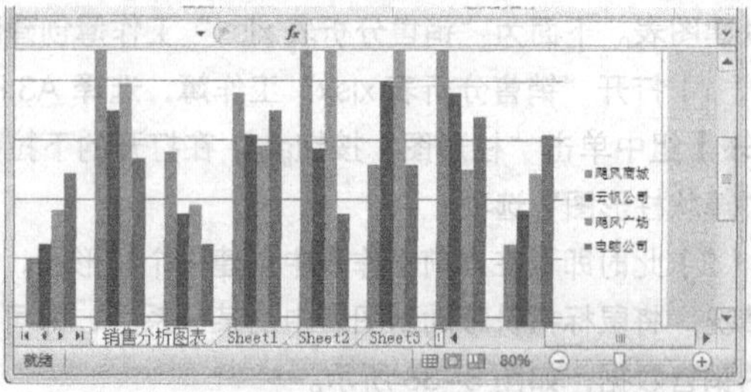

图 8-41　修改图表数据后的效果

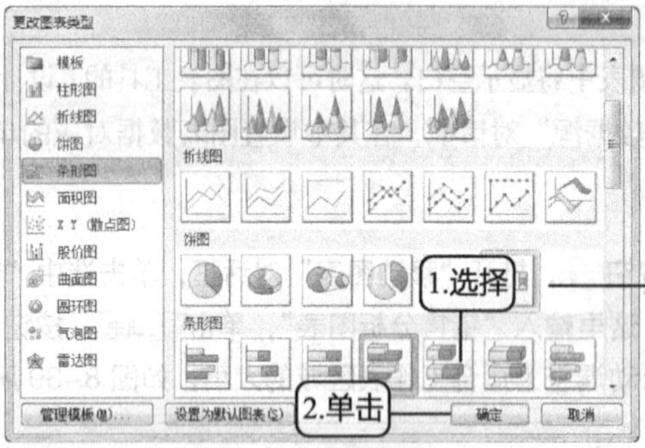

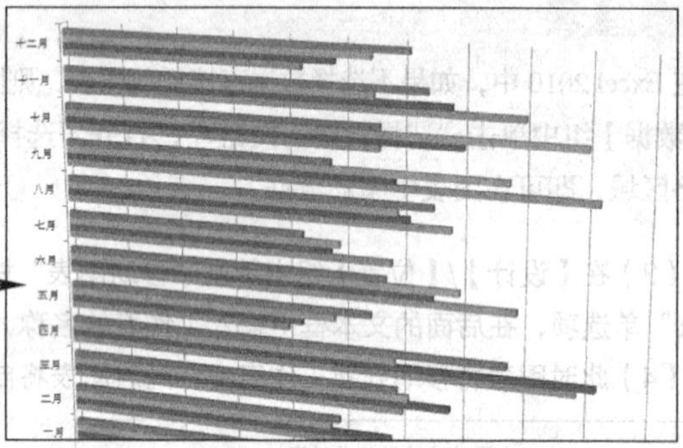

图 8-42　选择图表类型

图 8-43　修改图表类型后的效果

（7）在【设计】/【图表布局】组中单击“快速布局”按钮，在打开的列表框中选择“布局 5”选项。

（8）此时即可更改所选图表的布局为同时显示数据表与图表，效果如图 8-44 所示。

（9）在图表区中单击任意一条绿色数据条（“飓风广场”系列），Excel 将自动选择图表中所有该数据系列，在【格式】/【图表样式】组中单击“其他”按钮，在打开的下拉列表框中选择“强烈效果-橙色，强调颜色 6”选项，图表中该序列的样式亦随之变化。

（10）在【数据透视图工具-格式】/【当前所选内容】组中的下拉列表框中选择“水平（值）轴 主要网格线”选项，在【数据透视图工具-格式】/【形状样式】组的列表框中选择一种网格线的样式，这里选择“粗线-强调颜色 3”选项。

（11）在图表空白处单击选择整个图表，在【数据透视图工具-格式】/【形状样式】组中单击“形状填充”按钮，在打开的下拉列表中选择【纹理】/【绿色大理石】选项，完成图表样式的设置，效果如图 8-45 所示。

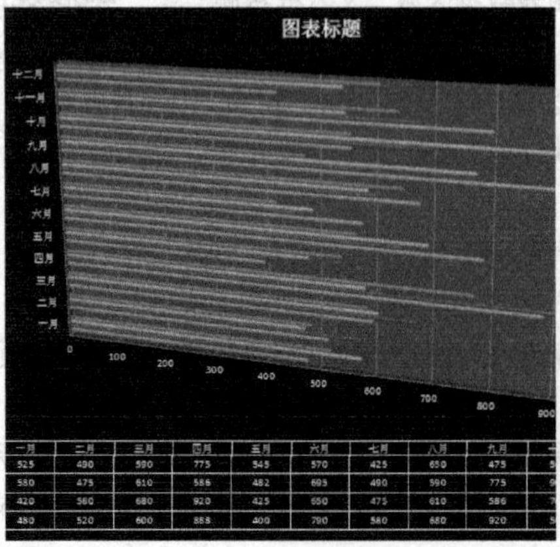

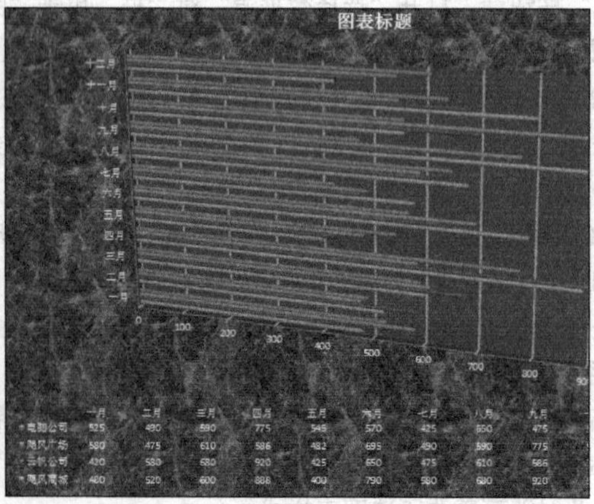

图 8-44　更改图表布局

图 8-45　设置图表格式

（12）在【数据透视图工具-布局】/【标签】组中单击“图表标题”按钮，在打开的下拉列表中选择“图表上方”选项，此时在图表上方显示图表标题文本框，单击后输入图表标题内容，这里输入“2015 销售分析表”。

（13）在【数据透视图工具-标签】/【标签】组中单击“坐标轴标题”按钮，在打开的下拉列表中选择【主要纵坐标轴标题】/【竖排标题】选项，如图 8-46 所示。

（14）在水平坐标轴下方显示出坐标轴标题框，单击后输入“销售月份”，在【数据透视图工具-标签】/【标签】组中单击“图例”按钮，在打开的下拉列表中选择“在右侧覆盖图例”选项，即可将图例显示在图表右侧并不改变图表的大小，如图 8-47 所示。

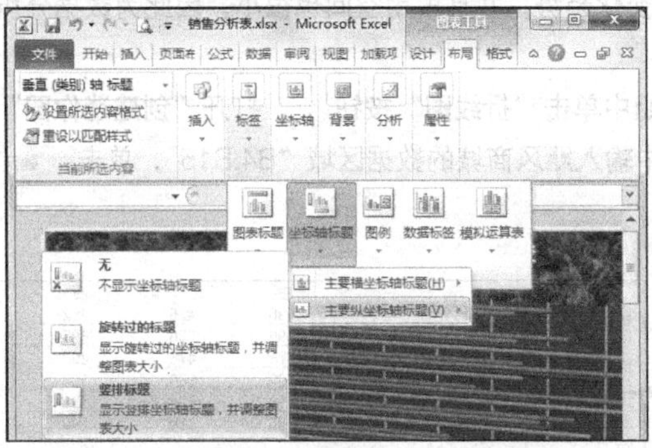

图 8-46　选择坐标轴标题的显示位置

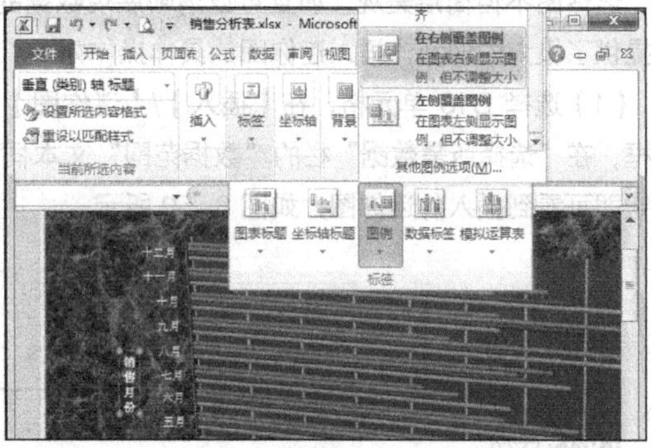

图 8-47　设置图例的显示位置

（15）在【数据透视图工具-标签】/【标签】组中单击“数据标签”按钮，在打开的下拉列表中选择“显示”选项，即可在图表的数据序列上显示数据标签。

微课：使用趋势线

（三）使用趋势线

趋势线用于对图表数据的分布与规律进行标识，从而使用户能够直观地了解数据的变化趋势，或对数据进行预测分析。下面为“销售分析表.xlsx”工作簿中的图表添加趋势线，其具体操作如下。

（1）在【设计】/【类型】组中单击“更改图表类型”按钮，打开“更改图表类型”对话框，在左侧的列表框中单击“柱形图”选项卡，在右侧列表框的“柱形图”栏中选择“簇状柱形图”选项，单击 确定 按钮，如图 8-48 所示。

（2）在图表中单击需要设置趋势线的数据系列，这里单击“云帆公司”系列；在【数据透视图工具-布局】/【分析】组中单击“趋势线”按钮，在打开的下拉列表中选择“双周期移动平均”选项，此时即可为图表中的“云帆公司”数据系列添加趋势线，右侧图例下方将显示出趋势线信息，效果如图 8-49 所示。

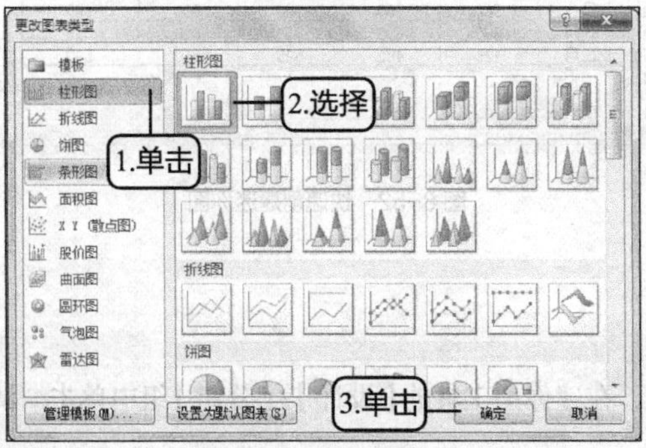

图 8-48　更改图表类型

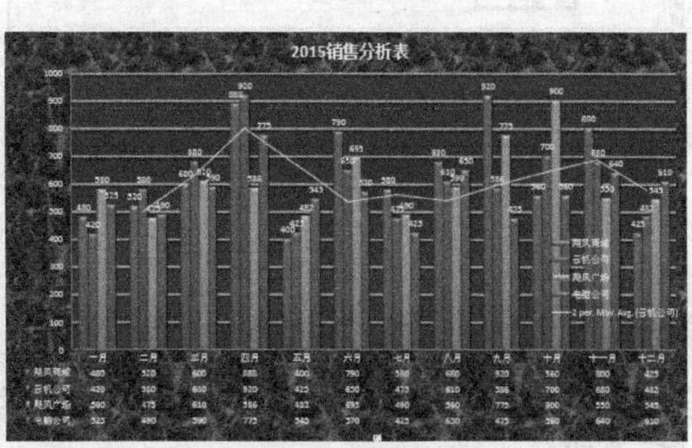

图 8-49　添加趋势线

提示

这里再次对图表类型进行了更改，是因为更改前的图表类型不支持设置趋势线。要查看图表是否支持趋势线，只需单击图表，在【数据透视图工具-布局】/【分析】组中查看“趋势线”按钮是否可用。

（四）插入迷你图

迷你图不但简洁美观，而且可以清晰展现数据的变化趋势，并且占用空间也很小，因此为数据分析工作提供了极大的便利，插入迷你图的具体操作如下。

（1）选择 B16 单元格，在【插入】/【迷你图】组中单击“折线图”按钮，打开“创建迷你图”对话框，在“选择所需数据”栏的“数据范围”文本框中输入飓风商城的数据区域“B4:B15”，单击 确定 按钮即可看到插入的迷你图，如图 8-50 所示。

微课：插入迷你图

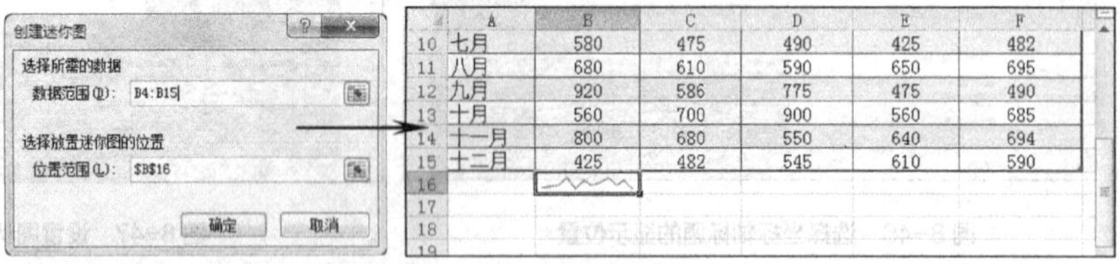

图 8-50 创建迷你图

（2）选择 B16 单元格，在【迷你图工具-设计】/【显示】组中单击选中“高点”和“低点”复选框，在“样式”组中单击“标记颜色”按钮，在打开的下拉列表中选择【高点】/【红色】选项，如图 8-51 所示。

（3）用同样的方法将低点设置为“绿色”，拖动单元格控制柄为其他数据序列快速创建迷你图，如图 8-52 所示。

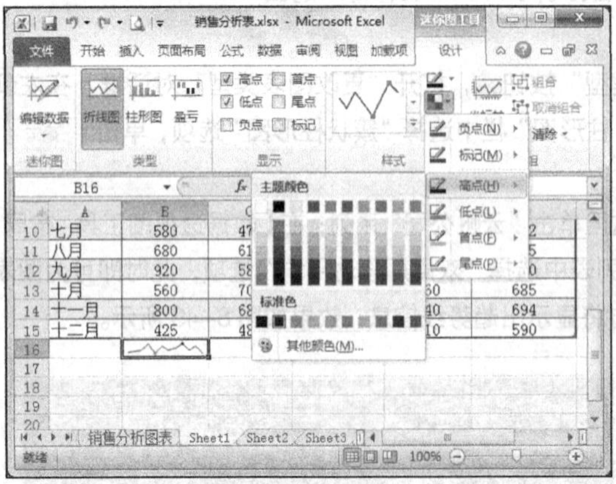

图 8-51 设置高点和低点

图 8-52 快速创建迷你图

提示

迷你图无法使用【Delete】键删除，正确的删除方法是：在迷你图工具的【设计】/【分组】组中单击“清除”按钮。

项目九
制作幻灯片

PowerPoint 作为 Office 的三大核心组件之一，主要用于幻灯片的制作与播放，该软件出现在各种需要演讲、演示的场合。它以简单的操作，帮助用户快速制作出图文并茂、富有感染力的演示文稿，并且还可通过图示、视频和动画等多媒体形式表现复杂的内容，以帮助听众理解。本项目将通过两个典型任务，介绍 PowerPoint 演示文稿的基本操作，包括文件操作、文本输入与美化以及插入图片、图示、艺术字、表格和视频等演示文稿具体的操作方法。

课堂学习目标

- 制作工作总结演示文稿
- 编辑产品上市策划演示文稿

任务一 制作工作总结演示文稿

任务要求

王林大学毕业后应聘到一家公司工作，年底各部门要求员工结合自己的工作情况写一份工作总结，并且在年终总结会议上进行演说。王林已经掌握了 Office 软件的基本操作，他知道用 PowerPoint 来完成这个任务是非常合适的。作为 PowerPoint 的新手，王林希望在简单操作的情况下实现演示文稿的效果。图 9-1 所示为制作完成后的“工作总结”演示文稿效果，具体要求如下。

- 启动 PowerPoint 2010，新建一个以“聚合”为主题的演示文稿，然后以“工作总结.pptx”为名保存在桌面上。
- 在标题幻灯片中输入演示文稿的标题和副标题。
- 新建一张“内容与标题”版式的幻灯片，作为演示文稿的目录，再在占位符中输入文本。
- 新建一张“标题和内容”版式的幻灯片，在占位符中输入文本后，添加一个文本框，再在文本框中输入文本。
- 新建 8 张“标题和内容”版式幻灯片，然后分别在其中输入需要的内容。
- 复制第 1 张幻灯片到最后，然后调整第 4 张幻灯片的位置到第 6 张幻灯片后面。
- 在第 10 张幻灯片中移动文本的位置。
- 在第 10 张幻灯片中复制文本，再对复制后的文本进行修改。
- 在第 12 张幻灯片中修改标题文本，删除副标题文本。

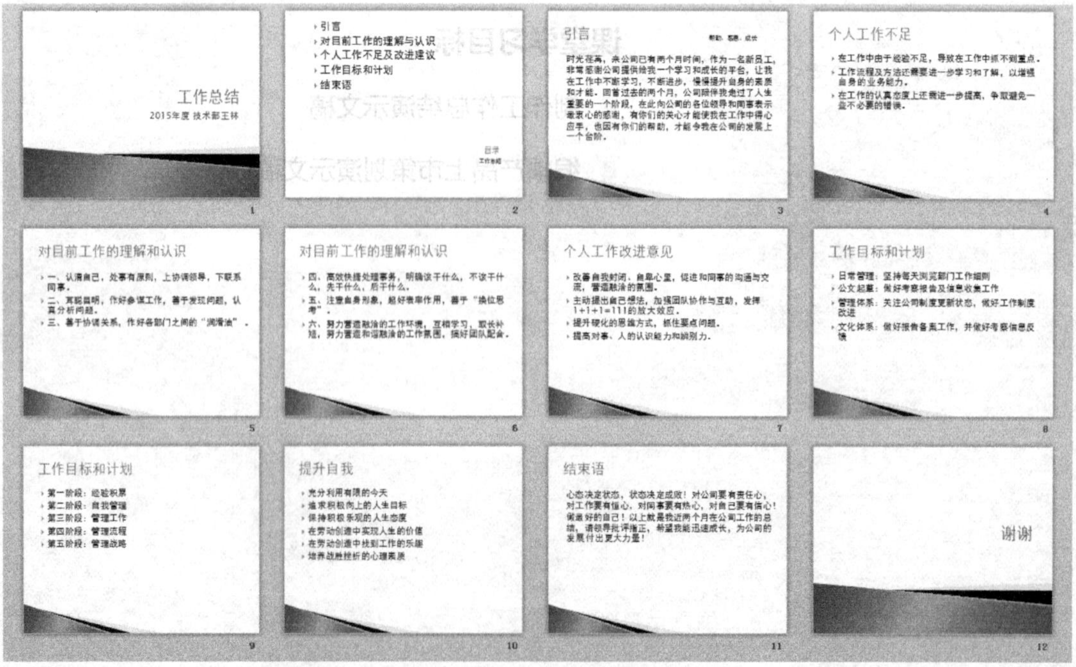

图 9-1 “工作总结”演示文稿

相关知识

（一）熟悉 PowerPoint 2010 工作界面

选择【开始】/【所有程序】/【Microsoft Office】/【Microsoft PowerPoint 2010】命令，或双击计算机磁盘中保存的 PowerPoint 2010 演示文稿（其扩展名为.pptx）即可启动 PowerPoint 2010，并打开 PowerPoint 2010 工作界面，如图 9-2 所示。

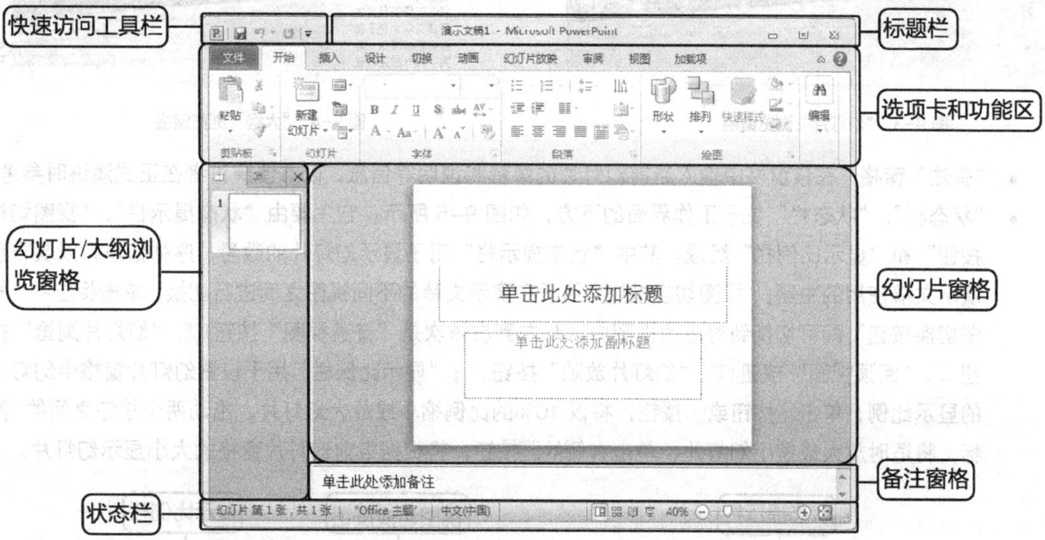

图 9-2　PowerPoint 2010 工作界面

提 示

以双击演示文稿的形式启动 PowerPoint 2010，将在启动的同时打开该演示文稿；以选择命令的方式启动 PowerPoint 2010，将在启动的同时自动生成一个名为“演示文稿 1”的空白演示文稿。Microsoft Office 的几个软件启动方法类似，用户可触类旁通。

从图 9-2 可以看出 PowerPoint 2010 的工作界面与 Word 2010 和 Excel 2010 的工作界面基本类似，其中快速访问工具栏、标题栏、选项卡和功能区等的结构及作用也是基本相同（选项卡的名称以及功能区的按钮会因为软件的不同而不同），下面将对 PowerPoint 2010 特有部分的作用进行介绍。

- “幻灯片”窗格。“幻灯片”窗格位于演示文稿编辑区的右侧，用于显示和编辑幻灯片的内容，其功能与 Word 的文档编辑区类似。
- “幻灯片/大纲”浏览窗格。“幻灯片/大纲”浏览窗格位于演示文稿编辑区的左侧，其上方有两个选项卡，单击不同的选项卡，可在“幻灯片”浏览窗格和“大纲”浏览窗格两个窗格之间切换。其中在“幻灯片”浏览窗格中将显示当前演示文稿所有幻灯片的缩略图，单击某个幻灯片缩略图，将在右侧的“幻灯片”窗格中显示该幻灯片的内容，如图 9-3 所示，在“大纲”浏览窗格中可以显示当前演示文稿中所有幻灯片的标题与正文内容，用户在“大纲”浏览窗格或“幻灯片“窗格中编辑文本内容时，将同步在另一个窗格中发生变化，如图 9-4 所示。

图 9-3 “幻灯片”浏览窗格

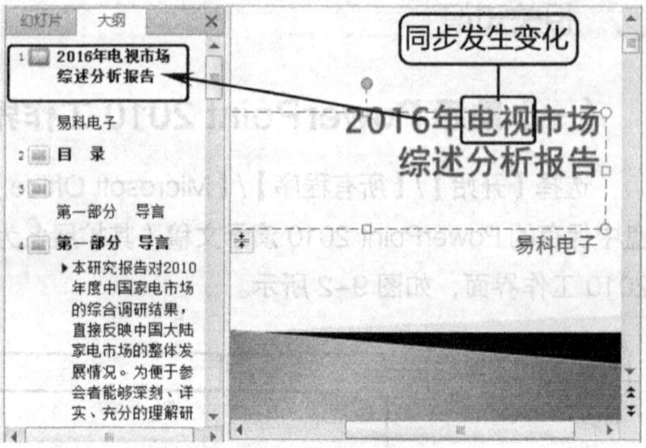

图 9-4 “大纲”浏览窗格

- “备注”窗格。在该窗格中输入当前幻灯片的解释和说明等信息，以方便演讲者在正式演讲时参考。
- “状态栏”。“状态栏”位于工作界面的下方，如图 9-5 所示，它主要由“状态提示栏”、“视图切换按钮”和“显示比例栏”组成。其中“状态提示栏”用于显示幻灯片的数量、序列信息，以及当前演示文稿使用的主题；“视图切换按钮”用于在演示文稿的不同视图之间进行切换，单击相应的“视图切换按钮”即可切换到对应的视图中，从左到右依次是“普通视图”按钮、“幻灯片浏览”按钮、“阅读视图”按钮、“幻灯片放映”按钮；“显示比例栏”用于设置幻灯片窗格中幻灯片的显示比例，单击按钮或按钮，将以 10%的比例缩小或放大幻灯片，拖动两个按钮之间的图标，将适时放大或缩小幻灯片，单击右侧的按钮，将根据当前幻灯片窗格的大小显示幻灯片。

图 9-5 “状态栏”组成图

（二）认识演示文稿与幻灯片

演示文稿和幻灯片是相辅相成的两个部分，演示文稿由幻灯片组成，两者是包含与被包含的关系，每张幻灯片又有自己独立表达的主题，是构成演示文稿的每一页。

演示文稿由“演示”和“文稿”两个词语组成，这说明它是用于演示某种效果而制作的文档，主要用于会议、产品展示和教学课件等领域。

（三）认识 PowerPoint 视图

PowerPoint 2010 提供了 5 种视图模式：普通视图、幻灯片浏览视图、幻灯片放映视图、阅读视图、备注页视图，在工作界面下方的“状态栏”中单击相应的视图切换按钮或在【视图】/【演示文稿视图】组中单击相应的视图切换按钮都可进行切换。各种视图的功能介绍分别如下。

- 普通视图。单击该按钮可切换至普通视图，此视图模式下可对幻灯片整体结构和单张幻灯片进行编辑，这种视图模式也是 PowerPoint 默认的视图模式。
- 幻灯片浏览视图。单击该按钮可切换至幻灯片浏览视图，在该视图模式下不能对幻灯片进行编辑，但可同时预览多张幻灯片中的内容。
- 幻灯片放映视图。单击该按钮可切换至幻灯片放映视图，此时幻灯片将按设定的效果放映。
- 阅读视图。单击该按钮可切换至阅读视图，在阅读视图中可以查看演示文稿的放映效果，预览演示文稿中设置的动画和声音，并观察每张幻灯片的切换效果，它将以全屏动态方式显示每张幻灯片的效果。

- 备注页视图。备注页视图是将备注窗格以整页格式进行显示，制作者可以方便地在其中编辑备注内容。

提示

在工作界面下方的状态栏中无法切换到“备注页视图”，在“演示文稿视图”功能区中无法切换到“幻灯片放映视图”。除了这几种视图之外，还有母版视图，母版视图的应用将在第10章中详细讲解。

（四）演示文稿的基本操作

启动 PowerPoint 2010 后，就可以对 PowerPoint 文件（即演示文稿）进行操作了，由于 Office 软件的共通性，因此，演示文稿的操作与 Word 文档的操作也有一定的相似之处。

1. 新建演示文稿

启动 PowerPoint 2010 后，选择【文件】/【新建】命令，将在工作界面右侧显示所有与演示文稿新建相关的选项，如图 9-6 所示。

图 9-6　新建相关的选项

在工作界面右侧的“可用的模板和主题”栏和“Office.com 模板”栏中可选择不同的演示文稿的新建模式，选择一种需要新建的演示文稿类型后，单击右侧的“创建”按钮，可新建该演示文稿。

下面分别介绍工作界面右侧各选项的作用。

- 空白演示文稿。选择该选项后，将新建一个没有内容，只有一张标题幻灯片的演示文稿。此外，启动 PowerPoint 2010 后，系统会自动新建一个空白演示文稿，或在 PowerPoint 2010 界面按【Ctrl+N】组合键快速新建一个空白演示文稿。
- 最近打开的模板。选择该选项后，将在打开的窗格中显示用户最近使用过的演示文稿模板，选择其中的一个，将以该模板为基础新建一个演示文稿。
- 样本模板。选择该选项后，将在右侧显示 PowerPoint 2010 提供的所有样本模板，选择一个后单击“创建”按钮，将新建一个以选择的样式模板为基础的演示文稿。此时演示文稿中已有多张幻灯片，并有设计的背景、文本等内容。可方便用户依据该样本模板，快速制作出类似的演示文稿效果，如图 9-7 所示。

- 主题。选择该选项后，将在右侧显示提供的主题选项，用户可选择其中的一个选项进行演示文稿的新建。通过“主题”新建的演示文稿只有一张标题幻灯片，但其中已有设置好的背景及文本效果，因此，同样可以简化用户的设置操作。
- 我的模板。选择该选项后，将打开“新建演示文稿”对话框，在其中选择用户以前保存为 PowerPoint 模板文件的选项（关于保存为 PowerPoint 模板文件的方法将在后面详细讲解），单击 确定 按钮，完成演示文稿的新建，如图 9-8 所示。
- 根据现有内容新建。选择该选项后，将打开 “根据现有演示文稿新建”对话框，选择以前保存在计算机磁盘中的任意一个演示文稿，单击 新建(C) 按钮，将打开该演示文稿，用户可在此基础上修改制作成自己的演示文稿效果。
- “Office.com 模板”栏。该栏下列出了多个文件夹，每个文件夹是一类模板，选择一个文件夹，将显示该文件夹下的 Office 网站上提供的所有该类演示文稿模板，选择一个需要的模板类型后，单击“下载”按钮，将自动下载该模板，然后以该模板为基础新建一个演示文稿。需要注意的是要使用“Office.com 模板”栏中的功能需要计算机连接网络后才能实现，否则无法下载模板并进行演示文稿新建。

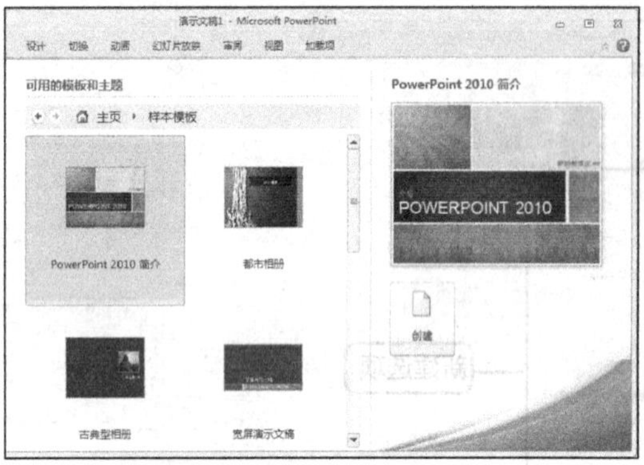

图 9-7　样本模板

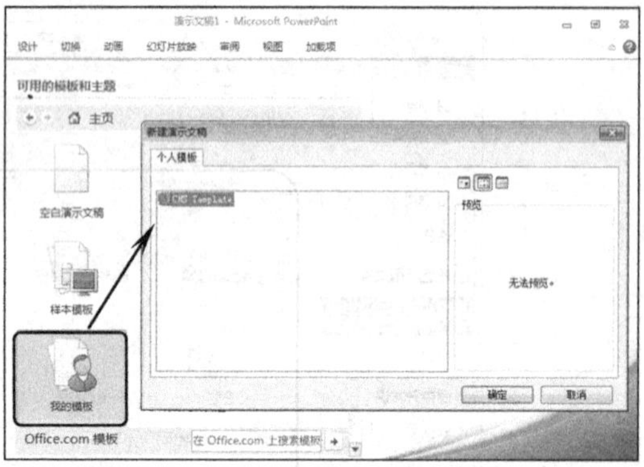

图 9-8　我的模板

2. 打开演示文稿

当需要对已有的演示文稿进行编辑、查看或放映时，需将其打开。打开演示文稿的方式有多种，如果未启动 PowerPoint 2010，可直接双击需打开的演示文稿的图标；在启动 PowerPoint 2010 后，可分为以下 4 种情况来打开演示文稿。

- 打开演示文稿的一般方法。启动 PowerPoint 2010 后，选择【文件】/【打开】命令或按【Ctrl+O】组合键，打开“打开”对话框，在其中选择需要打开的演示文稿，单击 打开(O) 按钮，即可打开选择的演示文稿。
- 打开最近使用的演示文稿。PowerPoint 2010 提供了记录最近打开演示文稿保存路径的功能，如果想打开刚关闭的演示文稿，可选择【文件】/【最近所用文件】命令，在打开的页面中将显示最近使用的演示文稿名称和保存路径，然后选择需打开的演示文稿即可将其打开。
- 以只读方式打开演示文稿。以只读方式打开的演示文稿只能进行浏览，不能更改演示文稿中的内容。其打开方法是：选择【文件】/【打开】命令，打开“打开”对话框，在其中选择需要打开的演示文稿，单击 打开(O) 按钮右侧的下拉按钮，在打开的下拉列表中选择“以只读方式打开”选项，如图 9-9 所示。此时，打开的演示文稿“标题”栏中将显示“只读”字样。

- 以副本方式打开演示文稿。以副本方式打开演示文稿是指将演示文稿作为副本打开，对演示文稿进行编辑时不会影响源文件的效果。其打开方法和以只读方式打开演示文稿方法类似，在打开的“打开”对话框中选择需打开的演示文稿后，单击打开(O)按钮右侧的下拉按钮，在打开的下拉列表中选择“以副本方式打开”选项，在打开的演示文稿“标题”栏中将显示“副本”字样。

图 9-9 以只读方式打开

提 示

在“打开”对话框中按住【Ctrl】键的同时选择多个演示文稿选项，单击打开(O)按钮，可一次性打开多个演示文稿。【文件】/【最近所用文件】命令可用于寻找最近编辑过且忘记保存路径的演示文稿。此操作 Word 和 Excel 同样适用。

3. 保存演示文稿

制作好的演示文稿应及时保存在计算机中，同时用户应根据需要选择不同的保存方式，以满足实际的需求。保存演示文稿的方法有很多，下面将分别进行介绍。

- 直接保存演示文稿。直接保存演示文稿是最常用的保存方法，其方法是：选择【文件】/【保存】命令或单击快速访问工具栏中的“保存”按钮，打开“另存为”对话框，选择保存位置并输入文件名后，单击保存(S)按钮。当执行过一次保存操作后，再次选择【文件】/【保存】命令或单击“保存”按钮，可将两次保存操作之间所编辑的内容再次进行保存。
- 另存为演示文稿。若不想改变原有演示文稿中的内容，可通过“另存为”命令将演示文稿保存在其他位置或更改其名称。选择【文件】/【另存为】命令，打开“另存为”对话框，重新设置保存的位置或文件名，单击保存(S)按钮，如图 9-10 所示。
- 将演示文稿保存为模板。将制作好的演示文稿保存为模板，可提高制作同类演示文稿的速度。选择【文件】/【保存】命令，打开“另存为”对话框，在“保存类型”下拉列表框中选择“PowerPoint 模板”选项，单击保存(S)按钮。
- 保存为低版本演示文稿。如果希望保存的演示文稿可以在 PowerPoint 97 或 PowerPoint 2003 软件中打开或编辑，应将其保存为低版本。在“另存为”对话框的“保存类型”下拉列表中选择“PowerPoint 97－2003 演示文稿”选项，其余操作与直接保存演示文稿操作相同。

- 自动保存演示文稿。在制作演示文稿的过程中，为了减少因忘记及时存储演示文稿，而导致的不必要的损失，可设置演示文稿定时保存，即到达指定时间后，无需用户执行保存操作，系统将自动对其进行保存。选择【文件】/【选项】命令，打开“PowerPoint 选项”对话框，单击“保存”选项卡，在“保存演示文稿”栏中单击选中两个复选框，然后在“保存自动恢复信息时间间隔”复选框后面的数值框中输入自动保存的时间间隔，在“自动恢复文件位置”文本框中输入文件未保存就关闭时的临时保存位置，单击 确定 按钮，如图 9-11 所示。

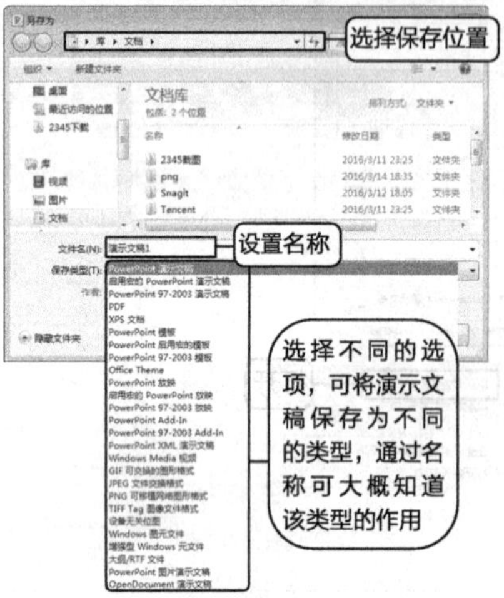

图 9-10 “另存为”对话框

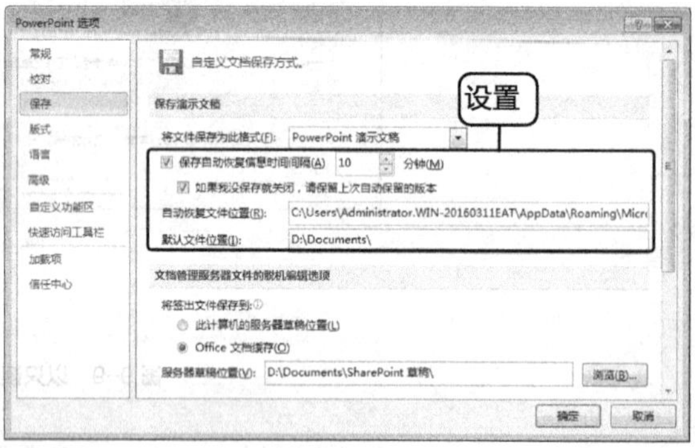

图 9-11 自动保存演示文稿

4. 关闭演示文稿

完成演示文稿的编辑或结束放映操作后，若不再需要对演示文稿进行其他操作，可将其关闭。关闭演示文稿的常用方法有以下 3 种。

- 通过单击按钮关闭。单击 PowerPoint 2010 工作界面标题栏右上角的按钮，关闭演示文稿并退出 PowerPoint 程序。
- 通过快捷菜单关闭。在 PowerPoint 2010 工作界面标题栏上单击鼠标右键，在弹出的快捷菜单中选择“关闭”命令。
- 通过命令关闭。选择【文件】/【关闭】命令，关闭当前演示文稿。

（五）幻灯片的基本操作

幻灯片是演示文稿的组成部分，一个演示文稿一般都由多张幻灯片组成，所以操作幻灯片就成了在 PowerPoint 2010 中编辑演示文稿最主要的操作之一。

1. 新建幻灯片

创建的空白演示文稿默认只有一张幻灯片，当一张幻灯片编辑完成后，就需要新建其他幻灯片。用户可以根据需要在演示文稿的任意位置新建幻灯片。常用的新建幻灯片的方法主要有如下 3 种。

- 通过快捷菜单新建。在工作界面左侧的“幻灯片”浏览窗格中在需要新建幻灯片的位置处单击鼠标右键，在弹出的快捷菜单中选择“新建幻灯片”命令。
- 通过选项卡新建。版式用于定义幻灯片中内容的显示位置，用户可根据需要向里面放置文本、图片以及表格等内容。选择【开始】/【幻灯片】组，单击“新建幻灯片”按钮下方的下拉按

钮 -，在打开的下拉列表框中选择新建幻灯片的版式，将新建一张带有版式的幻灯片，如图 9-12 所示。

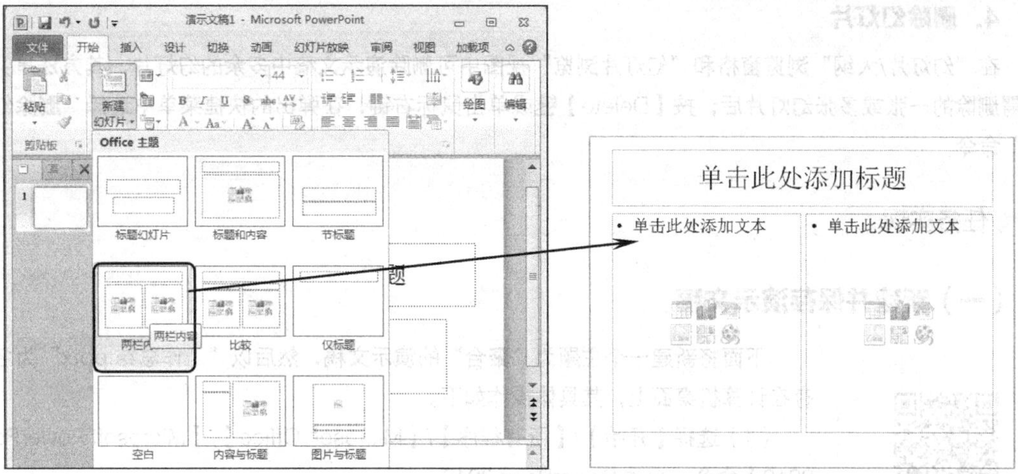

图 9-12　选择幻灯片版式

- 通过快捷键新建。在幻灯片窗格中，选择任意一张幻灯片的缩略图，按【Enter】键，将在选择的幻灯片后新建一张与所选幻灯片版式相同的幻灯片。

2. 选择幻灯片

先选择后操作是计算机操作的默认规律，在 PowerPoint 2010 中也不例外，要操作幻灯片，必须要先进行选择操作。需要选择的幻灯片的张数不同，其方法也有所区别，主要有以下 4 种。

- 选择单张幻灯片。在“幻灯片/大纲”浏览窗格或“幻灯片浏览”视图中单击幻灯片缩略图，可选择该幻灯片。
- 选择多张相邻的幻灯片。在“大纲/幻灯片”浏览窗格或“幻灯片浏览”视图中，单击要连续选择的第 1 张幻灯片，按住【Shift】键不放，再单击需选择的最后一张幻灯片，释放【Shift】键后，两张幻灯片之间的所有幻灯片均被选择。
- 选择多张不相邻的幻灯片。在“大纲/幻灯片”浏览窗格或“幻灯片浏览”视图中，单击要选择的第 1 张幻灯片，按住【Ctrl】键不放，再依次单击需选择的幻灯片。
- 选择全部幻灯片。在“大纲/幻灯片”浏览窗格或“幻灯片浏览”视图中，按【Ctrl+A】组合键，选择当前演示文稿中所有的幻灯片。

3. 移动和复制幻灯片

在制作演示文稿的过程中，可能需要对各幻灯片的顺序进行调整，或者需要在某张已完成的幻灯片上修改信息，将其制作成新的幻灯片，此时就需要移动和复制幻灯片，其方法分别如下。

- 通过拖动鼠标移动或复制。选择需移动的幻灯片，按住鼠标左键不放拖动到目标位置后释放鼠标可完成移动操作；选择幻灯片后，按住【Ctrl】键的同时拖动到目标位置可实现幻灯片的复制。
- 通过菜单命令移动或复制。选择需移动或复制的幻灯片，在其上单击鼠标右键，在弹出的快捷菜单中选择“剪切”或“复制”命令。将鼠标定位到目标位置，单击鼠标右键，在弹出的快捷菜单中选择“粘贴”命令，完成幻灯片的移动或复制。直接选择“复制幻灯片”命令，可将当前选中的幻灯片复制，并自动粘贴在该幻灯片的后面。

- 通过快捷键移动或复制。选择需移动或复制的幻灯片，按【Ctrl+X】组合键（移动）或【Ctrl+C】组合键（复制），然后在目标位置按【Ctrl+V】组合键（粘贴），完成移动或复制操作。

4. 删除幻灯片

在“幻灯片/大纲”浏览窗格和“幻灯片浏览”视图中可删除演示文稿中多余的幻灯片，其方法是：选择需删除的一张或多张幻灯片后，按【Delete】键或单击鼠标右键，在弹出的快捷菜单中选择“删除幻灯片”命令。

任务实现

（一）新建并保存演示文稿

微课：新建并保存演示文稿

下面将新建一个主题为“聚合”的演示文稿，然后以“工作总结.pptx”为名保存在计算机桌面上，其具体操作如下。

（1）选择【开始】/【所有程序】/【Microsoft Office】/【Microsoft PowerPoint 2010】命令，启动 PowerPoint 2010。

（2）选择【文件】/【新建】命令，在“可用的模板和主题”栏中选择“聚合”选项，单击右侧的“创建”按钮，如图 9-13 所示。

（3）在快速访问工具栏中单击“保存”按钮，打开“另存为”对话框，在“地址栏”下拉列表中选择“桌面”选项，在“文件名”文本框中输入“工作总结”，在“保存类型”下拉列表框中选择“PowerPoint 演示文稿”选项，单击 保存(S) 按钮，如图 9-14 所示。

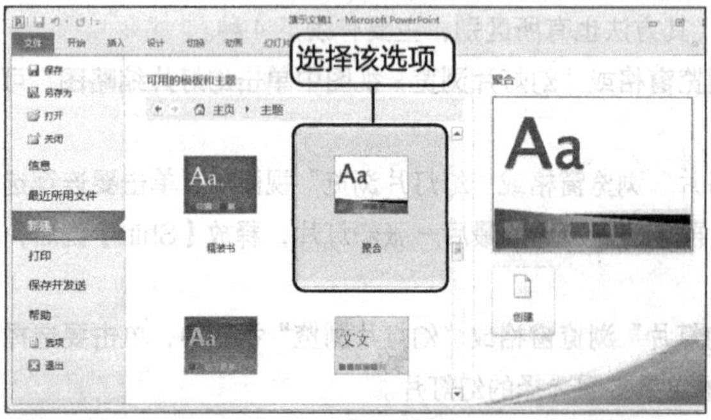

图 9-13　选择主题

图 9-14　设置保存参数

（二）新建幻灯片并输入文本

微课：新建幻灯片并输入文本

下面将制作前两张幻灯片，首先在标题幻灯片中输入主标题和副标题文本，然后新建第 2 张幻灯片，其版式为“内容与标题”，再在各占位符中输入演示文稿的目录内容，其具体操作如下。

（1）新建的演示文稿有一张标题幻灯片，在“单击此处添加标题”占位符中单击，其中的文字将自动消失，切换到中文输入法输入“工作总结”。

（2）在副标题占位符中单击，然后输入“2015 年度 技术部王林”，如图 9-15 所示。

（3）在“幻灯片”浏览窗格中将鼠标光标定位到标题幻灯片后，选择【开始】/【幻灯片】组，单击“新建幻灯片”按钮下方的下拉按钮，在打开的下拉列表中选择“内容与标题”选项，如图 9-16 所示。

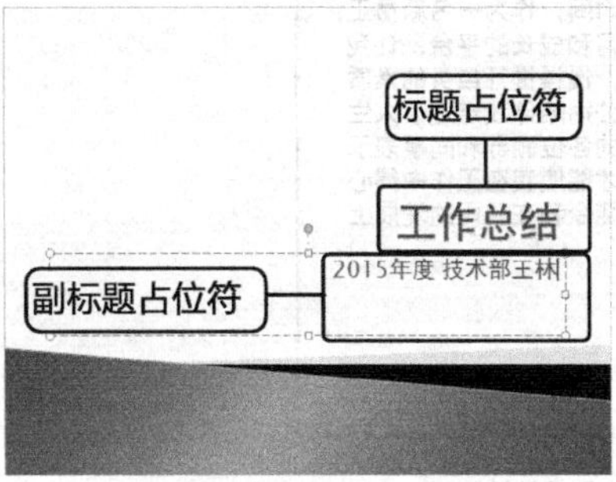

图 9-15　制作标题幻灯片

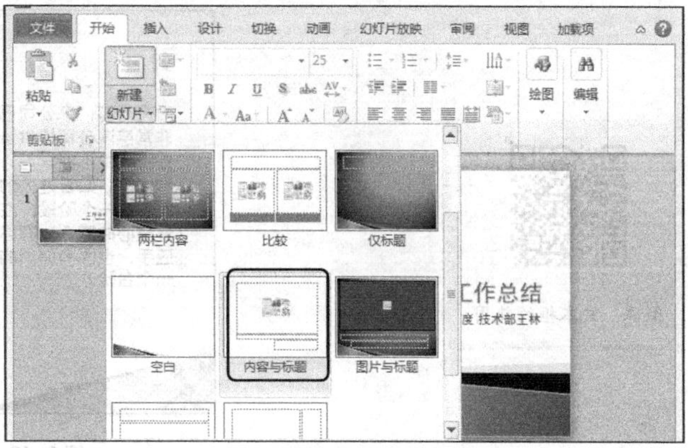

图 9-16　选择幻灯片版式

（4）在标题幻灯片后新建一张“内容与标题”版式的幻灯片，如图 9-17 所示。然后在各占位符中输入图 9-18 所示的文本，在上方的内容占位符中输入文本时，系统默认在文本前添加项目符号，用户无需手动完成，按【Enter】键对文本进行分段，完成第 2 张幻灯片的制作。

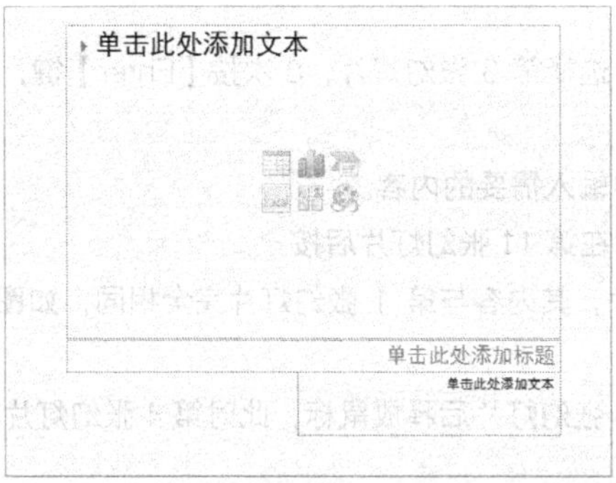

图 9-17　新建的幻灯片版式

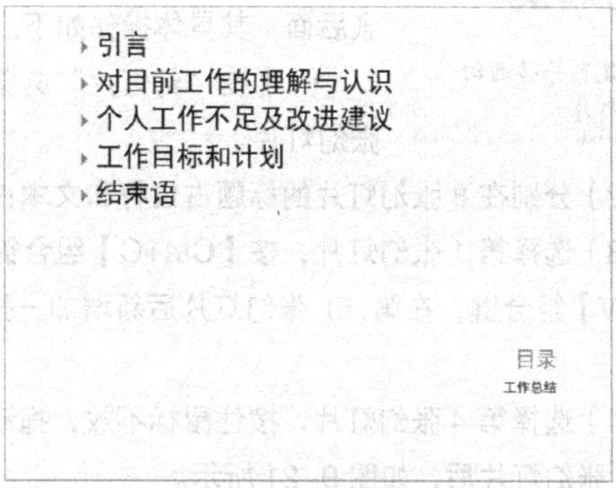

图 9-18　输入文本

（三）文本框的使用

下面将制作第 3 张幻灯片，首先新建一张版式为“标题和内容”的幻灯片，然后在占位符中输入内容，并删除文本占位符前的项目符号，再在幻灯片右上角插入一个横排文本框，在其中输入文本内容，其具体操作如下。

（1）在“幻灯片”浏览窗格中将鼠标光标定位到第 2 张幻灯片后，选择【开始】/【幻灯片】组，单击“新建幻灯片”按钮下方的下拉按钮，在打开的下拉列表中选择“标题和内容”选项，新建一张幻灯片。

（2）在标题占位符中输入文本“引言”，将鼠标光标定位到文本占位符中，按【Backspace】键，删除文本插入点前的项目符号。

（3）输入引言下的所有文本。

（4）选择【插入】/【文本】组，单击“文本框”按钮下方的下拉按钮，在打开的下拉列表中选择“横排文本框”选项。

（5）此时鼠标光标呈↓形状，移动鼠标光标到幻灯片右上角单击定位文本插入点，输入文本“帮助、感恩、成长”，效果如图 9-19 所示。

微课：文本框的使用

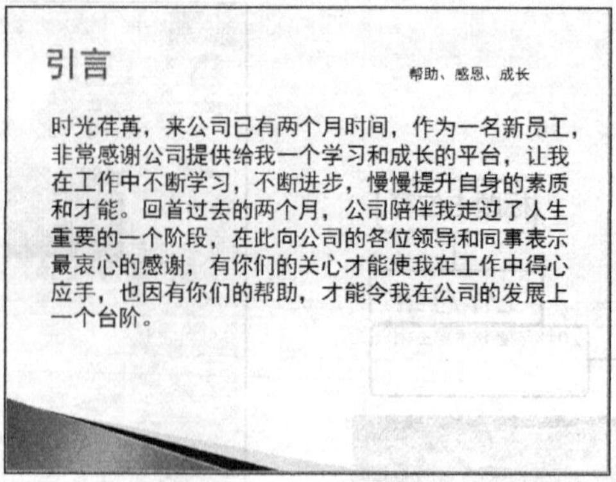

图 9-19 第 3 张幻灯片效果

（四）复制并移动幻灯片

微课：复制并移动幻灯片

下面将制作第 4 张～第 12 张幻灯片，首先新建 8 张幻灯片，然后分别在其中输入需要的内容，再复制第 1 张幻灯片到最后，最后调整第 4 张幻灯片的位置到第 6 张后面，其具体操作如下。

（1）在“幻灯片”浏览窗格中选择第 3 张幻灯片，8 次按【Enter】键，新建 8 张幻灯片。

（2）分别在 8 张幻灯片的标题占位符和文本占位符中输入需要的内容。

（3）选择第 1 张幻灯片，按【Ctrl+C】组合键，然后在第 11 张幻灯片后按【Ctrl+V】组合键，在第 11 张幻灯片后新增加一张幻灯片，其内容与第 1 张幻灯片完全相同，如图 9-20 所示。

（4）选择第 4 张幻灯片，按住鼠标不放，拖动到第 6 张幻灯片后释放鼠标，此时第 4 张幻灯片将移动到第 6 张幻灯片后，如图 9-21 所示。

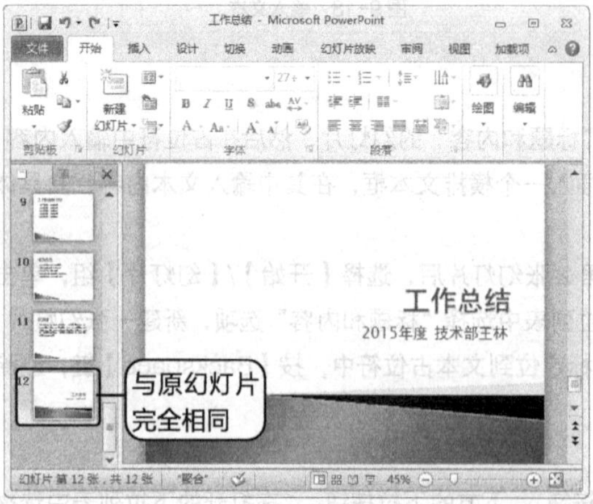

图 9-20 复制幻灯片

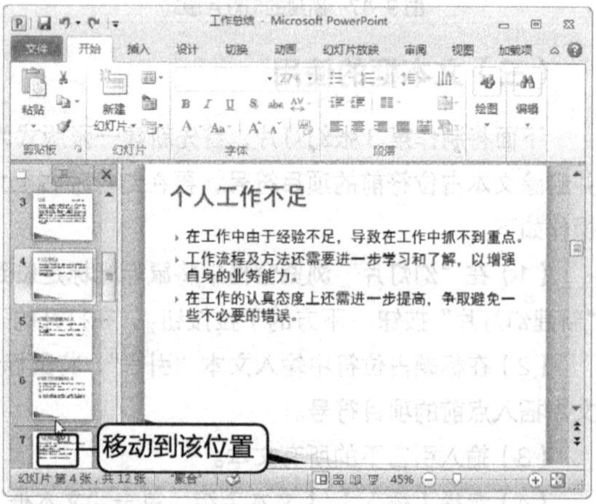

图 9-21 移动幻灯片

（五）编辑文本

下面将编辑第 10 张幻灯片和第 12 张幻灯片，首先在第 10 张幻灯片中移动文本的位置，然后复制文本并对其内容进行修改；在第 12 张幻灯片中将对标题文本进行修改，再删除副标题文本，其具体操作如下。

（1）选择第 10 张幻灯片，在右侧幻灯片窗格中拖动鼠标选择第一段和第二段文本，按住鼠标不放，此时鼠标光标变为形状，拖动鼠标到第四段文本前，如图 9-22 所示。将选择的第一段和第二段文本移动到原来的第四段文本前。

微课：编辑文本

（2）选择调整后的第四段文本，按【Ctrl+C】组合键或在选择的文本上单击鼠标右键，在弹出的快捷菜单中选择“复制”命令。

（3）在原始的第五段文本前单击鼠标，按【Ctrl+V】组合键或在选择的文本上单击鼠标右键，在弹出的快捷菜单中选择“粘贴”命令，将选择的第四段文本复制到第五段，如图 9-23 所示。

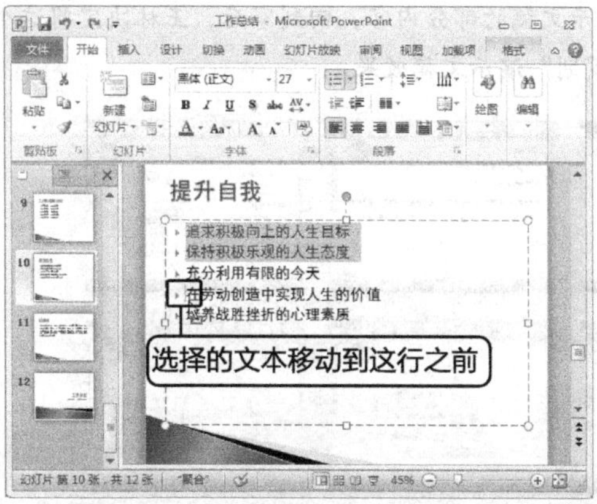

图 9-22　移动文本

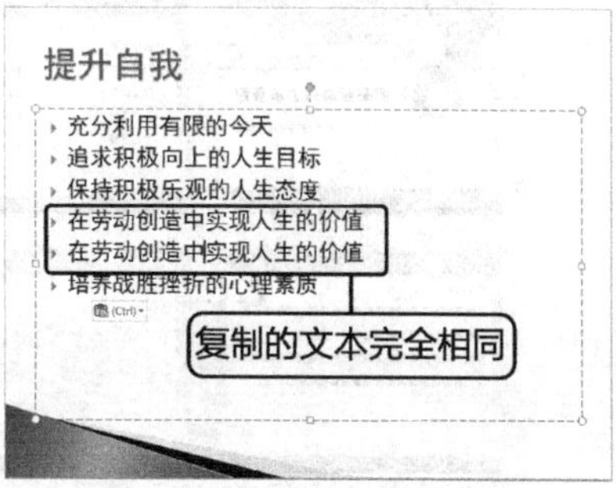

图 9-23　复制文本

（4）将鼠标光标定位到复制后的第五段文本的“中”字后，输入“找到工作的乐趣”，然后多次按【Delete】键，删除多余的文字，最终效果如图 9-24 所示。

（5）选择第 12 张幻灯片，在幻灯片窗格中选择原来的标题“工作总结”，然后输入正确的文本“谢谢”，在删除原有文本的基础上修改成新文本。

（6）选择副标题中的文本，如图 9-25 所示，按【Delete】键或【Backspace】键删除，完成演示文稿的制作。

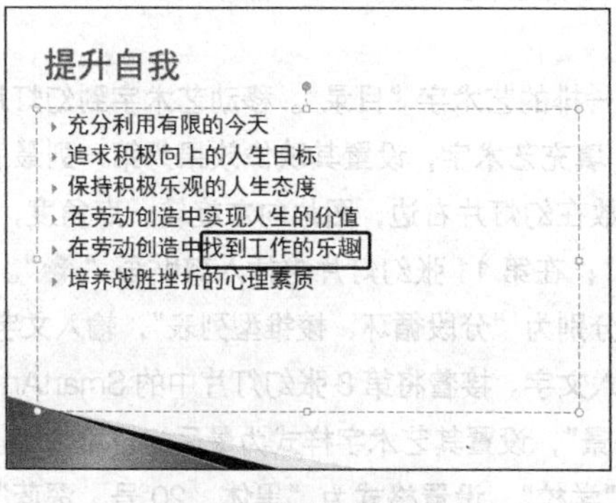

图 9-24　增加和删除文本

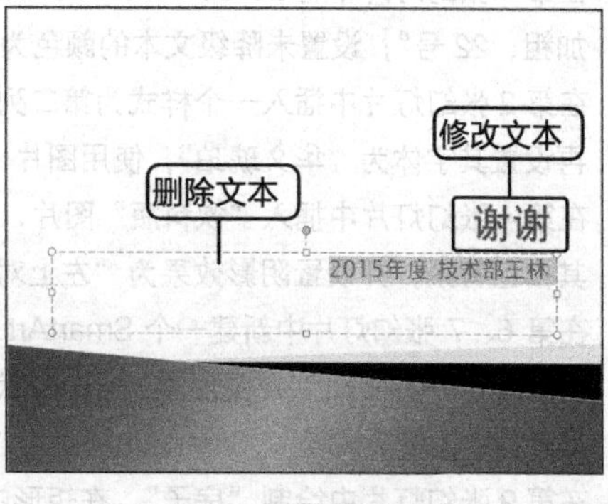

图 9-25　修改和删除文本

提 示

在副标题占位符中删除文本后，将显示“单击此处添加副标题”文本，此时可不理会，在放映时将不会显示其中的内容。用户也可选择该占位符，按【Delete】键将其删除。

任务二 编辑产品上市策划演示文稿

任务要求

王林所在的公司最近开发了一款新的果汁饮品，产品不管是原材料、加工工艺，还是产品包装都无可挑剔，现在产品准备上市。整个公司的目光都集中到了企划部，企划部要为这次的产品上市进行包装，希望产品“一炮走红”。现在方案已基本“出炉”，需要在公司内部审查。王林作为企划部的一员，负责将方案制作为演示文稿。王林两天前在公司已完成了演示文稿的部分内容，回到家后，王林决定将这个演示文稿编辑完成。图 9-26 所示为完成后的“产品上市策划”演示文稿效果。

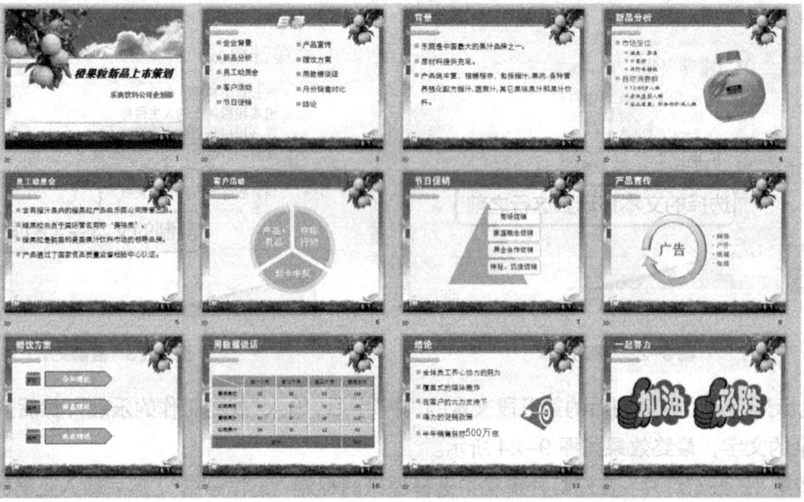

图 9-26 “产品上市策划”演示文稿

具体要求如下。

- 在第 4 张幻灯片中将 2、3、4、6、7、8 段正文文本降级，然后设置降级文本的字体格式为“楷体、加粗、22 号”；设置未降级文本的颜色为红色。
- 在第 2 张幻灯片中插入一个样式为第二列的最后一排的艺术字“目录”。移动艺术字到幻灯片顶部，再设置其字体为“华文琥珀”，使用图片“橙汁”填充艺术字，设置其映像效果为第一列最后一项。
- 在第 4 张幻灯片中插入“饮料瓶”图片，缩小后放在幻灯片右边，图片向左旋转一点角度，再删除其白色背景，并设置阴影效果为“左上对角透视”；在第 11 张幻灯片中插入剪贴画“ ”。
- 在第 6、7 张幻灯片中新建一个 SmartArt 图形，分别为“分段循环、棱锥型列表”，输入文字，第 7 张幻灯片中的 SmartArt 图形添加一个形状，并输入文字。接着将第 8 张幻灯片中的 SmartArt 图形布局改为“圆箭头流程”，SmartArt 样式为“金属场景”，设置其艺术字样式为最后一排第 3 个。
- 在第 9 张幻灯片中绘制“房子”，在矩形中输入“学校”，设置格式为“黑体、20 号、深蓝”；绘制五边形，输入“分杯赠饮”，设置格式为“楷体、加粗、28 号、白色、段落居中”；设置房子的快速样式为第 3 排第 3 个选项；组合绘制的房子和五边形图形，向下垂直复制两个，再分别修改其中的文字。

- 在第 10 张幻灯片中制作 5 行 4 列的表格，输入内容后增加表格的行距，在最后一列和最后一行后各增加一列和一行，并输入文本，合并最后一行中除最后一个单元格外的所有单元格，设置该行底纹颜色为“浅蓝”；为第一个单元格绘制一条白色的斜线，设置表格“单元格凹凸效果”为“圆”。
- 在第 1 张幻灯片中插入一个跨幻灯片循环播放的音乐文件，并设置声音图标在播放时不显示。

相关知识

（一）幻灯片文本设计原则

文本是制作演示文稿最重要的元素之一，文本不仅要求设计美观，更重要的是符合演示文稿的需求，如根据演示文稿的类型设置文本的字体，为了方便观众查看，设置相对较大的字号等。

1. 字体设计原则

字体搭配效果的好与坏，与演示文稿的阅读性和感染力息息相关。实际上，字体设计也有一定的原则可循的，下面介绍 5 种常见的字体设计原则。

- 幻灯片标题字体最好选用更容易阅读的较粗的字体。正文使用比标题更细的字体，以区分主次。
- 在搭配字体时，标题和正文尽量选用常用到的字体，而且还要考虑标题字体和正文字体的搭配效果。
- 在演示文稿中如果要使用英文字体，可选择 Arial 与 Times New Roman 两种英文字体。
- PowerPoint 不同于 Word，其正文内容不宜过多，正文中只列出较重点的标题即可，其余扩展内容可置于备注中，方便演示者在正式演示时参考。
- 在商业、培训等较正式的场合，其字体可使用较正规的字体，如标题使用方正粗宋简体、黑体和方正综艺简体等，正文可使用微软雅黑、方正细黑简体和宋体等；在一些相对较轻松的场合，其字体可更随意一些，如方正粗倩简体、楷体（加粗）和方正卡通简体等。

2. 字号设计原则

在演示文稿中，字体的大小不仅会影响观众接受信息的多少，还会影响演示文稿的专业度，因此，字体大小的设计也非常重要。

字体大小还需根据演示文稿演示的场合和环境来决定，因此在选用字体大小时要注意以下两点。

- 如果演示的场合较大，观众较多，那么幻灯片中的字体就应该越大，要保证最远的位置都能看清幻灯片中的文字。此时，标题建议使用 36 号以上的字号，正文使用 28 号以上的字号。为了保证听众更易查看，一般情况下，演示文稿中的字号不应小于 20 号。
- 同类型和同级别的标题和文本内容要设置同样大小的字号，这样可以保证内容的连贯性，让观众更容易地把信息归类，也更容易理解和接受信息。

注意

除了字体、字号之外，对文本显示影响较大的元素还有颜色，文本的颜色一般使用与背景颜色反差较大的颜色，从而方便查看。另外，一个演示文稿中最好用统一的文本颜色，只有需重点突出的文本才使用其他的颜色。

（二）幻灯片对象布局原则

幻灯片中除了文本之外，还包含图片、形状和表格等对象，在幻灯片中合理使用这些元素，将这些元素有效地布局在各张幻灯片中，不仅可以使演示文稿更加美观，更重要的是提高演示文稿的说服力，达到其应有的作用。幻灯片中的各个对象在分布排列时，可考虑如下 5 个原则。

- 画面平衡。布局幻灯片时应尽量保持幻灯片页面的平衡，以避免左重右轻、右重左轻或头重脚轻的现象，使整个幻灯片画面更加协调。
- 布局简单。虽然说一张幻灯片是由多种对象组合在一起的，但在一张幻灯片中对象的数量不宜过多，否则幻灯片就会显得很复杂，不利于信息的传递。
- 统一和谐。同一演示文稿中各张幻灯片的标题文本的位置、图像大小、文字采用的字体、字号、颜色和页边距等应尽量统一，不能随意设置，以避免破坏幻灯片的整体效果。
- 强调主题。要想使观众快速、深刻地对幻灯片中表达的内容产生共鸣，可通过颜色、字体以及样式等手段对幻灯片中要表达的核心部分和内容进行强调，以引起观众的注意。
- 内容简练。幻灯片只是辅助演讲者传递信息，而且人在短时间内可接收并记忆的信息量并不多，因此，在一张幻灯片中只需列出要点或核心内容即可。

任务实现

（一）设置幻灯片中的文本格式

下面将打开“产品上市策划.pptx”演示文稿，在第 4 张幻灯片中将 2、3、4、6、7、8 段正文文本降级，然后设置降级文本的字体格式为“楷体、加粗、22 号”；设置未降级文本的颜色为“红色”，其具体操作如下。

（1）选择【文件】/【打开】命令，打开“打开”对话框，选择“产品上市策划.pptx”演示文稿，单击 打开(O) 按钮将其打开。

（2）在“幻灯片”浏览窗格中选择第 4 张幻灯片，再在右侧窗格中选择第 2、3、4 段正文文本，按【Tab】键，将选择的文本降低一个等级。

（3）保持文本的选择状态，选择【开始】/【字体】组，在“字体”下拉列表框中选择“楷体”选项，在“字号”下拉列表框中输入“22”，如图 9-27 所示。

（4）保持文本的选择状态，选择【开始】/【剪贴板】组，单击“格式刷”按钮，此时鼠标光标变为形状。

（5）使用鼠标拖动选择第 6、7、8 段正文文本，为其应用 2、3、4 段正文的格式，如图 9-28 所示。

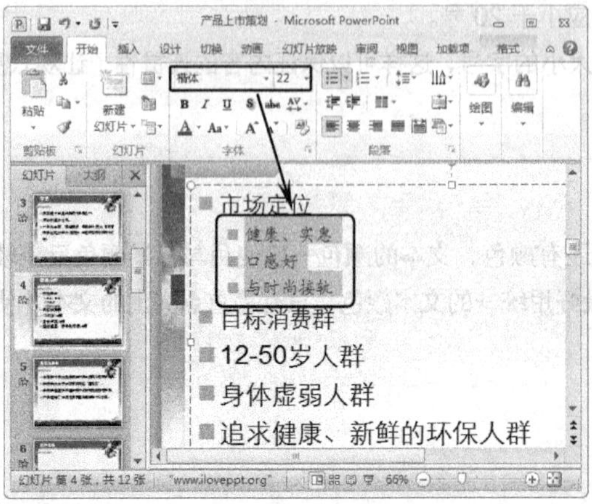

图 9-27　设置文本级别、字体、字号

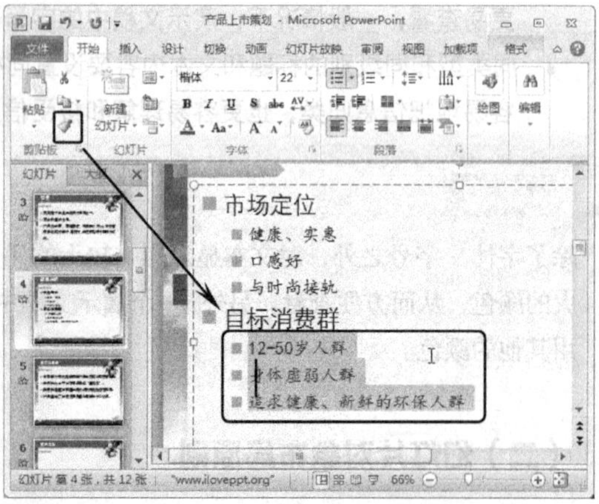

图 9-28　使用格式刷

（6）选择未降级的两段文本，选择【开始】/【字体】组，单击“字体颜色”按钮A后的下拉按钮▾，在打开的下拉列表中选择“红色”选项，效果如图 9-29 所示。

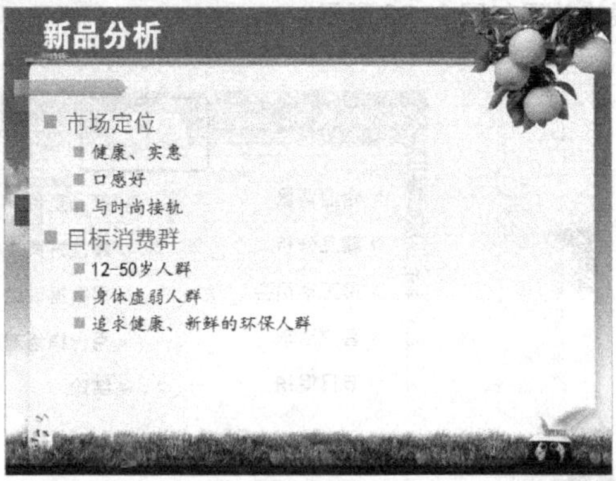

图 9-29　设置文本颜色后的效果

微课：设置幻灯片中的文本格式

提示

要想更详细的设置字体格式，可以通过“字体”对话框来进行设置。其方法是：选择【开始】/【字体】组，单击右下角的 按钮，打开“字体”对话框，在“字体”选项卡中不仅可设置字体格式，在“字符间距”选项卡中还可设置字与字之间的距离。

（二）插入艺术字

艺术字拥有比普通文本更多的美化和设置功能，如渐变的颜色、不同的形状效果、立体效果等。艺术字在演示文稿中使用十分频繁。下面将在第 2 张幻灯片中输入艺术字“目录”。要求样式为第 2 列的最后一排的效果，移动艺术字到幻灯片顶部，再设置其字体为“华文琥珀”，然后设置艺术字的填充为图片“橙汁”，设置艺术字映像效果为第一列最后一项，其具体操作如下。

微课：插入艺术字

（1）选择【插入】/【文本】组，单击“艺术字”按钮A下方的下拉按钮▾，在打开的下拉列表框中选择最后一排的第 2 列艺术字效果。

（2）将出现一个艺术字占位符，在“请在此放置您的文字”占位符中单击，输入“目录”。

（3）将鼠标光标移动到“目录”文本框四周的非控制点上，鼠标光标变为✥形状，按住鼠标不放，拖动鼠标至幻灯片顶部，将艺术字“目录”移动到该位置。

（4）选择其中的“目录”文本，选择【开始】/【字体】组，在“字体”下拉列表框中选择“华文琥珀”选项，修改艺术字的字体，如图 9-30 所示。

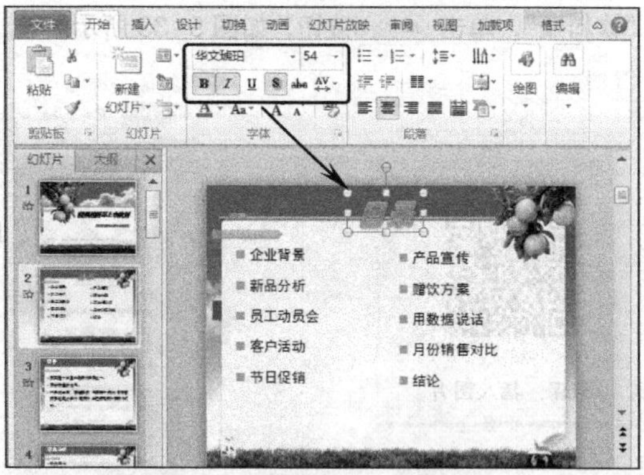

图 9-30　移动艺术字并修改字体

（5）保持文本的选择状态，此时将自动激活“绘图工具”的“格式”选项卡，选择【格式】/【艺术字样式】组，单击A 文本填充▾按钮，在打开的下拉列表中选择“图片”选项，打开“插入图片”对话框，选择需要填充到艺术字的图片“橙汁”，单击插入(S)按钮。

（6）选择【格式】/【艺术字样式】组，单击文本效果按钮，在打开的下拉列表中选择【映像】/【紧密映像，8#pt 偏移量】选项，如图 9-31 所示，最终效果如图 9-32 所示。

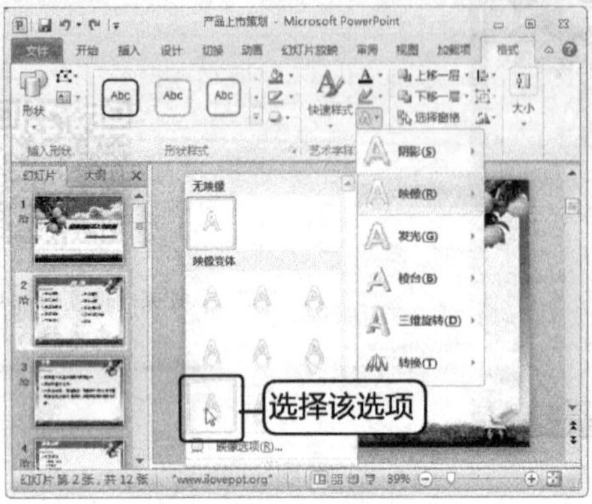

图 9-31　选择文本映像

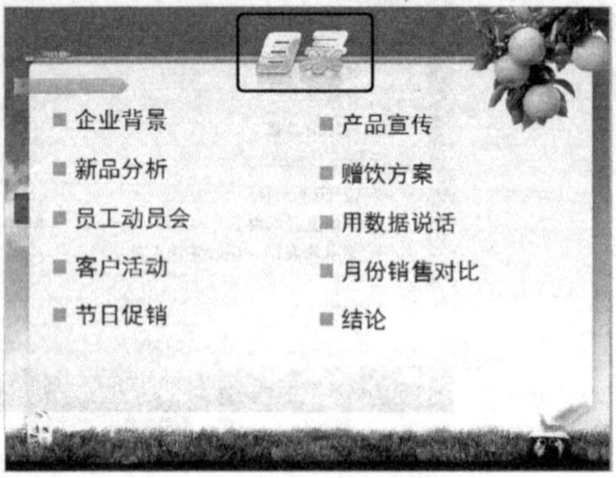

图 9-32　查看艺术字效果

提示

选择输入的艺术字，在激活的“格式”选项卡中还可设置艺术字的多种效果，其设置方法基本类似，如选择【格式】/【艺术字样式】组，单击文本效果按钮，在打开的下拉列表中选择“转换”选项，在打开的子列表中将列出所有变形的艺术字效果，选择任意一个，即可为艺术字设置该变形效果。

（三）插入图片

图片是演示文稿中非常重要的一部分，在幻灯片中可以插入计算机中保存的图片，也可以插入 PowerPoint 自带的剪贴画。下面将在第 4 张幻灯片中插入“饮料瓶”图片，只需选择图片，在其缩小后放在幻灯片右边，图片向左旋转一点角度，再删除其白色背景，并设置阴影效果为“左上对角透视”；在第 11 张幻灯片中插入剪贴画“”，其具体操作如下。

（1）在“幻灯片”浏览窗格中选择第 4 张幻灯片，选择【插入】/【图像】组，单击“图片”按钮。

（2）打开“插入图片”对话框，选择需插入图片的保存位置，这里的位置为“桌面”，在中间选择图片“饮料瓶”，单击插入(S)按钮，如图 9-33 所示。

微课：插入图片

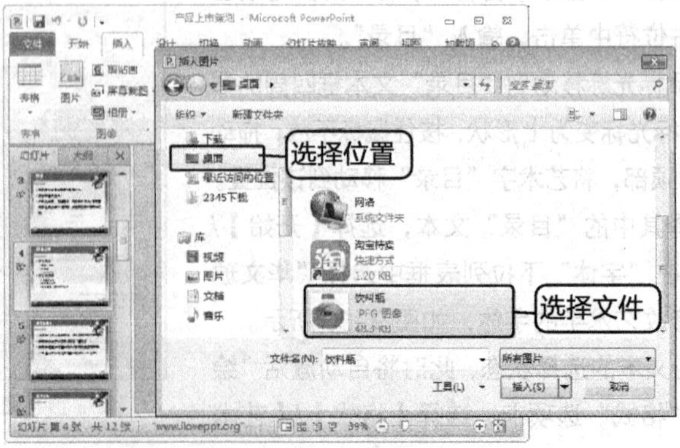

图 9-33　插入图片

（3）返回 PowerPoint 工作界面即可看到插入图片后的效果。将鼠标光标移动到图片四角的圆形控制点上，拖动鼠标调整图片大小。

（4）选择图片，将鼠标光标移到图片任意位置，当鼠标光标变为形状时，拖动鼠标到幻灯片右侧的空白位置，释放鼠标将图片移到该位置，如图 9-34 所示。

（5）将鼠标光标移动到图片上方的绿色控制点上，当鼠标光标变为形状时，向左拖动鼠标使图片向左旋转一定角度。

提示

除了图片之外，前面讲解的占位符和艺术字，以及后面即将讲到的形状等，选择后在对象的四周、中间以及上面都会出现控制点，拖动对象四角的控制点可同时放大或缩小对象；拖动四边中间的控制点，可向一个方向缩放对象；拖动上方的绿色控制点，可旋转对象。

（6）继续保持图片的选择状态，选择【格式】/【调整】组，单击“删除背景”按钮，在幻灯片中使用鼠标拖动图片每一边中间的控制点，使饮料瓶的所有内容均显示出来，如图 9-35 所示。

图 9-34　缩放并移动图片

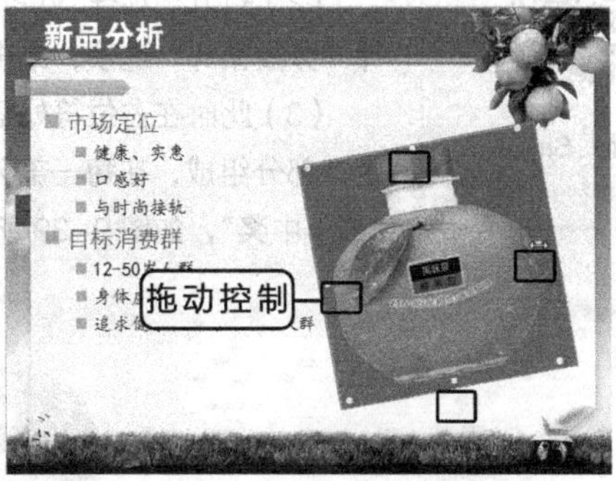

图 9-35　显示饮料瓶所有内容

（7）激活“背景消除”选项卡，单击“关闭”功能区的“保留更改”按钮，饮料瓶的白色背景将消失。

（8）选择【格式】/【图片样式】组，单击 图片效果 按钮，在打开的下拉列表中选择【阴影】/【左上对角透视】选项，为图片设置阴影后的效果如图 9-36 所示。

（9）选择第 11 张幻灯片，单击占位符中的“剪贴画”按钮，打开“剪贴画”窗格，在“搜索文字”文本框中不输入任意内容（表示搜索所有剪贴画），单击选中“包括 Office.com 内容”复选框，单击搜索按钮，在下方的列表框中选择需插入的剪贴画，该剪贴画将插入幻灯片的占位符中，如图 9-37 所示。

图 9-36　设置阴影

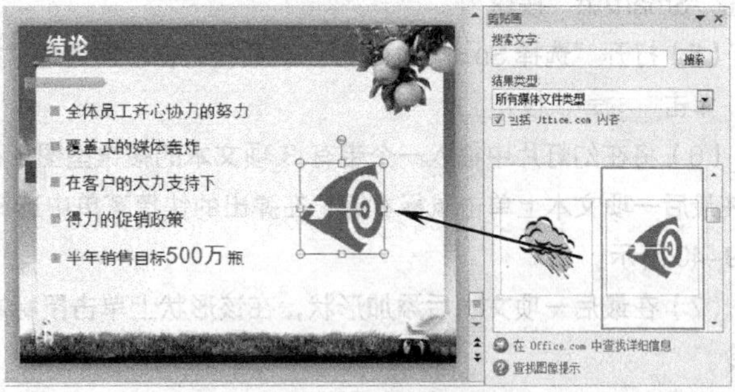

图 9-37　插入剪贴画

注意

图片、剪贴画、SmartArt 图片、表格等都可以通过选项卡或占位符插入，即这两种方法是插入幻灯片中各对象的通用方式。当图片背景单一时，也可选择【格式】/【调整】组，“颜色”按钮的下拉菜单，“设置透明色”来删除图片背景。

（四）插入 SmartArt 图形

SmartArt 图形用于表明各种事物之间的关系，它在演示文稿中使用非常广泛，SmartArt 图形是从 PowerPoint 2007 开始新增的功能。下面将在第 6、7 张幻灯片中新建一个 SmartArt 图形，分别为“分段循环”和“棱锥型列表”，然后输入文字，其中第 7 张幻灯片中的 SmartArt 图形需要添加一个形状，并输入文字“神秘、饥饿促销”。编辑第 8 张幻灯片已有的 SmartArt 图形，包括更改布局为“圆箭头流程”，设置 SmartArt 样式为“金属场景”，设置艺术字样式为最后一排第 3 个，其具体操作如下。

微课：插入 SmartArt 图形

（1）在“幻灯片”浏览窗格中选择第 6 张幻灯片，在右侧单击占位符中的“插入 SmartArt 图形”按钮。

（2）打开“选择 SmartArt 图形”对话框，在左侧选择“循环”选项，在右侧选择“分段循环”选项，单击 确定 按钮，如图 9-38 所示。

（3）此时在占位符处插入一个“分段循环”样式的 SmartArt 图形，该图形主要由 3 部分组成，在每一部分的“文本”提示中分别输入“产品+礼品”“夺标行动”“刮卡中奖”，如图 9-39 所示。

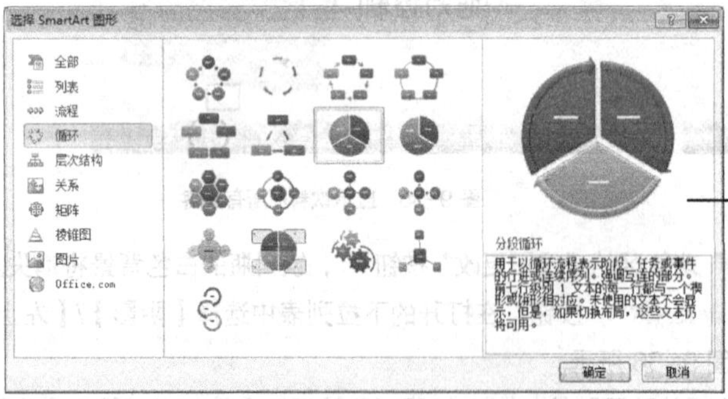

图 9-38　选择 SmartArt 图形

图 9-39　输入文本内容

（4）选择第 7 张幻灯片，在右侧选择占位符，按【Delete】键将其删除，选择【插入】/【插图】组，单击“SmartArt”按钮。

（5）打开“选择 SmartArt 图形”对话框，在左侧选择“棱锥图”选项，在右侧选择“棱锥型列表”选项，单击 确定 按钮。

（6）将在幻灯片中插入一个带有 3 项文本的棱锥型图形，分别在各个文本提示框中输入对应文字，然后在最后一项文本上单击鼠标右键，在弹出的快捷菜单中选择【添加形状】/【在后面添加形状】命令，如图 9-40 所示。

（7）在最后一项文本后添加形状，在该形状上单击鼠标右键，在弹出的快捷菜单中选择“编辑文字”命令。

（8）文本插入点自动定位到新添加的形状中，输入新的文本“神秘、饥饿促销”。

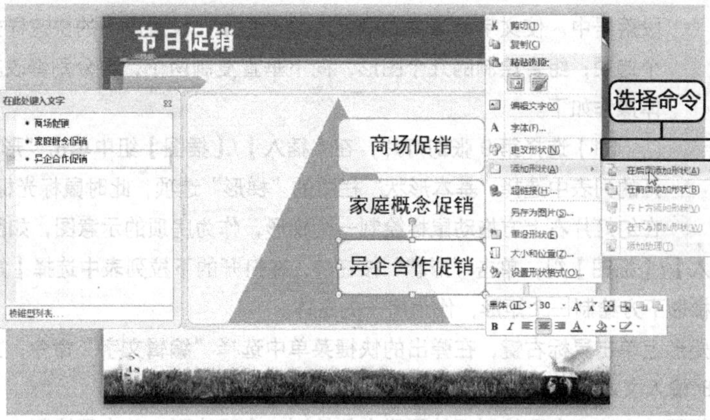

图 9-40 在后面插入形状

（9）选择第 8 张幻灯片，选择其中的 SmartArt 图形，选择【设计】/【布局】组，在中间的列表框中选择“圆箭头流程”选项。

（10）选择【设计】/【SmartArt 样式】组，在中间的列表框中选择“金属场景”选项，如图 9-41 所示。

（11）选择【格式】/【艺术字样式】组，在中间的列表框中选择最后一排第 3 个选项，最终效果如图 9-42 所示。

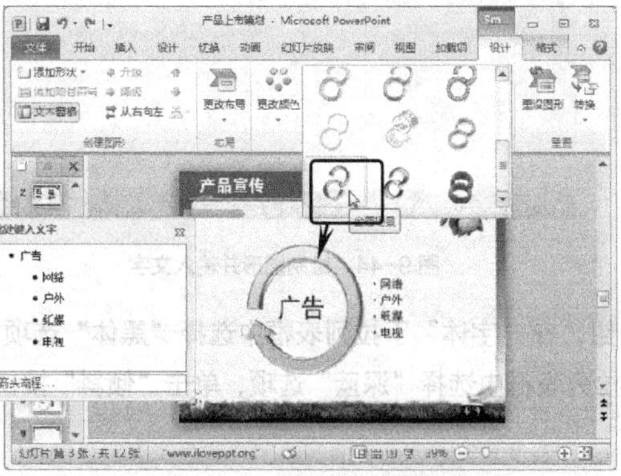

图 9-41 修改布局和样式

图 9-42 设置艺术字样式的效果

注意

选中已插入的 SmartArt 图形，选择【设计】/【颜色更改】组，可以直接对 SmartArt 图形进行配色。

（五）插入形状

形状是 PowerPoint 提供的基础图形，通过基础图形的绘制、组合，有时可达到比图片和系统预设的 SmartArt 图形更好的效果。下面将通过绘制梯形和矩形，组合成房子的形状，在矩形中输入文字“学校”，设置文字的“字体”为“黑体”，“字号”为“20 号”，“颜色”为“深蓝”，取消“倾斜”；绘制一个五边形，输入文字“分杯赠饮”，设置“字体”为“楷体”，“字形”为“加粗”，“字号”为“28 号”，颜色为“白色”，

微课：插入形状

段落居中，使文字距离文本框上方 0.4 厘米；设置房子的快速样式为第 3 排的第 3 个选项；组合绘制的几个图形，向下垂直复制两个，再分别修改其中的文字，其具体操作如下。

（1）选择第 9 张幻灯片，在【插入】/【插图】组中单击“形状”按钮，在打开的列表中选择“基本形状”栏中的“梯形”选项，此时鼠标光标变为“十”形状，在幻灯片右上方拖动鼠标绘制一个梯形，作为房顶的示意图，如图 9-43 所示。

（2）选择【插入】/【插图】组，单击“形状”按钮，在打开的下拉列表中选择【矩形】/【矩形】选项，然后在绘制的梯形下方绘制一个矩形，作为房子的主体。

（3）在绘制的矩形上单击鼠标右键，在弹出的快捷菜单中选择“编辑文字”命令，文本插入点将自动定位到矩形中，此时输入文本“学校”。

（4）使用前面相同的方法，在已绘制好的图形右侧绘制一个五边形，并在五边形中输入文字“分杯赠饮”，如图 9-44 所示。

图 9-43　绘制屋顶

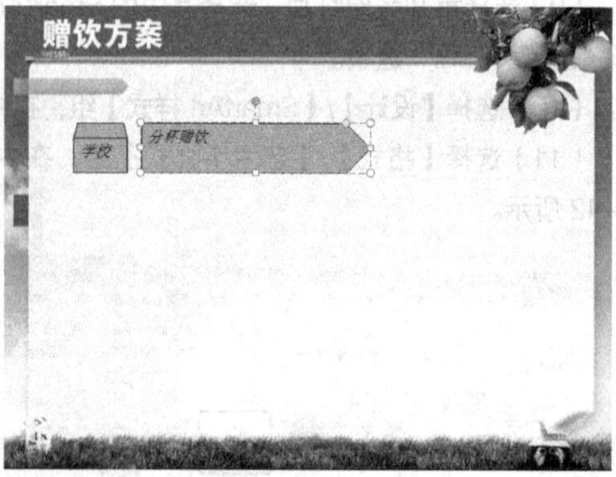

图 9-44　绘制图形并输入文字

（5）选择“学校”文本，选择【开始】/【字体】组，在“字体”下拉列表框中选择“黑体”选项，在“字号”下拉列表框中选择“20”选项，在“颜色”下拉列表框中选择“深蓝”选项，单击“倾斜”按钮，取消文本的倾斜状态。

（6）使用相同方法，设置五边形中的文字的“字体”为“楷体”，“字形”为“加粗”，“字号”为“28 号”，“颜色”为“白色”。选择【开始】/【段落】组，单击“居中”按钮，将文字在五边形中水平居中对齐。

（7）保持五边形中文字的选择状态，单击鼠标右键，在弹出的快捷菜单中选择“设置形状格式”命令，在打开的“设置形状格式”对话框左侧选择“文本框”选项，在对话框右侧的“上”数值框中输入“0.4 厘米”，单击 关闭 按钮，使文字在五边形中垂直居中，如图 9-45 所示。

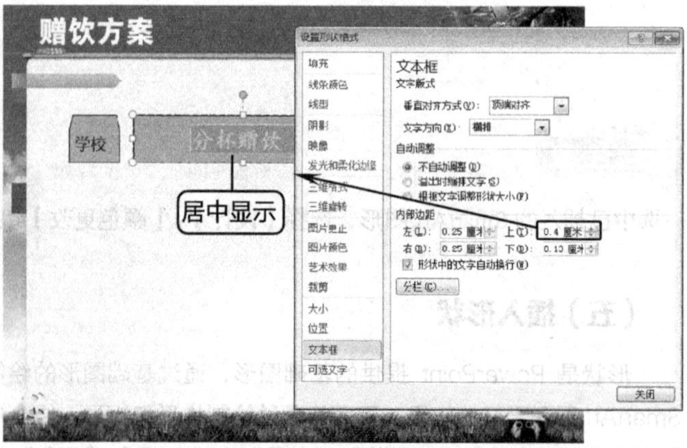

图 9-45　设置形状格式

注意

在打开的“设置形状格式”对话框中可对形状进行各种不同的设置，甚至可以说关于形状的所有设置都可以通过该对话框完成。除了形状之外，在图形、艺术字或占位符等形状上单击鼠标右键，在弹出的快捷菜单中选择“设置形状格式”命令，也会打开对应的设置对话框，在其中也可进行样式的设置。

（8）选择左侧绘制的房子图形，选择【格式】/【形状样式】组，在中间的列表框中选择第 3 排的第 3 个选项，快速更改房子的填充颜色和边框颜色。

（9）同时选择左侧的房子图形，右侧的五边形图形，单击鼠标右键，在弹出的快捷菜单中选择【组合】/【组合】命令，将绘制的 3 个形状组合为一个图形，如图 9-46 所示。

（10）选择组合的图形，按住【Ctrl】键和【Shift】键不放，向下拖动鼠标，将组合的图形再复制两个。

（11）对所复制图形中的文本进行修改，修改后的文本如图 9-47 所示。

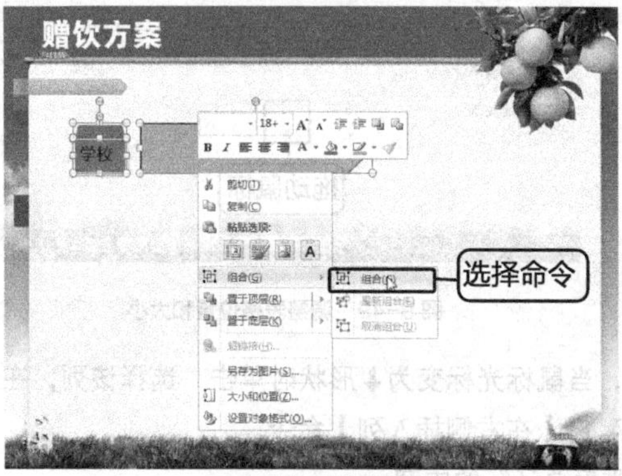

图 9-46　组合图形

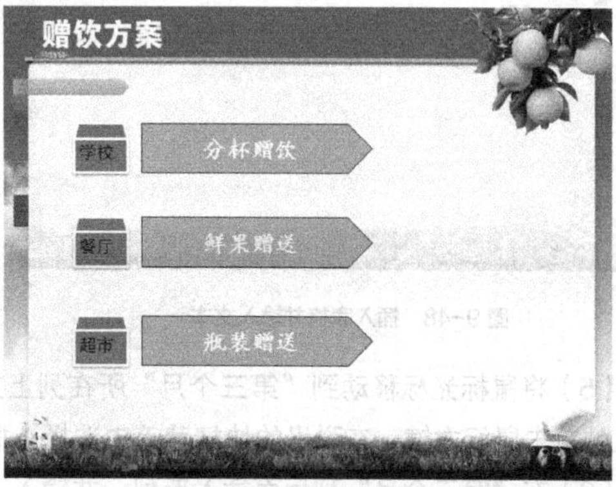

图 9-47　复制并编辑图形

提示

选择图形后，在拖动鼠标的同时按住【Ctrl】键是为了复制图形，按住【Shift】键则是为了复制的图形与原始选择的图形能够在一个方向平行或垂直，从而使最终制作的图形更加美观。在绘制形状的过程中，【Shift】键也是经常使用的一个键，在绘制线和矩形等形状中，按住【Shift】键可绘制水平线、垂直线、正方形、圆。为防止复杂图形（两个以上的形状组合而成）在拖动放大或缩小时发生变形，可先组合后拖拽，可保持图形整体比例不变。

（六）插入表格

表格可直观形象地表达数据情况，在 PowerPoint 中既可在幻灯片中插入表格，还能对插入的表格进行编辑和美化。下面将在第 10 张幻灯片中制作一个表格，首先插入一个 5 行 4 列的表格，输入表格内容后向下移动鼠标，并增加表格的行距；然后在最后一列和最后一行后各增加一列和一行，并在其中输入文本，合并新增加的一行中除最后一个单元格外的所有单元格，设置该行的底纹颜色为“浅蓝”；为第一个单元格绘制一条白色的斜线，最后设置表格的“单元格凹凸效果”为“圆”。

（1）选择第 10 张幻灯片，单击占位符中的“插入表格”按钮，打开“插入表格”对话框，在“列

微课：插入表格

数”数值框中输入“4”，在“行数”数值框中输入“5”，单击 确定 按钮。

（2）在幻灯片中插入一个表格，分别在各单元格中输入表格内容，如图 9-48 所示。

（3）将鼠标光标移动到表格中的任意位置处单击，此时表格四周将出现一个操作框，将鼠标光标移动到操作框上，当鼠标光标变为⇱形状时，按住【Shift】键不放的同时向下拖动鼠标，使表格向下移动。

（4）将鼠标光标移动到表格操作框下方中间的控制点处，当鼠标光标变为⇕形状时，向下拖动鼠标，增加表格各行的行距，如图 9-49 所示。

图 9-48　插入表格并输入文本

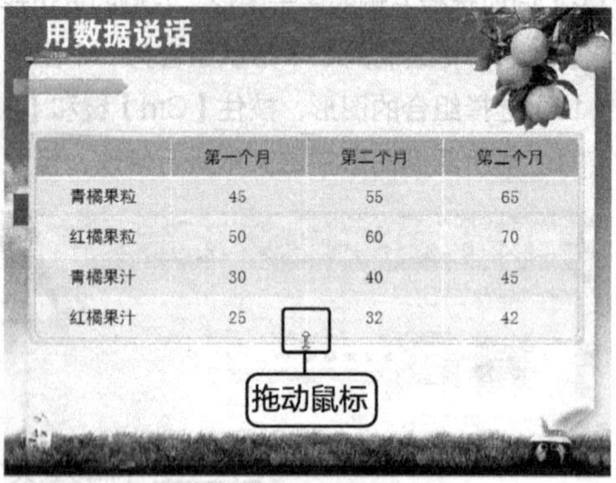

图 9-49　调整表格位置和大小

（5）将鼠标光标移动到“第三个月”所在列上方，当鼠标光标变为⬇形状时单击，选择该列，在选择的区域单击鼠标右键，在弹出的快捷菜单中选择【插入】/【在右侧插入列】命令。

（6）在“第三个月”列后面插入新列，并输入“季度总计”的内容。

（7）使用相同方法在“红橘果汁”一行下方插入新行，并在第一个单元格中输入“合计”，在最后一个单元格中输入所有饮料的销量，合计“559”，如图 9-50 所示。

（8）选择“合计”文本所在的单元格及其后的空白单元格，选择【布局】/【合并】组，单击“合并单元格”按钮，如图 9-51 所示。

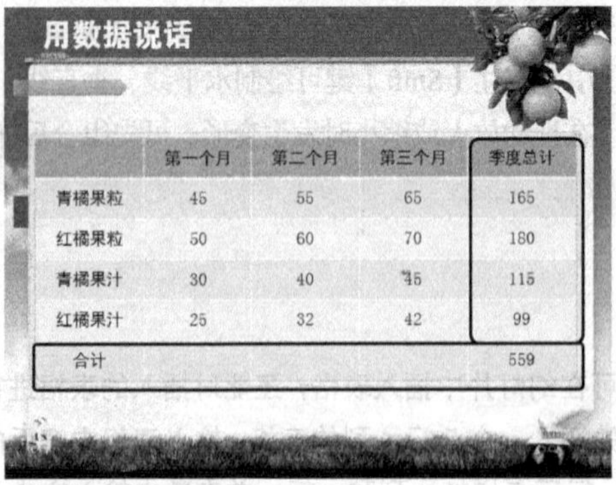

图 9-50　插入列和行

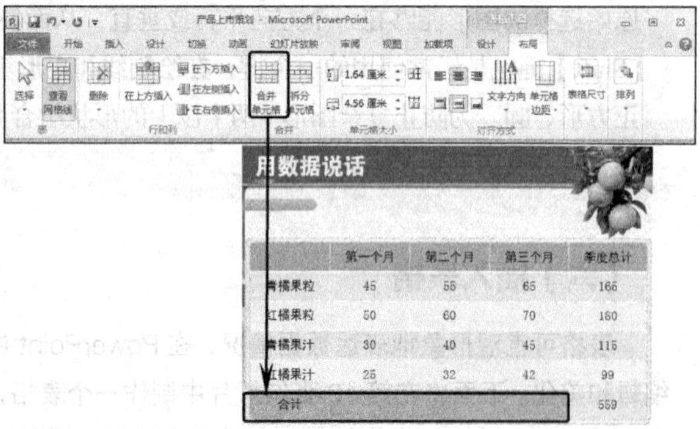

图 9-51　合并单元格

（9）选择“合计”所在的行，选择【设计】/【表格样式】组，单击 底纹 按钮，在打开的下拉列表中选择“浅蓝”选项。

（10）选择【设计】/【绘图边框】组，单击 笔颜色 按钮，在打开的下拉列表中选择“白色”选项，自动激活该组的“绘制表格”按钮。

（11）此时鼠标光标变为形状，移动鼠标光标到第一个单元格，从左上角到右下角按住鼠标不放，绘制斜线表头，如图 9-52 所示。

（12）选择整个表格，选择【设计】/【表格样式】组，单击 效果 按钮，在打开的下拉列表中选择【单元格凹凸效果】/【圆】选项，为表格中的所有单元格都应用该样式，最终效果如图 9-53 所示。

图 9-52　绘制斜线表头

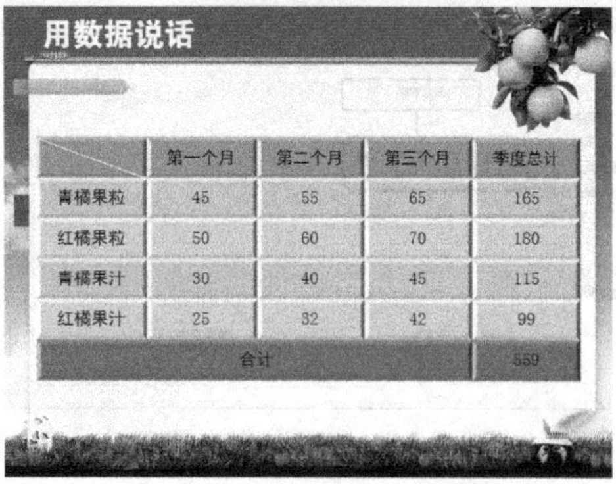

图 9-53　设置单元格凹凸效果

提示

以上操作将表格的常用操作串在一起并进行了简单讲解，用户在实际操作过程中，制作表格的方法相对简单，只是其编辑的内容较多，此时可选择需要操作的单元格或表格，然后自动激活“设计”选项卡和“布局”选项卡，其中“设计”选项卡与美化表格相关，“布局”选项卡与表格的内容相关，在这两个选项卡中通过其中的选项、按钮即可设置不同的表格效果。

（七）插入媒体文件

媒体文件即指音频和视频文件，PowerPoint 支持插入媒体文件，和图片一样，用户可根据需要插入剪贴画中的媒体文件，也可以插入计算机中保存的媒体文件。下面将在演示文稿中插入一个音乐文件，并设置该音乐跨幻灯片循环播放，在放映幻灯片时不显示声音图标，其具体操作如下。

（1）选择第 1 张幻灯片，选择【插入】/【媒体】组，单击“音频”按钮，在打开的下拉列表中选择“文件中的音频”选项。

（2）打开“插入音频”对话框，在上方的下拉列表框中选择背景音乐的存放位置，在中间的列表框中选择背景音乐，单击 插入(S) 按钮，如图 9-54 所示。

（3）自动在幻灯片中插入一个声音图标，选择该声音图标，将激活音频工具，选择【播放】/【预览】组，单击“播放”按钮，将在 PowerPoint 中播放插入的音乐。

微课：插入媒体文件

提示

选择【插入】/【媒体】组，单击“音频”按钮，或单击“视频”按钮，在打开的下拉列表中选择相应选项，即可插入相应类型的声音和视频文件。插入音频文件后，选择声音图标，将在图标下方自动显示声音工具栏，单击对应的按钮，可对声音执行播放、前进、后退和调整音量大小的操作。

（4）选择【播放】/【音频选项】组，单击选中“放映时隐藏”复选框，单击选中“循环播放，直到停止”复选框，在“开始”下拉列表框中选择“跨幻灯片播放”选项，如图 9-55 所示。

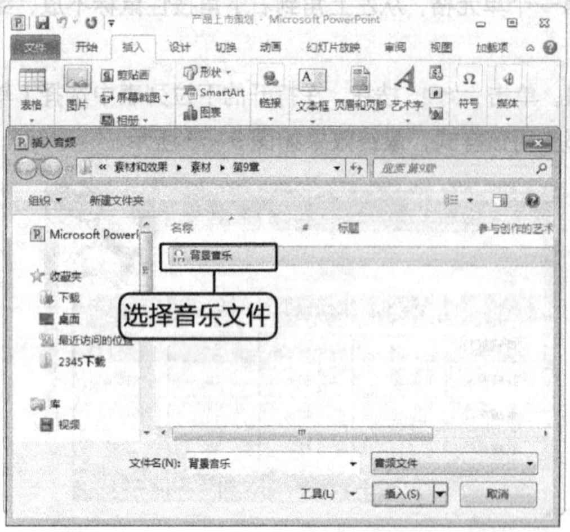

图 9-54 插入声音

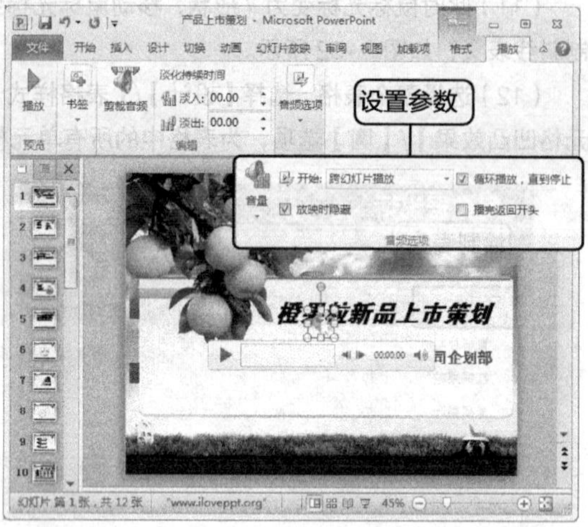

图 9-55 设置声音选项

项目十
设置并放映演示文稿

PowerPoint 作为主流的多媒体演示软件，在易学、易用性方面得到了广大用户的肯定，其中母版、主题和背景都是用户常用的功能，它可以快速美化演示文稿并简化操作。演示文稿的最终目的是放映，PowerPoint 的动画与放映是其有别于其他办公软件的重要功能，它可以让呆板的对象变得灵活起来，在某种意义上可以说正因为“动画和放映”功能，才成就了 PowerPoint“多媒体”软件的地位。本项目将通过两个典型的任务，介绍 PowerPoint 母版的使用，幻灯片切换动画与幻灯片对象动画的实现，以及放映和输出幻灯片的方法等。

课堂学习目标

- 设置市场分析演示文稿
- 放映并输出课件演示文稿

任务一 设置市场分析演示文稿

任务要求

聂铭在一家商贸城工作，主要从事市场推广方面的工作。随着公司的壮大以及响应批发市场搬离中心主城区的号召，公司准备在政策新规划的地块上新建一座商贸城。任务来了，新建的商贸城应该如何定位？是高端、中端还是低端呢？如何与周围的商家互动？是否可以形成产业链呢？新建商贸城是公司近 10 年来最重要的变化，公司上上下下都非常重视，在实体经济不景气的情况下，商贸城的定位，以及后期的运营对于公司的发展至关重要。聂铭作为一名在公司工作了多年的“老人”，接手了此事。他决定好好调查周边的商家和人员情况，为商贸城的正确定位出力。通过一段时间的努力后，聂铭完成了这个任务。设置、调整后完成的演示文稿效果如图 10-1 所示，具体要求如下。

- 打开演示文稿，应用“气流”主题，设置“效果”为“主管人员”，“颜色”为“凤舞九天”。
- 为演示文稿的标题页设置背景图片“首页背景.jpg”。
- 在幻灯片母版视图中设置正文占位符的“字号”为“26 号”，向下移动标题占位符，调整正文占位符的高度。插入名为“标志”的图片并去除标志图片的白色背景；插入艺术字，设置“字体”为“隶书”，“字号”为“28 号”；设置幻灯片的页眉页脚效果；退出幻灯片母版视图。
- 对幻灯片中各个对象进行适当的位置调整，使其符合应用主题和设置幻灯片母版后的效果。
- 为所有幻灯片设置“旋转”切换效果，设置切换声音为“照相机”。
- 为第 1 张幻灯片中的标题设置“浮入”动画，为副标题设置“基本缩放”动画，并设置效果为“从屏幕底部缩小”。
- 为第 1 张幻灯片中的副标题添加一个名为“对象颜色”的强调动画，修改效果为红色，动画开始方式为“上一动画之后”，“持续时间”为“01:00”，“延迟”为“00:50”。最后将标题动画的顺序调整到最后，并设置播放该动画时的声音为“电压”。

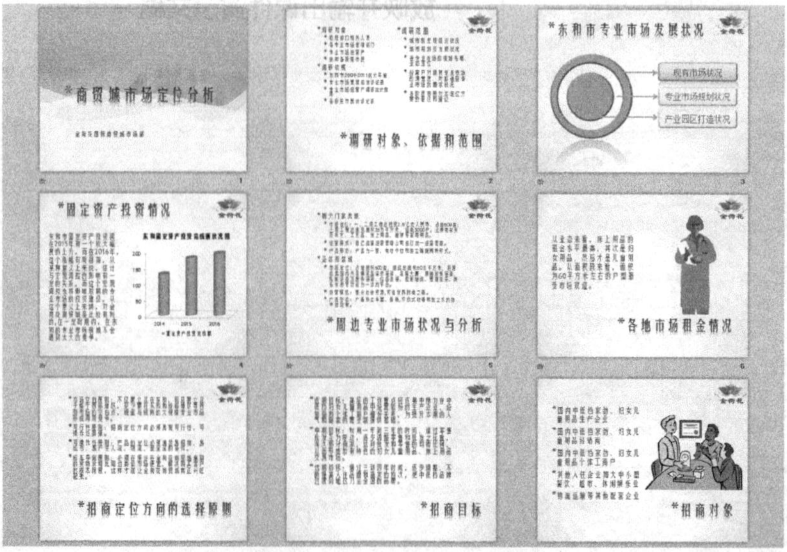

图 10-1 “市场分析”演示文稿

相关知识

（一）认识母版

母版是演示文稿中特有的概念，通过设计、制作母版，可以快速将设置内容在多张幻灯片、讲义或备注中生效。在 PowerPoint 中存在 3 种母版，一是幻灯片母版，二是讲义母版，三是备注母版。其作用分别如下。

- 幻灯片母版。幻灯片母版用于存储关于模板信息的设计模板，这些模板信息包括字形、占位符大小和位置、背景设计和配色方案等，只要在母版中更改了样式，则对应的幻灯片中相应样式也会随之改变。
- 讲义母版。讲义母版是指为方便演讲者在演示文稿时使用的纸稿，纸稿中显示了每张幻灯片的大致内容、要点等。讲义母版就是设置该内容在纸稿中的显示方式，制作讲义母版主要包括设置每页纸张上显示的幻灯片数量、排列方式以及页面和页脚的信息等。
- 备注母版。指演讲者在幻灯片下方输入的内容，根据需要可将这些内容打印出来。要想使这些备注信息显示在打印的纸张上，就需要对备注母版进行设置。

（二）认识幻灯片动画

演示文稿之所以在演示、演讲领域成为主流软件，动画在其中占了非常重要的作用。在 PowerPoint 中，幻灯片动画有两种类型，一种是幻灯片切换动画，另一种是幻灯片对象动画。这两种动画都是在幻灯片放映时才能看到并生效。

幻灯片切换动画是指放映幻灯片时幻灯片进入及离开屏幕时的动画效果；幻灯片对象动画是指为幻灯片中添加的各对象设置动画效果，多种不同的对象动画组合在一起可形成复杂而自然的动画效果。在 PowerPoint 中幻灯片切换动画种类较简单，而对象动画相对较复杂，其类别主要有 4 种。

- 进入动画。进入动画指对象从幻灯片显示范围之外，进入到幻灯片内部的动画效果，例如，对象从左上角飞入幻灯片中指定的位置，对象在指定位置以翻转效果由远及近地显示出来等。
- 强调动画。强调动画指对象本身已显示在幻灯片之中，然后对其进行突出显示，从而起到强调作用，例如，将已存的图片放大显示或旋转等。
- 退出动画。退出动画指对象本身已显示在幻灯片之中，然后以指定的动画效果离开幻灯片，例如，对象从显示位置左侧飞出幻灯片，对象从显示位置以弹跳方式离开幻灯片等。
- 路径动画。路径动画指对象按用户自己绘制的或系统预设的路径进行移动的动画，例如，对象按圆形路径进行移动等。

任务二　放映并输出课件演示文稿

任务要求

刘一是一名刚到学校参加工作的语文老师，作为新时代的老师，她深知课堂学习不能死搬硬套，填鸭式的教学起不到应有的作用。在学校学习和实习的过程中，刘一喜欢在课堂上借助 PowerPoint 制作课件，将需要讲解的内容以多媒体文件的形式演示出来，这样不仅使学生感到新鲜，也更容易接受。这次，刘一准备对李清照的重点诗词进行赏析，课件内容已经制作完毕，刘一准备在计算机上放映并预演一下，以免在课堂上出现意外，图 10-2 所示为创建好超链接，并准备放映的演示文稿效果，具体要求如下。

- 根据第 4 张幻灯片的各项文本的内容创建超链接，并链接到对应的幻灯片中。
- 在第 4 张幻灯片右下角插入一个动作按钮，并链接到第 2 张幻灯片；在动作按钮下方插入艺术字“作者简介”。
- 放映制作好的演示文稿，并使用超链接快速定位到“一剪梅”所在的幻灯片，然后返回上次查看的幻灯片，依次查看各幻灯片和对象。
- 在最后一页使用红色的“荧光笔”标记“要求”下的文本，最后退出幻灯片放映视图。
- 隐藏最后一张幻灯片，然后再次进入幻灯片放映视图，查看隐藏幻灯片后的效果。
- 对演示文稿中各动画进行排练。
- 将课件打印出来，要求一页纸上显示两张幻灯片，两张幻灯片四周加框，并且幻灯片的大小需根据纸张的大小进行调整。
- 将设置好的课件打包到文件夹中，并命名为“课件”。

图 10-2 “课件”演示文稿

相关知识

（一）幻灯片放映类型

演示文稿的最终目的是放映，在 PowerPoint 2010 中用户可以根据实际的演示场合选择不同的幻灯片放映类型，PowerPoint 2010 提供了 3 种放映类型。其设置方法为选择【幻灯片放映】/【设置】组，单击“设置幻灯片放映”按钮，打开“设置放映方式”对话框，在“放映类型”栏中单击选中不同的单选项即可选择相应的放映类型，如图 10-3 所示，设置完成后单击 确定 按钮。

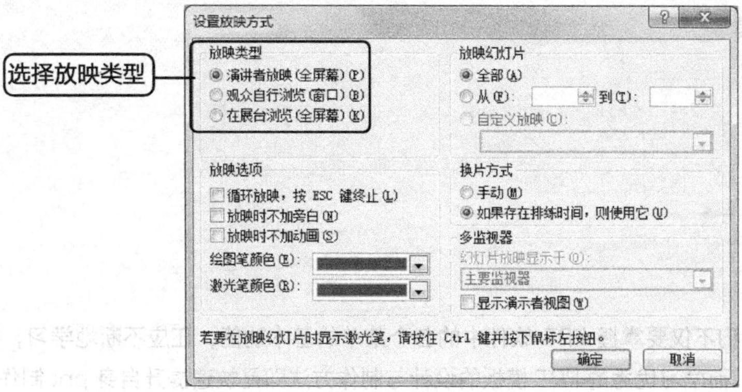

图 10-3 “设置放映方式”对话框

各种放映类型的作用和特点如下。

- 演讲者放映（全屏幕）。演讲者放映（全屏幕）是默认的放映类型，此类型将以全屏幕的状态放映演示文稿，在演示文稿放映过程中，演讲者具有完全的控制权，演讲者可手动切换幻灯片和动画效果，也可以将演示文稿暂停，添加会议细节等，还可以在放映过程中录下旁白。
- 观众自行浏览（窗口）。此类型将以窗口形式放映演示文稿，在放映过程中可利用滚动条、【PageDown】键、【PageUp】键对放映的幻灯片进行切换，但不能通过单击鼠标放映。
- 在展台放映（全屏幕）。此类型是放映类型中最简单的一种，不需要人为控制，系统将自动全屏循环放映演示文稿。使用这种类型时，不能单击鼠标切换幻灯片，但可以通过单击幻灯片中的超链接和动作按钮来进行切换，按【Esc】键可结束放映。

（二）幻灯片输出格式

在 PowerPoint 2010 除了可以将制作的文件保存为演示文稿，还可以将其输出成其他多种格式。操作方法较简单，选择【文件】/【另存为】命令，打开“另存为”对话框，选择文件的保存位置，在“保存类型”下拉列表中选择需要输出的格式选项，单击 保存(S) 按钮即可。下面讲解 4 种常见的输出格式。

- 图片。选择“GIF 可交换的图形格式（*.gif）”，“JPEG 文件交换格式（*.jpg）”，“PNG 可移植网络图形格式（*.png）”或“TIFF Tag 图像文件格式（*.tif）”选项，单击 保存(S) 按钮，根据提示进行相应操作，可将当前演示文稿中的幻灯片保存为一张对应格式的图片。如果要在其他软件中使用，还可以将这些图片插入到对应的软件中。
- 视频。选择“Windows Media 视频（*.wmv）”选项，可将演示文稿保存为视频，如果在演示文稿中排练了所有幻灯片，则保存的视频将自动播放这些动画。保存为视频文件后，文件播放的随意性更强，不受字体、PowerPoint 版本的限制，只要计算机中安装了视频播放软件，就可以播放，这对于一些需要自动展示演示文稿的场合非常实用。
- 自动放映的演示文稿。选择“PowerPoint 放映（*.ppsx）”选项，可将演示文稿保存为自动放映的演示文稿，以后双击该演示文稿将不再打开 PowerPoint 2010 的工作界面，而是直接启动放映模式，开始放映幻灯片。
- 大纲文件。选择“大纲/RTF 文件（*.rtf）”选项，可将演示文稿中的幻灯片保存为大纲文件，生成的大纲 RTF 文件中将不再包含幻灯片中的图形、图片以及插入到幻灯片的文本框中的内容。

任务实现见习题集

素材拓展

1. PPT 模板搜集

在 PPT 制作过程中我们不仅要掌握 PPT 软件中的各个菜单的基本功能，还应不断地学习，提升 PPT 制作设计美感与设计水平，而学习优秀的 PPT 模板的设计与制作方法即是快速提升自身 ppt 制作水平最便捷、有效的途径。故在此向大家推荐一些好用的 PPT 模板网站，仅供大家参考学习。

（1）昵图网 http://www.nipic.com/index.html，特点：坐拥海量素材，模板质量高，设计比较规范，所有作品均收费。

（2）稻壳儿 https://www.docer.com/，特点：作品种类齐全、资源库更新速度超快 、提供一键下载、有部分免费作品。

（3）Office Plus http://www.officeplus.cn/List.shtml?cat=PPT，特点：微软推出、资源库更新速度稳定、所有作品均免费。

（4）51PPT 模板 http://www.51pptmoban.com/，特点：资源种类丰富，且所有资源均无需注册便直接免费下载。

2. PPT 图片搜集

PPT 制作过程中素材的搜集是非常花费时间和精力的一件事，想要找到既高清又免费的图片素材也非常不容易，在此作者向大家推荐一些质量较高的高清素材搜索网站，供大家搜集素材之用。

（1）全景网　http://www.quanjing.com/。

（2）Flickr　http://www.flickr.com。

（3）站酷网　http://www.zcool.com.cn/。

（4）1X　http://1x.com/。

（5）图标下载　http://www.easyicon.net/。

项目十一
使用计算机网络

随着信息化技术的不断深入，计算机网络应用已经融入到人类社会中，成为人们学习、工作、生活中不可或缺的一部分。计算机网络就是通过通信、网络互连设备和网络软件进行信息传输和通信，将计算机的数据资源共享。计算机要连入网络必须具备相应的条件，目前最常用的网络是因特网（Internet），它是世界上最大的计算机互联网络，将全世界的大部分计算机联系在一起，通过这个网络，用户可以实现多种功能的应用。本项目将通过 4 个典型任务，介绍计算机网络的基础知识、Internet 的基础知识及使用，计算机和手机网络安全的防护知识，解读《网络安全法》等。

课堂学习目标

- 计算机网络基础知识
- Internet 基础知识
- 应用 Internet
- 我们身边的网络安全

任务一 计算机网络基础知识

任务要求

小刘大学毕业后到一家网络公司上班，做行政工作。行政工作的内容本身不太复杂，用大学学习的内容加上自己勤奋好学，小刘相信自己一定可以做得很好。在日常的工作中，小刘经常需要与网络接触，为了能熟练地把计算机应用到工作中，小刘决定先了解计算机网络的基础知识。

本任务要求认识计算机网络、计算机网络的发展、数据通信的概念、网络的类别、网络拓扑结构，以及网络中的硬件设备、网络中的软件设备等。

任务实现

（一）认识计算机网络

由于对计算机网络的发展和应用的侧重点不同，在计算机网络发展的不同阶段，人们提出了不同的定义。如果从计算机网络应用的本质，资源共享的观点出发，通常将计算机网络定义为，以能够相互共享资源的方式连接起来的独立计算机系统的集合，也就是说：将相互独立的计算机系统通过通信线路、网络互联设备相连接并遵守统一的网络协议软件进行数据通信，从而实现网络资源共享。

从计算机网络的定义可以确定，构成计算机网络有以下 4 点要求。

- 独立完备的计算机系统。从地理位置来看，它们是独立的，既可以相距很近，也可以相隔千里；从数据处理功能上来看，它们是独立的，它们既可以连网工作，也可以脱离网络独立工作，而且连网工作时，也没有明确的主从关系，即网内的一台计算机不能强制地控制另一台计算机。
- 与通信线路、网络互连设备相连接。各计算机系统必须用传输介质和网络互连设备实现互连，传输介质可以使用双绞线、同轴电缆、光纤、微波和无线电等。
- 遵守统一的网络协议。全网中各计算机在通信过程中必须共同遵守“全网统一”的通信规则，即网络协议。
- 资源共享。计算机网络中要有一定数量的计算机提供共享资源，包括硬件、软件和信息等，合法接入网络的计算机可以访问这些提供共享资源的计算机系统。

（二）计算机网络的发展

计算机网络诞生时间不长，但其发展非常迅速，经历了从简单到复杂，从局部到全球的发展过程，从形成初期到现在，大致经历了 4 个阶段。

1. 第一代计算机网络

第一代计算机网络可以追溯到 20 世纪 50 年代。人们将多台终端通过通信线路连接到一台中央计算机上构成“主机—终端”系统。第一代计算机网络又称为面向终端的计算机网络。这里的终端不具备自主处理数据的能力，仅仅能完成简单的输入/输出功能，所有数据处理和通信处理任务均由主机完成。用今天对计算机网络的定义来看，“主机—终端”系统只能称得上是计算机网络的雏形，还算不上是真正的计算机网络，但这一阶段进行的计算机技术与通信技术相结合的研究，成为计算机网络发展的基础。

2. 第二代计算机网络

20 世纪 60 年代，计算机的应用日趋普及，许多部门，如工业、商业机构等都开始配置大、中型计算机系统。这种信息交换的结果是多个计算机系统连接，形成一个计算机通信网络，被称为第二代计算机网络。其重要特征是：通信在“计算机——计算机”之间进行，计算机各自具有独立处理数据的能力，并且不存在主从关系。计算机通信网络主要用于传输和交换信息，但资源共享的程度不高。美国的 ARPANET 就是第二代计算机网络的典型代表，为 Internet 的产生和发展奠定了基础。

3. 第三代计算机网络

20 世纪 70 年代中期开始，许多计算机生产商纷纷开发出自己的计算机网络系统并形成各自不同的网络体系结构，如 IBM 公司的系统网络体系结构 SNA、DEC 公司的数字网络体系结构 DNA。这些网络体系结构有很大的差异，无法实现不同网络之间的互连，因此，网络体系结构与网络协议的国际标准化成了迫切需要解决的问题。1977 年国际标准化组织（International Standards Organization，ISO）提出了著名的开放系统互连参考模型 OSI/RM，形成了一个计算机网络体系结构的国际标准。尽管因特网上使用的协议是 TCP/IP，但 OSI/RM 对网络技术的发展产生了极其重要的影响。第三代计算机网络的特征是全网中所有的计算机遵守同一种协议，强调以实现资源共享（硬件、软件和数据）为目的。

4. 第四代计算机网络

从 20 世纪 90 年代开始，因特网实现了全球范围的电子邮件、WWW、文件传输和图像通信等数据服务的普及，但电话和电视仍各自使用独立的网络系统进行信息传输。人们希望利用同一网络来传输语音、数据和视频图像，因此提出了宽带综合业务数字网（B-ISDN）的概念。“宽带”是指网络具有极高的数据传输速率，可以承载大数据量的传输。由此可见，第四代计算机网络的特点是综合化和高速化。支持第四代计算机网络的技术有异步传输模式（Asynchronous Transfer Mode，ATM）、光纤传输介质、分布式网络、智能网络、高速网络和互联网技术等。人们对这些新的技术予以极大的热情和关注，正在不断深入地研究和应用。

互联网是改变世界，改变思维，改变时空的参照系。计算机网络将进一步朝着“开放、综合、智能”的方向发展，必将对未来世界的经济、军事、科技、教育与文化等的发展产生重大的影响。

（三）数据通信的概念

计算机技术和通信技术相结合，从而形成为了一门新的技术“数据通信”技术，“数据通信”指在两个计算机之间或一个计算机与终端之间进行信息交换传输数据。在讲解数据通信的过程中将经常使用一些专业术语，下面分别进行解释。

1. 信道

信道是指信号传输的通道，即媒介。信道的种类较多，通常分为有线信道和无线信道。有线信道以导线为传输媒介，如双绞线、电话线、电缆或光缆等，信号沿导线进行传输。无线信道看不见摸不着，它是通过在自由空间利用电磁波作为载体发送和接收信号来进行传输，如无线电波、微波、蓝牙、红外线等。

2. 模拟信号和数字信号

信号分为模拟信号和数字信号。

- 模拟信号：模拟信号是连续变化的信号，如超声波、电波等。
- 数字信号：它是一种离散人工生成的脉冲信号。在计算机中，数字信号用二进制数表示，即 0 和 1。由于数字信号是用固定状态的 0 和 1 表示，故其抵抗材料本身干扰和环境干扰的能力都比模拟信号强。

3. 调制与解调

当计算机要通过电话线的连接方式进行数据传输，电话线是典型的模拟信号传输媒介，而计算机产生的信号是数字信号，那么如何实现电话线连接计算机实现模拟信号和数字信号的转换呢？这时就需要一个设备调制和解调，名称叫“调制-解调器（Modem）”，其作用分别如下。

- 调制，将各种数字信号转换成适合于在电话线等信道传输的模拟信号，称为调制。
- 解调，解调的作用与调制相反，是将数据模拟信号还原为计算机可以识别的数字信号。

提示

调制解调器（Modem）俗称“猫”。该设备是模拟信号通过电话线等连接网络的必备设备，目前家庭网络很少使用通过电话线拨号的方式上网了。

4. 带宽与传输速率

在数据通信领域，带宽与传输速率是衡量传输质量的主要技术指标参数之一。

- 带宽，是指模拟信号中用于表示信道传输信号能力的指标，也指能够有效通过该信道的信号的最大频带宽度。它是以信号的最高频率和最低频率之差表示，频率是模拟信号每秒的周期数，单位为Hz（赫兹）、kHz、MHz、GHz。可以说带宽越大，单位时间内可传输的频率范围就越广，传输的数据量也越大。
- 传输速率，在数字信号中是用于表示信道传输信号能力的重要指标，它表示每秒钟传输的二进制（0和1）的位数，单位为：bit/s（比特/秒）、kbit/s、Mbit/s、Gbit/s 和 Tbit/s 等。

提示

计算机网络领域：带宽指网络系统的通信链路（与信道或者传输媒体）传输数据的能力，即表征单位时间内从网络中的某一点到另一点所能通过的"最高数据率”。在实际生活和工作中，人们通常直接用“带宽”来表示计算机网络的传输能力，即带宽越大，数据传输能力越强。

（四）计算机网络的分类

计算机网络按照覆盖的地域范围与规模可以分为 3 类：局域网（Local Area Network，LAN）、城域网（Metropolitan Area Network，MAN）与广域网（Wide Area Network，WAN）。

1. 局域网

局域网是目前网络技术发展最快的领域之一。局域网是指在较小的地理范围内（一般不超过几十千米），由有限的通信设备互连起来的计算机网络。局域网的规模相对于城域网和广域网而言较小，常在公司、机关、学校和工厂等有限范围内，将本单位的计算机、终端以及其他的信息处理设备连接起来，以实现办公自动化、信息汇集与发布等功能。

2. 城域网

城域网所覆盖的地域范围介于局域网和广域网之间，城域网是随着各单位大量局域网的建立而出现的。同一个城市内各个局域网之间需要交换的信息量越来越大，为了解决它们之间信息高速传输的问题，提出了城域网的概念，并为此制定了城域网的标准。一般在一个城市中（几十千米范围内），企业、机关、公司和学校等单位的局域网互连，以满足大量用户之间数据和多媒体信息的传输需要。

3. 广域网

广域网在地域上可以覆盖一个地区、国家，甚至横跨几大洲，因此也称为远程网。除此之外，许多大型企业以及跨国公司和组织也建立了属于内部使用的广域网络。广域网可以适应大容量、突发性的通信需求，提供综合业务服务，具备开放的设备接口与规范的协议以及完善的通信服务与网络管理。但其传输速率较低，一般为 96kbit/s～45Mbit/s。

（五）网络的拓扑结构

网络拓扑是网络形状，或者是网络在物理上的连通性，网络拓扑结构是决定通信网络性质的关键要素之一。不同的网络拓扑结构涉及不同的网络技术，对网络性能、系统可靠性与通信费用都有重要的影响。常见的网络拓扑结构分为：星型拓扑结构、树型拓扑结构、网状型拓扑结构、总线型拓扑结构和环型拓扑结构，其结构示意图如图 11-1 所示。

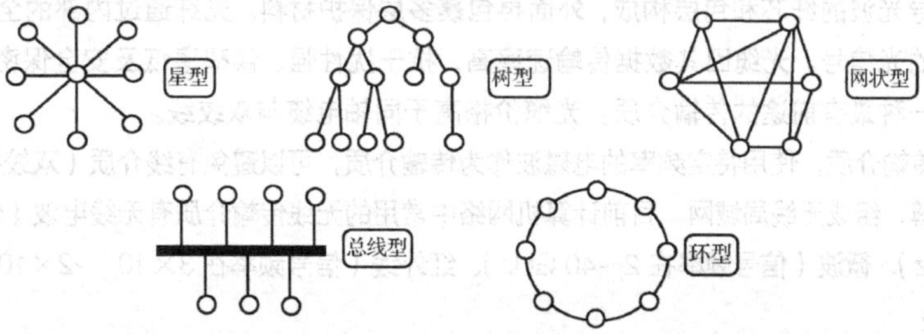

图 11-1　拓扑结构

下面对 5 种形状的网络拓扑结构进行详细介绍。

- 星型拓扑结构。星型拓扑结构中的各结点通过点对点通信线路与中心结点连接。任何两结点之间的数据传输都要经过中心结点的控制和转发。中心结点控制全网的通信。星型拓扑结构简单，易于组建和管理。但中心结点的可靠性是至关重要的，它的故障可能造成整个网络瘫痪。
- 树型拓扑结构。树型拓扑结构可以看作是星型拓扑的扩展。树型拓扑结构中，结点具有层次。全网中有一个顶层的结点，其余结点按上、下层次进行连接，数据传输主要在上、下层结点之间进行，同层结点之间数据传输时要经上层转发。这种结构的优点是灵活性好，可以逐层扩展网络，但缺点是管理复杂。
- 网状型拓扑结构。网状型拓扑结构中两结点之间的连接是任意的，特别是任意两结点之间都连接专用链路则可构成全互连型。网状型拓扑结构中两结点之间存在多条路径，因此，这种结构的主要优点是系统可靠性高，数据传输快，但是网状型拓扑结构的建网费用高昂，控制复杂，目前常用于广域网中，在主要结点之间实现高速通信。
- 总线型拓扑结构。网络中所有结点连接到一条共享的传输介质上，所有结点都通过这条公用链路来发送和接收数据。
- 环型拓扑结构。环型拓扑结构中的结点通过点对点通信线路，首尾连接构成闭合环路。数据将沿环中的一个方向逐个结点传送，当一个结点使用链路发送数据时，其余的结点也能先后“收听”到该数据。环型拓扑结构简单，传输时延确定，但环路的维护复杂。

（六）网络中的硬件

要实现计算机之间相互通信与资源共享，必须有硬件设备的支持。由于网络的类型不一样，使用的硬件设备可能有所差别，总体说来，构建计算机网络的常见硬件设备有传输介质、网卡、路由器和交换机等。

1. 传输介质

在计算机网络体系中要使计算机能正常通信，必须有一条正常的物理通路，这条通路我们称为传输介质。目前，常用的网络传输介质分为：有线传输介质，如双绞线、同轴电缆、光缆，无线传输介质，如无线电波等。分别介绍如下：

- 双绞线，俗称“网线”。双绞线由两根、四根或八根绝缘导线组成，两根为一线来作为一条通信链路。为了减少各线对之间的电磁干扰，各线对以均匀对称的方式，螺旋状扭绞在一起。线对的绞合程度越高，抗干扰能力越强。
- 同轴电缆，同轴电缆由内导体、外屏蔽层、绝缘层及外部保护层组成。同轴电缆可连接的地理范围较双绞线更宽，抗干扰能力较强，使用与维护也方便，但价格较双绞线高。
- 光纤电缆，光纤电缆简称为光缆。一条光缆中包含多根光纤。每根光纤是由玻璃或塑料拉成极细的能传导光波的纤芯和包层构成，外面再包裹多层保护材料。光纤通过内部的全反射来传输一束经过编码的光信号。光缆因其数据传输速率高、抗干扰性强、误码率低及安全保密性好的特点，而被认为是一种最有前途的传输介质。光缆价格高于同轴电缆与双绞线。
- 无线传输介质，使用特定频率的电磁波作为传输介质，可以避免有线介质（双绞线、同轴电缆、光缆）的束缚，组成无线局域网。目前计算机网络中常用的无线传输介质有无线电波（信号频率在 30 MHz～1 GHz）、微波（信号频率在 2～40 GHz）、红外线（信号频率在 3×10^{11}～2×10^{14}Hz）等。

2. 网卡

网卡的全称是网络接口卡（NIC），用于计算机和传输介质的连接，从而实现信号传输，包括帧的发送与接收、帧的封装与拆封、介质访问控制、数据的编码与解码以及数据缓存的功能等。网卡是计算机连接到局域网的必备设备。一般分为，有线网卡和无线网卡两种。

3. 路由器

路由器（Router），是互联网络的枢纽，相当于一个城市的“长途汽车站”，它是连接各局域网、广域网与因特网的设备，在路由器中保存着通往其他网络的路径数据——路由表，在转发数据包时从路由器的路由表里选择路径。路由器根据网络的情况通过人工设定选择或自动选择路由的方式，以最佳路径发送数据包。由此可见，选择最佳传输路径是路由器的关键所在。

4. 交换机

交换机（Switch）是一种用于电（光）信号转发的网络设备。它可以为接入交换机的任意两个网络节点提供独享的电信号通路，支持端口连接结点之间的多个并发连接，从而增加网络带宽，改善局域网的性能。交换机的主要功能包括物理编址、网络拓扑结构、错误校验、帧序列以及流控等。常见的交换机有以太网交换机、电话语音交换机和光纤交换机等。

提示

一个城市的市内公共汽车，承载着人们上下班，而交换机也像一个城市里的公共汽车一样负责某个局域网的数据传输。人们如果要从一个城市去到另外一个城市，需要到长途汽车站或火车站去乘坐指定的车才能到达目的城市，在网络世界里路由器就是连接两个不同网络的数据传输“长途车“（设备）。路由器和交换机之间的主要区别就是，交换机工作在 OSI 参考模型第二层（数据链路层），而路由工作在第三层，即网络层。

（七）网络中的软件

硬件是“躯干”，与硬件相对的是软件，软件就是“灵魂”，两者缺一不可。要在网络中实现资源共享和网络应用功能就必须有软件的支持。网络软件一般是指网络操作系统、网络通信协议和提供网络服务功能的应用软件，下面分别进行讲解。

- 网络操作系统。网络操作系统用于管理网络软、硬资源，常见的网络操作系统有 UNIX、Linux、Netware、Windows server 2008、Windows server 2016 等。
- 网络通信协议。网络通信协议是网络中计算机交换信息时的约定（网络世界的“法律”），它规定了计算机在网络中相互通信必须遵守的规则。Internet 采用的协议是 TCP/IP。
- 提供网络服务功能的应用软件。该类软件通过网络提供一些特定的应用服务功能，如迅雷、阿里旺旺、QQ、微信、网络视频播放器、信息传输服务等。

（八）无线局域网

随着互联网技术的发展，无线局域网已被广泛应用，成为现在家庭、学校的学生宿舍、小型公司首选的局域网组建方式。无线局域网（Wireless Local Area Networks，WLAN）利用射频技术，通过电磁波作为信息的载体来取代双绞线所构成的局域网络。

WLAN 的实现方式有很多，其中应用最为广泛的是无线保真技术（Wi-Fi），它提供了一种能够将各种终端设备都通过无线进行互联的技术。目前要搭建一个简单的无线局域网一般只需要一台无线路由器和安装有无线网卡的计算机、智能手机、无线智能移动终端等设备就可以了。

提示

无线路由器是用于用户上网、带有无线覆盖功能的路由器，可以看作是一个转发器，它将宽带网络信号通过天线转发给附近的无线网络设备，同时，它还具有其他的网络管理功能，如 DHCP 服务、NAT 防火墙、MAC 地址过滤和动态域名等。

任务二　Internet 基础知识

任务要求

小刘学习了一些基本的计算机网络基础知识，但是同事告诉他，计算机网络并不等同于因特网（Internet），Internet 是使用最为广泛的一种网络，也是现在世界上最大的一种网络，在该网络上可以实现很多特有的功能。小刘决定再好好学习 Internet 的基础知识。

本任务要求认识 Internet 与万维网，了解 TCP/IP，认识 IP 地址和域名系统，掌握连入 Internet 的各种方法。

任务实现

（一）认识 Internet 与万维网

Internet（因特网）和万维网是两种不同类型的网络，其功能和性质不相同。万维网是因特网在发展历程中的一个产物。

1. Internet

Internet（因特网）俗称互联网，也称国际互联网，它是全球最大的计算机网络，由遍布在全世界的众多大大小小的网络相互连接而成的计算机网络，即广域网、城域网、局域网及单机按照一定的通信协议组成的国际计算机网络。Internet 为全球范围内提供了极为丰富的信息资源。一旦连接到 Web 节点，就意味着你的计算机已经接入 Internet。现在 Internet 在人们的工作、生活和社会活动中起着越来越重要的作用。

2. 万维网

万维网（World Wide Web，WWW），又称环球信息网、环球网或全球浏览系统等。WWW 起源于位于瑞士日内瓦的欧洲粒子物理实验室。WWW 是一种基于超文本的、方便用户在因特网（Internet）上搜索和浏览信息的信息服务系统，它通过超链接把世界各地不同 Internet 节点上的相关信息有机地组织在一起。总之，WWW 的应用和发展已经远远超出网络技术的范畴，影响着新闻、广告、娱乐、电子商务和信息服务等诸多领域。可以说，WWW 的出现是 Internet 应用的一个革命性的里程碑。

（二）了解 TCP/IP

每个计算机网络都制订一套全网共同遵守的网络协议，并要求网中每个主机系统配置相应的协议软件，以确保网中不同系统之间能够可靠、有效地相互通信和合作。“TCP/IP”是 Internet 最基本的协议，它译为传输控制协议/因特网互连协议，又名网络通信协议，也是 Internet 国际互联网络的基础。

TCP/IP 由网络层的 IP 协议和传输层的 TCP 协议组成，它定义了计算机设备如何连入因特网，以及数据如何在设备之间传输的标准。

TCP（传输控制协议），是一种面向连接的、可靠的、基于字节流的传输层通信协议，负责向应用层提供面向连接的服务，确保网上发送的数据包可以被完整地接收，如果发现传输有问题，要求重新传输，直到所有数据安全正确地传输到目的地。

IP 即网络协议，负责给因特网的每一台联网设备规定一个地址，即常说的 IP 地址。同时，IP 还有另一个重要的功能，即路由选择功能，用于选择从网上一个结点到另一个结点的传输路径。

TCP/IP 共分为 4 层：网络接口层、互连网络层、传输层和应用层，分别介绍如下。

- 网络接口层（Host-to-Network Layer）。实际上并不是因特网协议组中的一部分，但是它是数据包从一个设备的网络层传输到另外一个设备的网络层的方法。它综合了 OSI 模型中的物理层和数据链路层的功能，主要负责数据在网络上的无差错的传输，网络接口层从上层接收 IP 数据包并将数据包通过网络电缆发送出去，或者从网络电缆上接收数据帧，并分离出数据包，再交给它的上层。
- 互连网络层（Internet Layer）。网络层向上只提供简单灵活的、无连接的、尽最大努力交付的数据报服务。网络层不提供服务质量的承诺。整个因特网就是单一的、抽象的网络，IP 地址就是给因特网上的每一个主机或路由器的每一个接口，分配一个在全世界范围内唯一的 32 位的标识符。
- 传输层（Transport Layer）。传输层用于为两台连网的设备之间提供端到端的通信，在这一层有传输控制协议（TCP）和用户数据报协议（UDP）。其中 TCP 是面向连接的协议，它提供可靠的报文传输和对上层应用的连接服务；UDP 是面向无连接的不可靠传输的协议，主要用于不需要 TCP 的排序和流量控制等功能的应用程序。
- 应用层（Application Layer）。应用层包含所有的高层协议，用于处理特定的应用程序数据，为应用软件提供网络接口，包括文件传输协议（FTP）、电子邮件传输协议（SMTP）、域名服务（DNS）、网上新闻传输协议（NNTP）等。

（三）认识 IP 地址和域名系统

Internet 上的计算机众多，如何有效地分辨这些计算机和实现网站资源的访问，就需要通过 IP 地址和域名来实现。

1. IP 地址

IP 地址，即互联网协议地址。全世界连接 Internet 的每台计算机都有一个唯一的 IP 地址，就像我们每个人都有一个唯一的身份证号。一个 IP 地址由 4 个字节（32位）的二进制组成，通常分成 4 部分，每 8 位二进制用小圆点分隔，其中每 1 个部分（字节）可用一个十进制数来表示，也就是说每 1 个部分（字节）的数字由 0～255 的数字组成，大于或小于该数字的 IP 地址都不正确。例如，IP 地址 11000000.10101000.0000001.110011，用十进制表示应为 192.168.1.51。我们平常为了方便记忆和书写一般使用十进制，设置计算机 IP 地址也使用十进制输入给计算机，在计算机内部会自动把十进制数转换为计算机本身能识别的二进制数。

通常把 IP 地址分成两部分：

第一部分是网络号，表示网段，类似电话号码的区号，从区号可以辨别属于哪个区域的号码，我们根据网络号就知道该 IP 属于哪个国家，哪个地区的网络。

第二部分是主机号，主机地址，类似电话号码的号码区。

Internet 的 IP 地址可以分为 A、B、C、D 和 E 五类。我们如何区分 A、B、C、D、E 五类地址呢？通过数字所在的区域判断该 IP 地址的类别，只需要判断小圆点划分为 4 部分的 IP 地址的第 1 部分的数值大小，在 0～127 为 A 类地址；128～191 为 B 类地址；192～223 为 C 类地址；224～239 为 D 类地址，D 类地址也是组播地址，没有网络号和主机号；240～255 为 E 类，该地址保留作为研究使用。例如，IP 地址 126.8.8.52，第 1 部分数值是 126，因此该 IP 地址属于 A 类地址。

提示

由于网络的迅速发展，已有协议（IPv4）规定的 32 位的 IP 地址已不能满足用户的需要，IPv6 采用 128 位地址长度，几乎可以不受限制地提供地址。在 IPv6 中，除解决了地址短缺问题以外，还解决了在 IPv4 中存在的其他问题，如端到端 IP 连接、服务质量（QoS）、安全性、多播、移动性和即插即用等。IPv6 已经成为新一代的网络协议标准。

2. 域名系统

如果网站的 IP 地址，以真实数字的形式来表示则难以记忆，所以在实际应用中采用字符形式来表示 IP 地址，即域名系统（Domain Name System，DNS）。域名系统由若干子域名构成，子域名之间用小数点的圆点来分隔。

域名的层次结构如下：

……三级子域名．二级子域名．顶级子域名

每一级的子域名都由英文字母和数字组成（不超过 63 个字符，并且不区分大小写字母），级别最低的子域名写在最左边，而级别最高的顶级域名则写在最右边。一个完整的域名不超过 255 个字符，其子域级数一般不予限制。

例如，广西中医大学主页的 www 服务器的域名是：www.gxtcmu.edu.cn，对应的 IP 地址为 210.36.99.12，在这个域名中，顶级域名是 cn（中国），第二级子域名是 edu（教育部门），第三级子域名是 gxtcmu（广西中医大学），最左边的 www 则表示某台主机名称。

提示

在顶级域名之下，二级域名又分为类别域名和行政区域名两类。类别域名共 6 个，包括用于科研机构的 ac；用于工商金融企业的 com；用于教育机构的 edu；用于政府部门的 gov；用于互联网络信息中心和运行中心的 net；用于非营利组织的 org。行政区域名有 34 个。

（四）连入 Internet

国内普通家庭用户的计算机要连入 Internet 的方法有多种，一般家庭网络宽带业务的办理要到当地的 Internet 服务提供商（ISP）如电信、移动、联通业务大厅申请网络开通，完成办理手续后对方派专人上门，进行布线、账户分配、软件安装、计算机 IP 地址设置等，从而实现上网。

目前，国内连入 Internet 的方法主要有 ADSL 拨号上网、光纤宽带上网和无线上网等。

提示

未来，家庭互联网将呈现八大发展趋势：家庭生活各方面逐渐信息化、家庭业务需求多样化、家庭网络从接入转向家庭组网、智慧家庭需要可管理化、家庭设备形态不断演化、家庭业务边界扩大化和模糊化、用户授权的家庭自动化、电视成为家庭互联网的娱乐入口等。

任务三 应用 Internet

任务要求

通过一段时间的基础知识学习，小刘迫不及待地想进入 Internet 的神奇世界。同事告诉他，Internet 可以实现的功能很多，不仅可以进行信息的查看和搜索，还能进行资料的上传与下载，电子邮件的发送等。在信息化技术如此深入的今天，不管是工作还是日常生活，都离不开 Internet。小刘决定系统地学习 Internet 的使用方法。

本任务需要掌握常见的 Internet 操作，包括 IE 浏览器的使用、搜索信息、上传与下载资源、发送电子邮件、即时通信软件的使用和网上流媒体的使用等。

相关知识

（一）Internet 应用的相关概念

Internet 可以实现的功能很多，在使用 Internet 之前，先了解 Internet 应用相关的概念，以帮助后期的学习。

1. 浏览器

通过浏览器，用户可迅速浏览各种信息，并可将用户反馈的信息转换为计算机能够识别的命令。浏览器是计算机上必装软件之一，其种类众多。一般常用的有 Internet Explorer（简称 IE 浏览器）、Firefox、谷歌浏览器、百度浏览器、搜狗浏览器、360 浏览器、UC 浏览器、傲游浏览器和世界之窗浏览器等。

2. URL

URL 即网页地址，简称网址，是 Internet 上标准的资源地址。一个完整的 URL 地址由“协议名称”“服务器名称或 IP 地址”“路径和文件名”组成。

3. 超链接

超链接是指从一个网页指向一个目标的连接关系，这个目标可以是另一个网页，也可以是相同网页上的不同位置，还可以是一张图片，一个电子邮件地址，一个文件，甚至是一个应用程序。

4. FTP

文件传输协议（File Transfer Protocol，FTP）可将一个文件从一台计算机传送到另一台计算机中，不管这两台计算机使用的操作系统是否相同，相隔的距离有多远。

提示

使用 FTP 时必须先登录，在远程主机上获得相应的权限以后，才能下载或上传文件，这就要求用户必须有对应的账户和密码，这样操作虽然安全，却不太方便使用，通常使用账号“anonymous”，密码为任意的字符串，也可以实现上传和下载功能，这个账号即为匿名 FTP。

（二）认识 IE 浏览器窗口

IE 浏览器是目前主流的浏览器。在 Windows 7 操作系统，打开如图 11-2 所示的窗口。

图 11-2　IE 浏览器窗口

（三）流媒体

流媒体是一种以“流”的方式在网络中传输音频、视频和多媒体文件的形式，它将视频和音频等多媒体文件经过特殊的压缩方式分成一个个压缩包，由服务器向用户计算机连续、实时传送。在流媒体传输方式的系统中，用户不必像非流式传输那样，必须整个文件全部下载完毕才能看到当中的内容，而只需要经过很短的时间即可在计算机上对视频或音频等流式媒体文件进行边播放边下载。

任务实现见习题集项目 9

任务四　我们身边的网络安全

小刘现在已经对计算机的应用非常熟悉了。平时同事们使用计算机过程中遇到的一些操作问题都向小刘请教，小刘都能帮助同事们解决，因此得到了同事们的认可。他非常有成就感，感觉自己的努力没有白费。突然有一天，单位财务处的田大姐急匆匆地跑到小刘的办公室，向小刘“求救”，她的电脑中病毒了，单位的工资信息文件无法打开，如果没有数据这个月就不能按时发工资了。一个上午小刘都没办法解决这个问题，而小刘是用心的人，他意识到自己还需要学习一些计算机网络安全防护知识。

任务要求

认识计算机网络病毒，了解计算机网络安全的重要性，掌握个人计算机网络安全防护的基本知识，智能手机的网络安全，认识《网络安全法》。

相关知识

（一）认识计算机网络病毒

随着网络的普及和发展，网络病毒成了计算机病毒世界的主角，它的传播媒介不再是移动式载体，而是网络通道，病毒的传染能力更强，破坏力更大。网络病毒是利用人为编制的代码或者程序对计算机系统本身造成破坏，甚至将硬盘格式化，可以使系统的重要信息丢失。中毒后表现为系统资源遭到强制占用，文件数据全部受到篡改或者丢失，甚至杀毒软件也遭到破坏，导致网络更易受到其他的攻击。这类病毒的发展多数是由于人为的破坏引起的，经过了多次的编写和修补，病毒呈现出种类多样化、数量巨大化等趋势。

1. 计算机网络病毒的特征

（1）传播速度快，范围广。只要一台计算机染毒，如不及时处理，那么病毒会通过国际互联网在世界范围内迅速扩散。例如，“爱虫”病毒在一两天内迅速传播到世界的主要计算机网络。

（2）破坏性大。网络病毒的破坏性是毁灭性的，它可以让电脑瞬间之内系统崩盘、数据丢失，甚至电脑被远程控制等。网络病毒的破坏性比单机病毒更大，例如，代理木马，是一个盗取用户机密信息的木马程序。“代理木马”变种 crd 运行后，自我复制到系统目录下，文件名随机生成，修改注册表，实现开机自启。从指定站点下载其他木马，侦听黑客指令，盗取用户机密信息等。

（3）病毒变种速度快。网络病毒变种速度非常快，而且变种病毒是原病毒的组合，具有更大破坏性。黑客通过分析计算机病毒的结构，在掌握其机理的基础上又对其进行改动，从而衍生出新的计算机变种病毒。这种变种病毒造成的后果可能比原版病毒严重得多。例如，“爱虫”是脚本语言病毒，“梅丽莎”是宏病毒，它们容易编写，并且很容易被修改，生成很多变种病毒。

（4）攻击途径多样，难以控制。网络病毒的攻击途径非常多，目前，比较广泛的是以邮件传播、主动攻击服务器 、即时通信工具传播、FTP 协议传播、网页浏览传播、共享文件夹传播等方式，通常每一种网络病毒的攻击途径都是这些途径的混合，以其中一种为主。

2. 计算机遭到入侵或中毒的症状

（1）计算机运行速度明显减慢，经常性死机或无法开机。

（2）打开某网页后无数对话框弹出，自动跳转到某个网站。

（3）黑屏或蓝屏以及出现一些错误的消息提示，一些常用文件、程序无法打开。

（4）鼠标键盘不受控制等现象。

（5）网卡灯或硬盘灯不停闪烁。

提示

根据多年对计算机病毒的研究，按照科学的、系统的、严密的方法，计算机病毒可分类为：网络病毒，文件病毒，引导型病毒等，详细解释见项目 12。

（二）计算机网络安全的重要性

网络空间已经被视为继陆、海、空、天之后国家安全的“第五空间”，如何应对来自少数国家的网络安全威胁，保卫“第五空间”的安全，已成为许多国家的共同目标。

中国接入国际互联网 20 多年。这 20 多年来，中国互联网抓住机遇，快速推进，成果斐然。据中国互联网网络信息中心发布的报告，截至 2016 年底，中国网民规模突破 7.31 亿，使用手机、电视上网网民规模快速增长，台式计算机、笔记本的上网比例则继续呈下降态势。2016 年我国网民使用手机上网的比例为 95.1%，手机用户超过 12 亿，网站近 600 万家，全球十大互联网企业中我国有 3 家。网络购物用户规模达到 4.67 亿，占网民比例为 63.8%。中国已成为名副其实的“网络大国”。

调查显示，2016 年遭遇过网络安全事件的用户占比达到整体网民的 70.5%，其中网上诈骗是网民遇到的首要网络安全问题，39.1%的网民曾遇到过这类网络安全事件。通过对遭遇网上诈骗的用户进一步调查发现，虚拟中奖信息诈骗是波及最广的网上诈骗类型，占比为 75.1%；其次为利用社交软件冒充好友进行诈骗，占比为 50.2%。360 安全中心和腾讯安全共监测到安卓手机用户标记骚扰诈骗短信 183.8 亿条，骚扰诈骗类电话 391.2 亿次。

提示

什么是网络空间安全？网络空间是一个虚拟的空间，虚拟空间包括了三个基本要素：第一个是载体，也是通信信息系统；第二个是主体，也就是网民、用户；第三个是构造一个集合，用规则管理起来，我们称为“网络空间”。

（三）个人计算机网络安全防护的基本知识

2016 年 8 月，山东临沂 18 岁女生徐玉玉，刚刚考上大学，却在入学前夕遭遇电信诈骗，9 900 元的学费，一个电话就被骗没了，孩子郁结而死。2017 年 5 月，美国国家安全局 NSA 的网络武器“永恒之蓝”也称网络勒索病毒，被黑客组织盗取，在全球进行大规模攻击，一夜之间 150 多个国家和地区受害，包括医疗系统、快递公司、石油石化、学校、银行、警察局等众多行业受到影响，受害计算机的文件会被篡改为相应的后缀，图片、文档、视频、压缩包等各类资料都无法正常打开，只有支付赎金才能解密恢复。由此可见，网络安全问题威胁着我们的生活，我们的个人计算机如何做好安全防护呢？我们可以从以下几方面进行防护。

（1）操作系统安全。安装可靠的系统和软件：首次安装操作系统时，要使用来源可靠的原版安装包（一些电脑公司经常会使用精简过的，经 GHOST 软件重新打包的 WINDOWS 系统盘），安装完成后要及时对系统升级打补丁；选择使用可靠的第三方应用软件，尤其是网络软件，安装完以后使用计算机自带的备份功能或者自己安装一键恢复软件对系统进行备份。

（2）安装杀毒软件。安装杀毒软件并保证杀毒软件更新到最新的病毒库，定期对重要区域重点扫描，对计算机进行全盘扫描，开启杀毒软件的主页防护和 U 盘杀毒等功能。

（3）合理设置计算机的操作系统。开启 windows 自带的防火墙，关闭远程协助支持及远程桌面功能，尽量使用最新版的浏览程序，也可以使用 360 浏览器、谷歌浏览器、Firefox 或者任何 IE 之外的浏览器。

（4）养成良好的上网及计算机使用的习惯。操作系统设置复杂的安全密码，密码应该包括大写字母、小写字母及数字，至少应有八位长度，并定期修改密码；不要随便打开垃圾邮件和不明确的邮件；使用聊天工具时不点击网上陌生人发过来的链接，不接收陌生人发过来的文件；定期做好数据的备份工作，有了完整的数据备份，在遭到攻击或系统出现故障时才能迅速恢复系统。

（5）谨慎使用下载软件和共享软件。尽量不要从不知名的站点下载软件，或下载可执行软件，如 zip .rar .exe 等文件，建议通过 360 软件管家、QQ 软件管家、百度软件管家等一站式下载安装软件或管理软件的平台进行下载和安装。

（6）定期使用系统垃圾清理软件。对计算机进行垃圾文件清理，整理磁盘碎片。

提示

目前国内免费的杀毒软件有很多，我们可以选择 360 杀毒、金山毒霸、百度杀毒、腾讯电脑管家等，这些杀毒软件集成了：电脑垃圾文件清理、系统优化及修复、软件管家、软件自动升级、备份助手等非常实用的电脑应用功能。作为一个电脑小“白”，会使用这些杀毒软件，将为你的电脑安全防护起到事半功倍的效果。

（四）智能手机的网络安全

随着移动宽带的迅猛发展以及智能手机的普及，目前，手机已经超过电脑成为第一大互联网终端，网络安全的主战场也逐渐由电脑向手机转移，而很多人忽视了手机的网络安全。

智能手机在我们的生活中扮演的角色越来越重要，手机里也存储了我们大量的私人信息。如何防止手机隐私泄露？我们可以从以下几个方面入手。

（1）使用密码锁定手机。如果你仍不习惯使用密码锁定手机，你的信息可能会随时泄露。不论是 Android 还是 iPhone，你都可以设置一个密码，手机屏幕关闭后即可锁定设备，不被他人轻易查看。当然，内置指纹传感器的机型更是多了一层保护，除非你睡着了被人偷偷验证。

（2）安装安全防护软件。对于 Android 手机来说，安全防护软件是必要的，虽然这些应用可能会常驻后台、减少电池寿命，但由于其具备可实时更新的病毒和恶意软件库，在手机中发现这些不良文件时能够及时处理，防止它们恶意损坏或窃取用户数据。

（3）谨慎给予软件权限。手机安装软件时，常被要求“读取您的位置”，“读取您的联系人”，“读取短信记录”等，同意后软件就可以获得手机信息，并上传到互联网云服务器，而一旦手机上的资料被泄露，别人就可能知道你的位置、通话联系人、家在哪等。

（4）不要乱连免费 WiFi，没有免费的“午餐”。每个人都爱免费 WiFi，但你也会为贪便宜付出高昂的代价。这是因为，绝大多数免费 WiFi 接入点都是没加密的。这些开放的网络可让恶意人士监听网络流量，轻易获得您的口令、用户名和其他敏感信息。此外，黑客最喜欢在公共场所建立所谓的免费 WiFi，人们通过其 WiFi 联网的过程中，通信的数据会被其得到，有很高的风险，导致信息泄露。

（5）更新升级到最新的软件。手机软件也有可能存在安全漏洞，新漏洞被利用有可能让你的手机向威胁敞开大门。因此，需保持您的软件/设备的更新。

（6）二维码莫乱扫。扫码支付改变了人们的生活方式，从大型商场、超市，到街边小店、流动商贩，二维码成了商家标配，轻轻一扫即可完成支付。扫一扫等网络支付方式在给人们带来便捷的同时，也存在潜在的安全风险，需要多方防范和应对，经常使用扫码支付的消费者可能会注意到，向商户付款时，分为主扫和被扫两种情况，被扫更具安全性，主动去扫可能会遇到病毒。

提示

如果需要下载手机应用软件，建议到手机 APP 应用商店下载。例如，百度手机助手、360 手机助手、应用宝、豌豆荚等。

（五）解读《网络安全法》

在信息化时代，网络已经深刻地融入到了经济社会生活的各个方面，网络安全威胁也随之向各个层面渗透，网络安全已经成为关系国家安全和发展、关系广大人民群众切身利益的重大问题。2016 年 11 月 7 日，十二届全国人大常委会第二十四次会议表决，正式地通过了《中华人民共和国网络安全法》，简称《网络安全法》。《网络安全法》于 2017 年 6 月 1 日起施行，《网络安全法》明确了网络安全的内涵和工作体制，反映了中央对国家网络安全工作的总体布局，标志着网络强国制度保障建设迈出了坚实的一步。

《网络安全法》是我国第一部全面规范网络空间安全管理方面问题的基础性法律，是我国网络空间法治建设的重要里程碑，是依法治网、化解网络风险的法律重器，是让互联网在法治轨道上健康运行的重要保障。《网络安全法》明确了部门、企业、社会组织和个人的权利、义务和责任。《网络安全法》也明确了网络产品和服务提供者的安全义务，不得设置恶意程序，及时向用户告知安全缺陷、漏洞等风险；加强对公民个人信息的保护，防止公民个人信息数据被非法获取、泄露或者非法使用；要求网络运营者采取数据分类、重要数据备份和加密的措施，防止网络数据被窃取或者篡改等。

《网络安全法》全文共 7 章 79 条，包括：总则、网络安全支持与促进、网络运行安全、网络信息安全、监测预警与应急处置、法律责任以及附则。除法律责任及附则外，根据适用对象，可将各条款分为六大类。

第一类是国家承担的责任和义务，共计 13 条，主要条款包括：第三条“网络安全保护的原则和方针”，第四条“顶层设计”，第二十一条“网络安全等级保护制度”等。第二类是有关部门和各级政府职责划分，共计 11 条，主要条款包括：第八条“网络安全监管职责划分”，第十六条“加大网络安全技术投入和扶持”等。第三类是网络运营者责任与义务，共计 12 条，主要条款包括：第九、二十四、二十五、二十八、四十二、四十七和五十六条“网络运营者承担的义务”，第四十条“用户信息保护”，第四十四条“禁止非法获取及出售个人信息”等。第四类是网络产品和服务提供者责任与义务，共计 5 条，主要条款包括：第二十二、二十七条“网络产品和服务提供者的义务”，第二十三条“网络安全产品的检测与认证”等。第五类是关键信息基础设施网络安全相关条款，共计 9 条，主要条款包括：第三十三条“三同步原则”，第三十四条“关键信息基础设施运营者安全义务”，第三十五条“网络产品和服务的国家安全审查”，第三十七条“个人信息和重要数据境内存储”等。第六类其他，共计 8 条，包括：第一条“立法目的”，第二条“适用范围”，第四十六条“打击网络犯罪”等。

提示

《网络安全法》是公民个人网络权益保护法，值得每一位公民学习和遵守。

项目十二
做好计算机维护

计算机的功能强大，因此其维护操作更不能缺少。在日常工作中，计算机的磁盘、系统都需要进行相应的维护和优化操作，从而在保证计算机正常运行的情况下还可适当提高效率。随着网络的深入发展，计算机安全也成为用户关注的重点之一，病毒和木马等都是计算机面临的不安全因素。本项目将通过两个典型任务，介绍计算机磁盘和系统维护基础知识、磁盘的常用维护操作、设置虚拟内存、管理自启动程序、自动更新系统、计算机病毒基础知识、启动 Windows 防火墙以及使用第三方软件保护系统等。

课堂学习目标

- 磁盘与系统维护
- 计算机病毒及其防治

任务一　维护磁盘与计算机系统

任务要求

王画使用计算机进行办公也有一段时间了，可是她知道自己还是一个计算机“菜鸟”，自己做的也就是打打字，进行简单的文件处理，遇到涉及系统及相应设置的问题，就显得束手无策了。因此，王画决定好好研究磁盘与系统维护的知识，当遇到简单问题时可以自己处理，不用再求教系统管理员。

本任务要求认识磁盘维护和系统维护的基础知识，如认识常见的系统维护工具，同时要求用户可以进行简单的磁盘与系统维护操作，包括创建硬盘分区、整理磁盘碎片、关闭无响应的程序、设置虚拟内存和关闭随系统自动启动的程序等。

相关知识

（一）磁盘维护基础知识

磁盘是计算机中使用频率非常高的硬件设备，在日常的使用中应注意对其进行维护，下面讲解磁盘维护过程中需要了解的一些基础知识。

1. 认识磁盘分区

一个磁盘由若干个磁盘分区组成，磁盘分区可分为主分区和扩展分区，其含义分别如下。

- 主分区。主分区通常位于硬盘的第一个分区中，即 C 磁盘。主分区主要用于存放当前计算机操作系统的内容，其中的主引导程序用于检测硬盘分区的正确性，并确定活动分区，负责把引导权移交给活动分区的 Windows 或其他操作系统中。在一个硬盘中最多只能存在 4 个主分区。
- 扩展分区。除了主分区以外的分区都是扩展分区，它不是一个实际意义的分区，而是一个指向下一个分区的指针。扩展分区中可建立多个逻辑分区，逻辑分区是可以实际存储数据的磁盘，如 D 盘、E 盘等。

2. 认识磁盘碎片

计算机使用时间长了，磁盘上会保存大量的文件，这些文件并非保存在一个连续的磁盘空间上，而是将文件分散在许多地方，这些零散的文件称作“磁盘碎片”。由于硬盘读取文件需要在多个碎片之间跳转，所以磁盘碎片过多会降低硬盘的运行速度，从而降低整个 Windows 的性能。

磁盘碎片产生的原因主要有如下两种。

- 下载。在下载电影之类的大文件时，用户可能也在使用计算机处理其他工作，下载文件被迫分割成若干个碎片存储于硬盘中。
- 文件的操作。在删除文件、添加文件和移动文件时，如果文件空间不够大，就会产生大量的磁盘碎片，随着文件的频繁操作，情况会日益严重。

（二）系统维护基础知识

计算机安装操作系统后，用户还需要时常对其进行维护，操作系统的维护一般有固定的设置场所，下面讲解 4 个常用的系统维护场所。

- “系统配置”窗口。系统配置可以帮助用户确定可能阻止 Windows 正确启动的问题，使用它可以在禁用服务和程序的情况下启动 Windows，从而提高系统运行速度。选择【开始】/【运行】命令，打开“运行”对话框，在“打开”文本框中输入“msconfig”，单击 确定 按钮或按【Enter】键，将打开“系统配置”窗口，如图 12-1 所示。
- “计算机管理”窗口。在桌面的“计算机”图标上单击鼠标右键，在弹出的快捷菜单中选择“管理”命令；或打开“运行”对话框，在其中输入“compmgmt.msc”，按【Enter】键，将打开“计算机管理”窗口，如图 12-2 所示。“计算机管理”窗口中集合了一组管理本地或远程计算机的 Windows 管理工具，如任务计划程序、事件查看器、设备管理器和磁盘管理等。

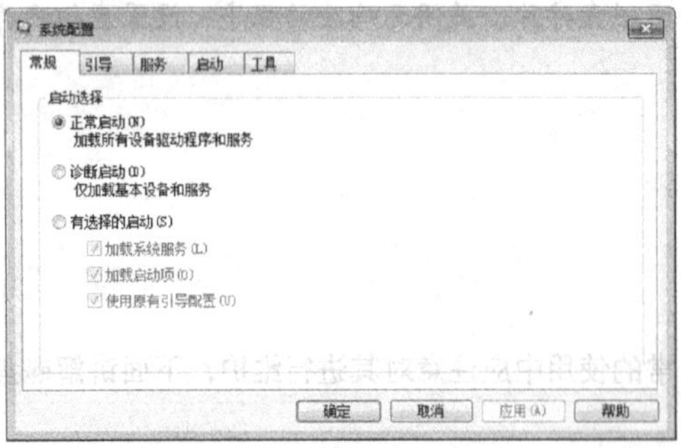

图 12-1 “系统配置”窗口

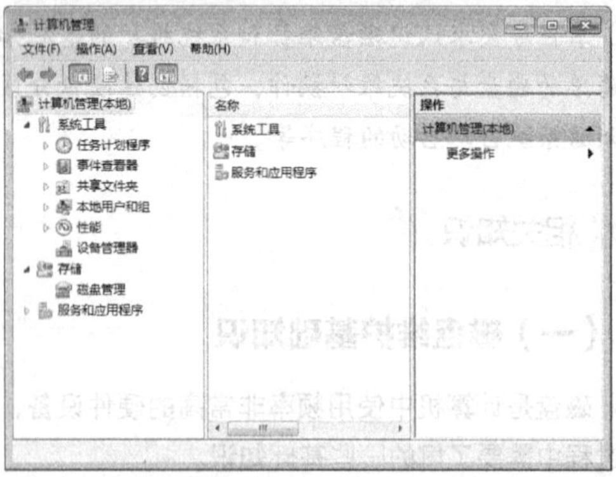

图 12-2 “计算机管理”窗口

- “Windows 任务管理器”窗口。任务管理器提供了计算机性能的信息和在计算机上运行的程序和进程的详细信息，如果连接到网络，还可以查看网络状态。按【Ctrl+Shift+Esc】组合键或在任务栏的空白处单击鼠标右键，在弹出的快捷菜单中选择“启动任务管理器”命令，均可打开“Windows 任务管理器”窗口，如图 12-3 所示。
- “注册表编辑器”窗口。注册表是 Windows 操作系统中的一个重要数据库，用于存储系统和应用程序的设置信息，在整个系统中起着核心作用。选择【开始】/【运行】命令，打开“运行”对话框，在“打开”文本框中输入“regedit”，按【Enter】键，将打开“注册表编辑器”窗口，如图 12-4 所示。

图 12-3 “Windows 任务管理器”窗口

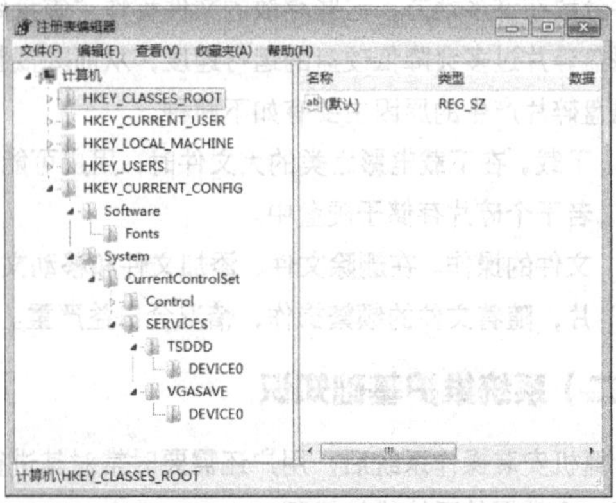

图 12-4 “注册表编辑器”窗口

任务实现

（一）硬盘分区与格式化

一个新硬盘默认只有一个分区，若要使硬盘能够储存数据，必须为硬盘分区并进行格式化。

【例 12-1】使用“计算机管理”窗口将 E 盘划分出一部分，新建一个 H 分区，然后对其进行格式化操作。

（1）在桌面的“计算机”图标上单击鼠标右键，在弹出的快捷菜单中选择“管理”命令，打开“计算机管理”窗口。

（2）展开左侧的“存储”目录，选择“磁盘管理”选项，打开磁盘列表窗口，在 E 盘上单击鼠标右键，在弹出的快捷菜单中选择“压缩卷”命令，如图 12-5 所示。

（3）打开“压缩”对话框，在“输入压缩空间量”数值框中输入划分出的空间大小，单击 压缩(S) 按钮，如图 12-6 所示。

微课：硬盘分区与格式化

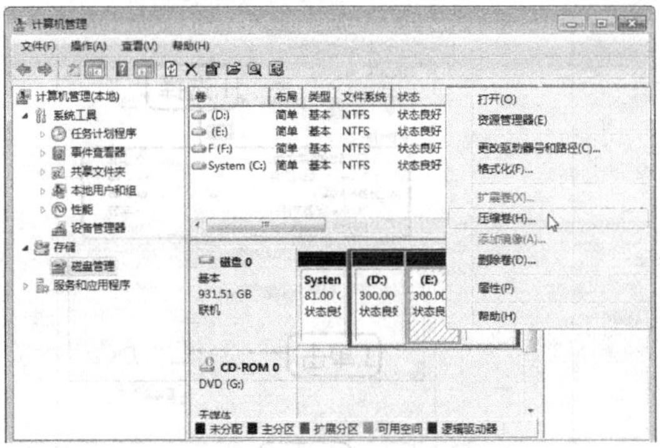

图 12-5　选择需划分空间的磁盘

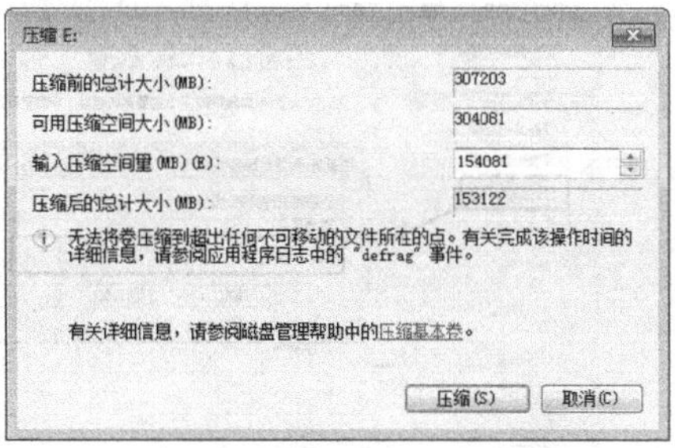

图 12-6　设置划分的空间大小

（4）返回“磁盘管理”设置窗口，此时将增加一个可用空间，在该空间上单击鼠标右键，在弹出的快捷菜单中选择“新建简单卷”命令，打开“新建简单卷向导”对话框，单击 下一步(N) > 按钮。

（5）打开“指定卷大小”对话框，默认新建分区的大小，单击 下一步(N) > 按钮，打开“分配驱动器号和路径”对话框，单击选中“分配以下驱动器号”单选项，在其后的下拉列表框中选择新建分区的驱动器号，单击 下一步(N) > 按钮，如图 12-7 所示。

（6）打开“格式化分区”对话框，保持默认值即使用 NTFS 文件格式化，单击 下一步(N) > 按钮，如图 12-8 所示，打开完成向导对话框，单击 完成 按钮。

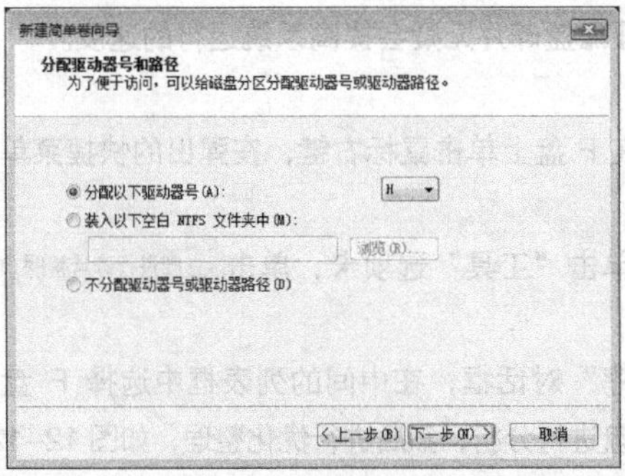

图 12-7　分配驱动器号

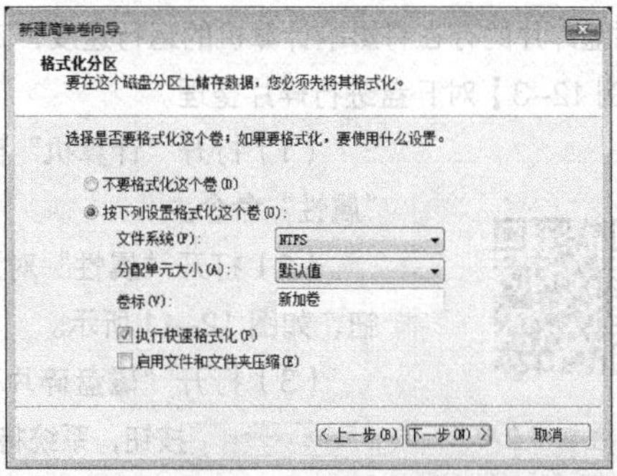

图 12-8　格式化分区

（二）清理磁盘

在使用计算机的过程中会产生一些垃圾文件和临时文件，这些文件会占用磁盘空间，定期清理可提高系统运行速度。

微课：清理磁盘

【例 12-2】清理计算机中的 C 盘。

（1）选择【开始】/【控制面板】命令，打开“控制面板”窗口，单击“性能信息和工具”超链接。

（2）在打开窗口左侧单击“打开磁盘清理”超链接，打开“磁盘清理：驱动器选择”对话框，在中间的下拉列表中选择 C 盘，单击 确定 按钮，如图 12-9 所示。

（3）在打开的对话框中，提示计算磁盘释放的空间大小，打开 C 盘对应的“磁盘清理”对话框，在“要删除的文件”列表框中单击选中需要删除的文件前面对应的复选框，单击 确定 按钮。

（4）打开“磁盘清理”提示对话框，询问是否永久删除这些文件，单击 删除文件 按钮，如图 12-10 所示。

（5）系统执行删除命令，并且打开对话框提示文件的清理进度，完成后将自动关闭该对话框。

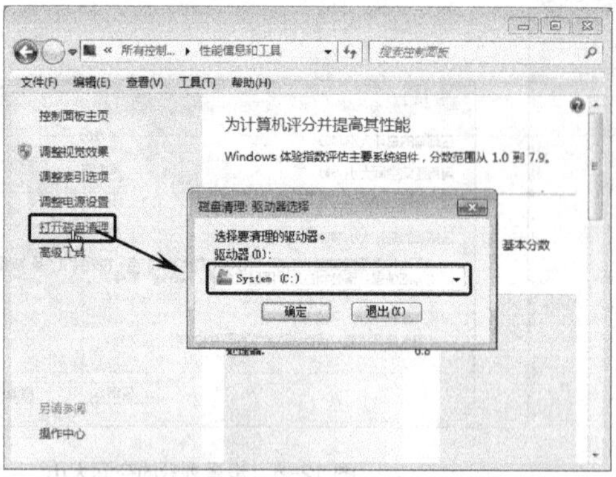

图 12-9 选择需清理的磁盘

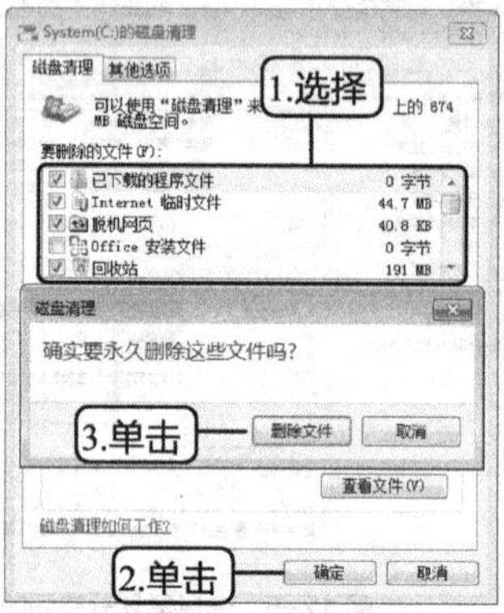

图 12-10 选择需要清理的文件

提 示

打开“计算机”窗口，在需要清理的磁盘上单击鼠标右键，在弹出的快捷菜单中选择“属性”命令，在打开的对话框中单击 磁盘清理(D) 按钮，也可完成磁盘清理操作。

（三）整理磁盘碎片

磁盘碎片的存在将影响计算机的运行速度，定期清理磁盘碎片无疑会提高系统运行的速度。

【例 12-3】对 F 盘进行碎片整理。

（1）打开“计算机”窗口，在 F 盘上单击鼠标右键，在弹出的快捷菜单中选择“属性”命令。

（2）打开“属性”对话框，单击“工具”选项卡，单击 立即进行碎片整理(D)... 按钮，如图 12-11 所示。

（3）打开“磁盘碎片整理程序”对话框，在中间的列表框中选择 F 盘，单击 磁盘碎片整理(D) 按钮，系统将先对磁盘进行分析，然后进行优化整理，如图 12-12 所示。

（4）整理完成后，在“磁盘碎片整理程序”对话框中单击 关闭(C) 按钮。

微课：整理磁盘碎片

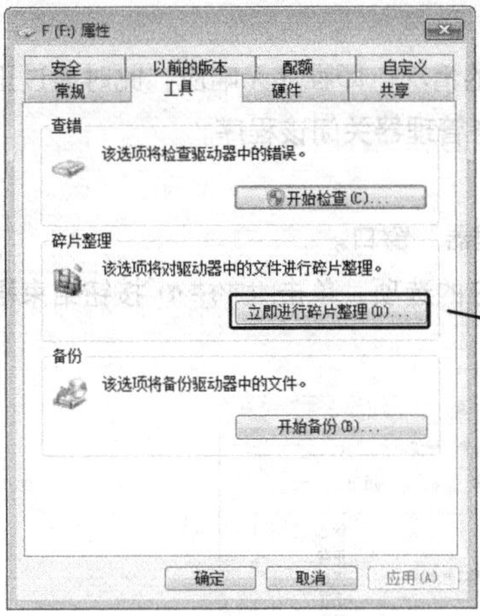

图 12-11　进入碎片整理程序

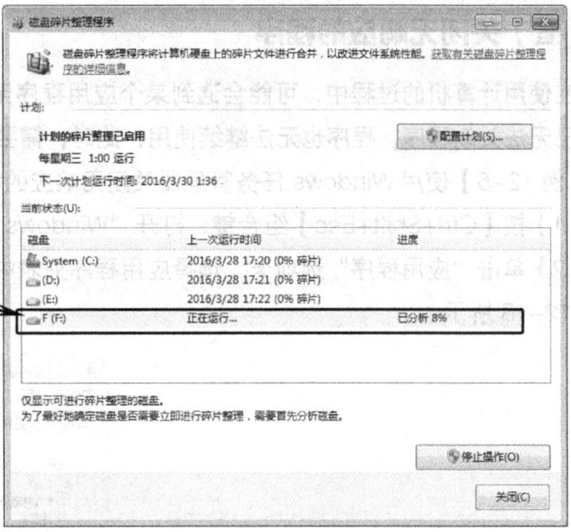

图 12-12　开始整理

（四）检查磁盘

当计算机出现频繁死机、蓝屏或者系统运行速度变慢时，可能是因为磁盘上出现了逻辑错误。这时可以使用 Windows 7 自带的磁盘检查程序检查系统中是否存在逻辑错误，当磁盘检查程序检查到逻辑错误时，还可以使用该程序对逻辑错误进行修复。

【例 12–4】对 E 盘进行磁盘检查。

（1）打开“计算机”窗口，在需检查的磁盘 E 上单击鼠标右键，在弹出的快捷菜单中选择“属性”命令。

（2）打开“本地磁盘（E:）属性”对话框，单击“工具”选项卡，单击“查错”栏中的 开始检查(C)... 按钮，如图 12–13 所示。

（3）打开“检查磁盘 本地磁盘（E:）”对话框，单击选中“自动修复文件系统错误”和“扫描并尝试恢复坏扇区”复选框，单击 开始(S) 按钮，程序开始自动检查磁盘逻辑错误，如图 12–14 所示。

（4）扫描结束后，系统将打开提示框提示扫描完毕，单击 关闭(C) 按钮完成磁盘检查操作。

微课：检查磁盘

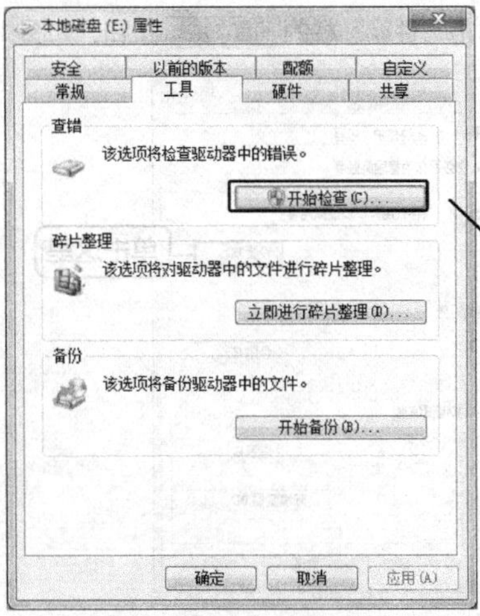

图 12–13　“本地磁盘（E:）属性”对话框

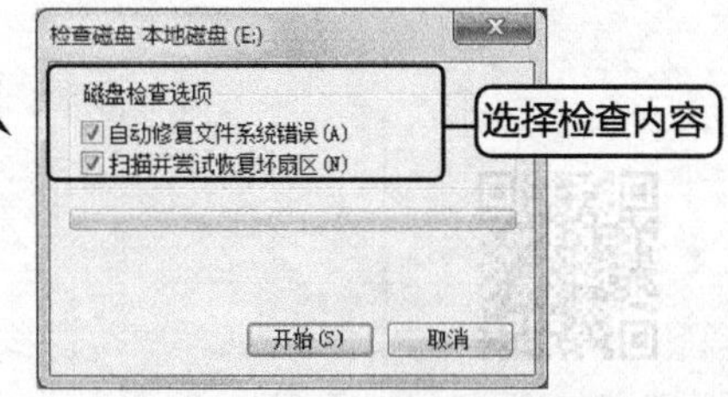

图 12–14　设置磁盘检查选项

（五）关闭无响应的程序

在使用计算机的过程中，可能会遇到某个应用程序无法操作的情况，即程序无响应，此时通过正常的方法已无法关闭程序，程序也无法继续使用，此时，需要使用任务管理器关闭该程序。

【例 12-5】使用 Windows 任务管理器关闭无响应的程序。

（1）按【Ctrl+Shift+Esc】组合键，打开“Windows 任务管理器”窗口。

（2）单击“应用程序”选项卡，选择应用程序列表中没有响应的选项，单击 结束任务(E) 按钮结束程序，如图 12-15 所示。

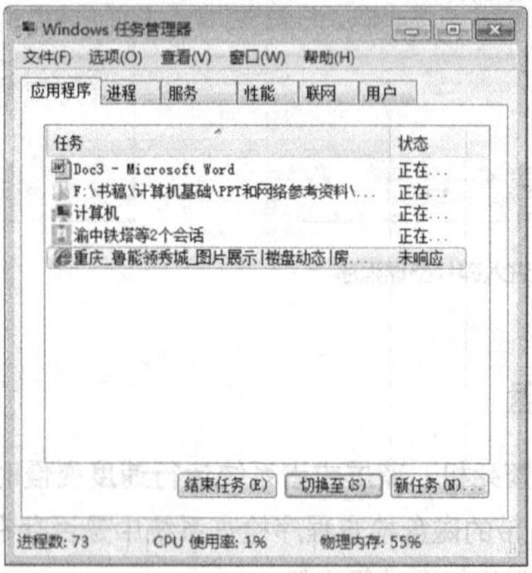

微课：关闭无响应的程序

图 12-15 关闭无响应的程序

（六）设置虚拟内存

计算机中的程序均需经由内存执行，若执行的程序占用内存过多，则会导致计算机运行缓慢甚至死机，通过设置 Windows 的虚拟内存，可将部分硬盘空间划分来充当内存使用。

【例 12-6】为 C 盘设置虚拟内存。

（1）在“计算机”图标上单击鼠标右键，在弹出的快捷菜单中选择“属性”命令，打开“系统”窗口，单击左侧导航窗格中的“高级系统设置”超链接。

（2）打开“系统属性”对话框，单击“高级”选项卡，单击“性能”栏的 设置(S)... 按钮，如图 12-16 所示。

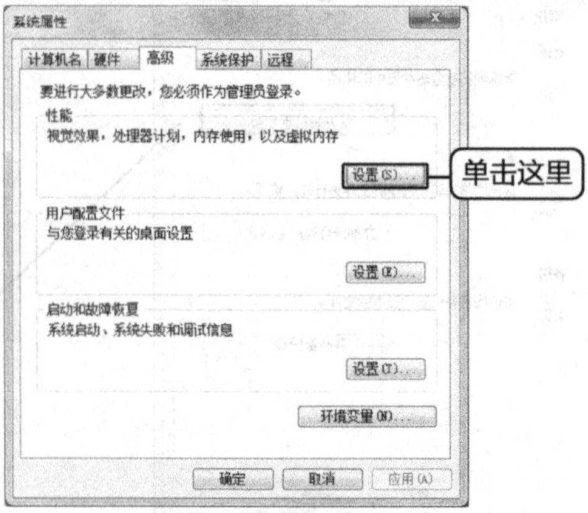

微课：设置虚拟内存

图 12-16 “系统属性”对话框

（3）打开“性能选项”对话框，单击“高级”选项卡，单击“虚拟内存”栏中的 更改(C)... 按钮，如图12-17所示。

（4）打开“虚拟内存”对话框，撤销选中“自动管理所有驱动器的分页文件大小”复选框，在“每个驱动器的分页文件大小”栏中选择“C:”选项。单击选中“自定义大小”单选项，在“初始大小”文本栏中输入“1 000”，在“最大值”文本框中输入“5 000”，如图12-18所示，依次单击 设置(S) 按钮和 确定 按钮完成设置。

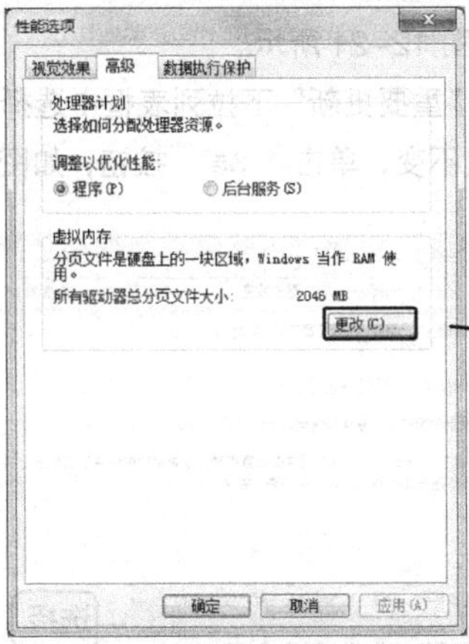

图12-17　“性能选项”窗口

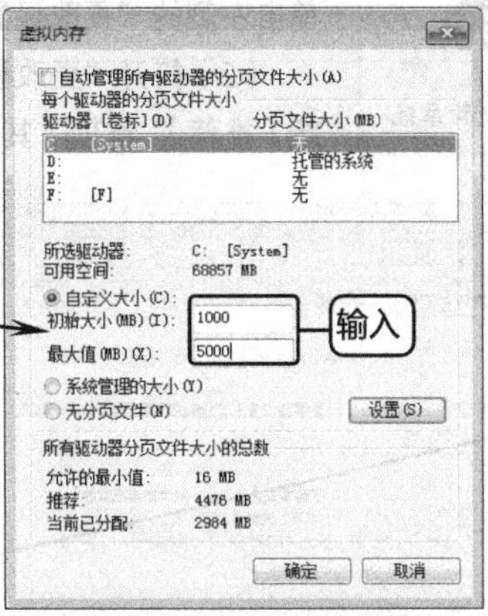

图12-18　设置C盘虚拟内存

（七）管理自启动程序

在安装软件时，有些软件会自动设置随计算机启动时一起启动，这种方式虽然方便了用户的操作，但是如果随计算机启动的软件过多，会使开机速度变慢，而且即使开机成功，也会消耗过多的内存。

【例12-7】设置部分软件在开机时不自动启动。

（1）选择【开始】/【运行】命令，打开“运行”对话框，在“打开”文本框中输入“msconfig”，单击 确定 按钮或按【Enter】键，如图12-19所示。

（2）打开“系统配置”窗口，单击“启动”选项卡，在中间的列表框中撤销选中“不随计算机启动的程序”前的复选框，单击 应用(A) 按钮和 确定 按钮，如图12-20所示。

微课：管理自启动程序

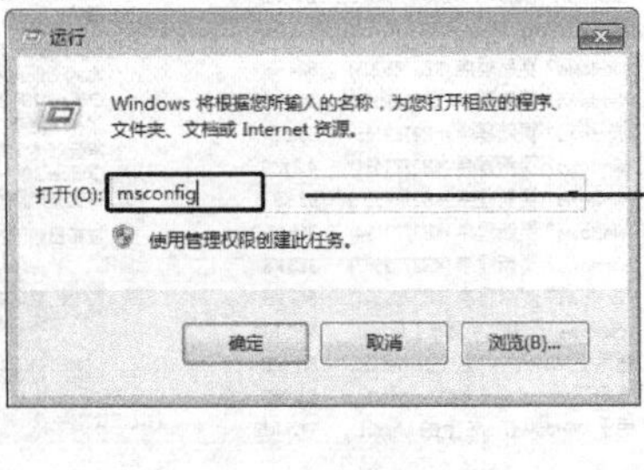

图12-19　输入命令

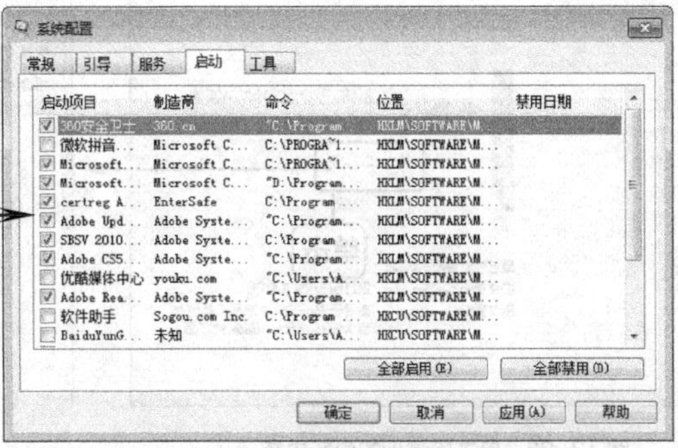

图12-20　设置开机时不自动启动的程序

（3）打开提示对话框提示需要重启计算机使设置生效，单击 重新启动(R) 按钮。

（八）自动更新系统

系统的漏洞容易让计算机被病毒或木马程序入侵，使用 Windows 7 系统提供的 Windows 更新功能可以检索发现漏洞并将其修复，达到保护系统安全的目的。

微课：自动更新系统

【例 12-8】使用 Windows 更新功能检查并安装更新。

（1）选择【开始】/【控制面板】命令，打开“控制面板”窗口，在小图标的查看方式下单击“Windows Update”超链接，打开“Windows Update”窗口，单击左侧的“更改设置”超链接，如图 12-21 所示。

（2）打开“更改设置”窗口，在“重要更新”下拉列表框中选择“自动安装更新（推荐）”选项，其他保持默认设置不变，单击 确定 按钮，如图 12-22 所示。

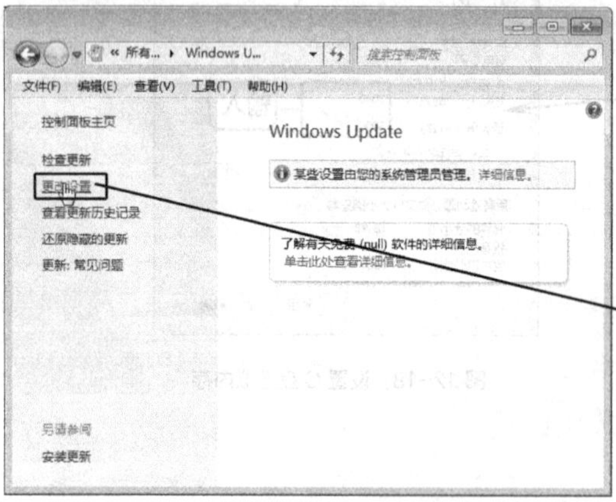

图 12-21　单击“更改设置”超链接

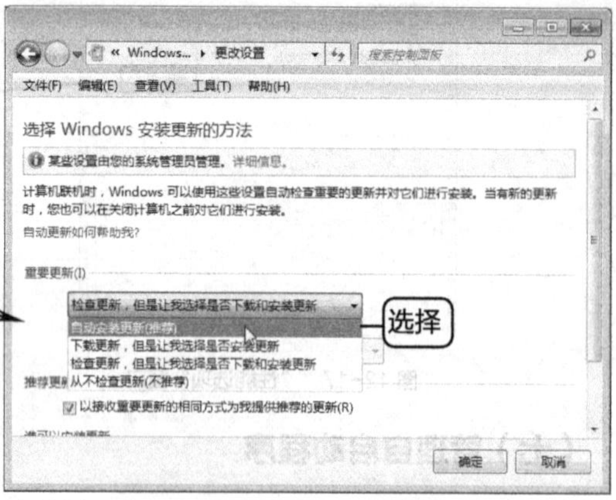

图 12-22　设置更新选项

（3）返回“Windows Update”窗口，自动检查更新，检查更新完成后，将显示需要更新内容的数量，单击“34 个重要更新可用”超链接，如图 12-23 所示。

（4）打开“选择要安装的更新”窗口，在其列表框中显示了需要更新的内容，单击选中需要更新内容前面的复选框，单击 安装 按钮，如图 12-24 所示。

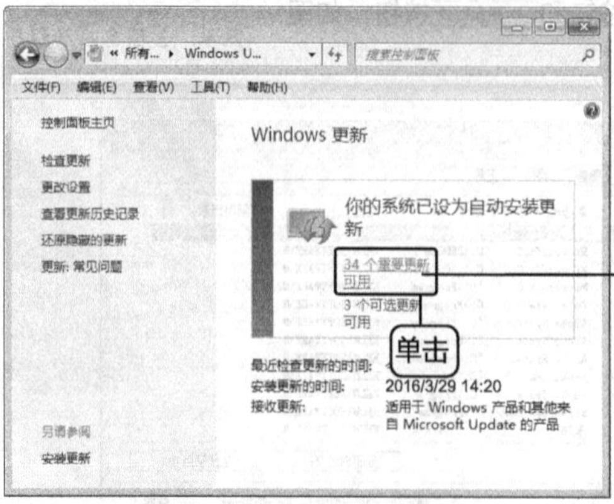

图 12-23　单击检测到的更新内容

图 12-24　选择需要安装更新的选项

（5）系统开始下载更新并显示进度，下载更新文件后，系统将开始自动安装更新，如图 12-25 所示。

（6）完成安装后，在“Windows Update”窗口中单击 立即重新启动(R) 按钮，如图 12-26 所示，立刻重启计算机，重启完成后在“Windows Update”窗口中将提示成功安装更新。

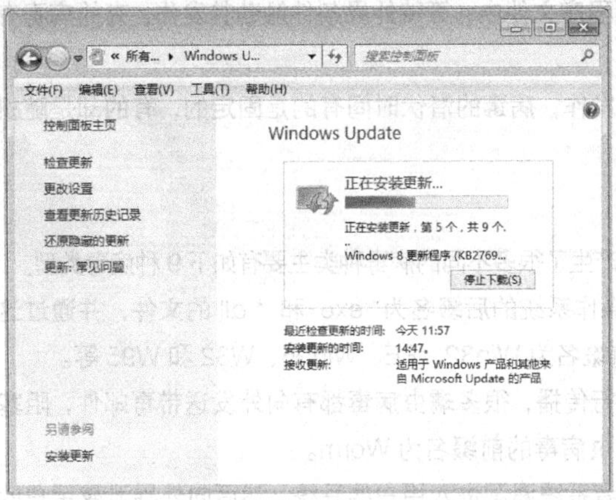

图 12-25　安装更新

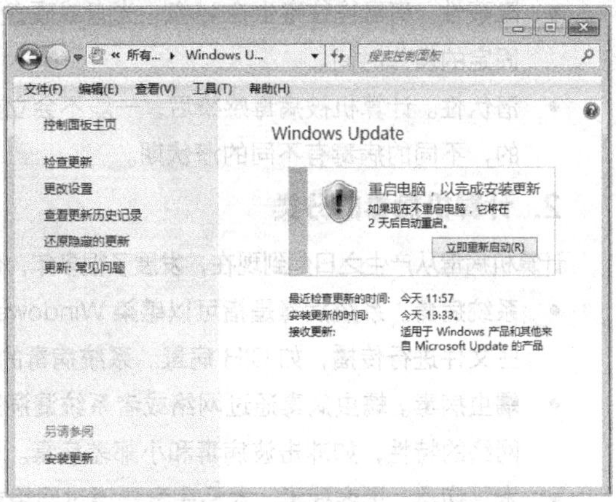

图 12-26　重新启动计算机

任务二　防治计算机病毒

任务要求

王画通过前面的学习，对磁盘和系统的维护已经有了一定的认识，简单的问题也可以自行解决了。工作中，王画很多事情都需要在网上处理。因特网给了她一个广阔的空间，有很多资源可以共享，可以拉近用户彼此之间的距离，可是另一方面，因特网也让计算机面临被攻击和被病毒感染的风险。如何让计算机在享用因特网带来的便捷的同时又使其不受侵害，这是王画面临的新问题。

本任务要求认识计算机病毒的特征、分类和防治方法，然后通过实际操作，了解防治计算机病毒的各种途径。

相关知识

（一）计算机病毒的特点和分类

计算机病毒是一种具有破坏计算机功能或数据、影响计算机使用并且能够自我复制传播的计算机程序代码，它常常寄生于系统启动区、设备驱动程序以及一些可执行文件内，并能利用系统资源进行自我复制和传播。计算机中毒后会出现运行速度突然变慢、自动打开不知名的窗口或者对话框、突然死机、自动重启、无法启动应用程序和文件被损坏等情况。

1. 计算机的病毒特点

计算机病毒虽然是一种程序，但是和普通的计算机程序又有着很大的区别，计算机病毒通常具有以下特征。

- 破坏性。病毒的目的在于破坏系统，主要表现在占用系统资源、破坏数据以及干扰运行，有些病毒甚至会破坏硬件。
- 传染性。当对磁盘进行读写操作时，病毒程序将自动复制到被读写的磁盘或其他正在执行的程序中，以达到传染其他设备和程序的目的。

- 隐蔽性。病毒往往寄生在 U 盘、光盘或硬盘的程序文件中，等待外界条件触动其发作，有的病毒有固定的发作时间。
- 潜伏性。计算机被病毒感染后，一般不会立刻发作，病毒的潜伏时间有的是固定的，有的却是随机的，不同的病毒有不同的潜伏期。

2. 计算机病毒的分类

计算机病毒从产生之日起到现在，发展了很多年，也产生了很多不同的病毒种类主要有如下 9 种病毒类型。

- 系统病毒。系统病毒是指可以感染 Windows 操作系统的后缀名为*.exe 和 *.dll 的文件，并通过这些文件进行传播，如 CIH 病毒。系统病毒的前缀名为 Win32、PE、Win95、W32 和 W95 等。
- 蠕虫病毒。蠕虫病毒通过网络或者系统漏洞进行传播，很多蠕虫病毒都有向外发送带毒邮件，阻塞网络的特性，如冲击波病毒和小邮差病毒。蠕虫病毒的前缀名为 Worm。
- 木马病毒、黑客病毒。木马病毒是通过网络或者系统漏洞进入用户的系统，然后向外界泄露用户的信息；黑客病毒则有一个可视的界面，能对用户的计算机进行远程控制。木马病毒和黑客病毒通常是一起出现的，即木马病毒负责入侵用户的计算机，而黑客病毒则会通过该木马病毒来控制计算机。木马病毒的前缀名为 Trojan，黑客病毒前缀名一般为 Hack。
- 脚本病毒。脚本病毒是使用脚本语言编写的通过网页进行传播的病毒，如红色代码(Script.Redlof)。脚本病毒的前缀名一般为 Script，有时还会有表明以何种脚本编写的前缀名，如 VBS、JS 等。
- 宏病毒。宏病毒表现为感染 Office 系列文档，然后通过 Office 模板进行传播，如美丽莎(Macro.Melissa)。宏病毒前缀名为 Macro、Word、Word97、Excel 和 Excel97 等。
- 后门病毒。后门病毒通过网络传播找到系统，给用户计算机带来安全隐患。后门病毒的前缀名为 Backdoor。
- 病毒种植程序病毒。该病毒的特征是运行时从病毒体内释放出一个或几个新的病毒到系统目录下，由释放出来的新病毒产生破坏力。如冰河播种者（ Dropper.BingHe2.2C ）、MSN 射手(Dropper.Worm.Smibag) 等。病毒种植程序病毒的前缀名为 Dropper。
- 破坏性程序病毒。该病毒通过好看的图标来诱惑用户单击，从而对用户计算机产生破坏。如格式化 C 盘(Harm.formatC.f)、杀手命令(Harm.Command.Killer)等。破坏性程序病毒的前缀名为 Harm。
- 捆绑机病毒。该病毒使用特定的捆绑程序将病毒与应用程序捆绑起来，当用户运行这些程序时，表面上运行应用程序，实际上同时也在运行捆绑在一起的病毒，从而给用户造成危害。如捆绑 QQ（ Binder.QQPass.QQBin ）、系统杀手（ Binder.killsys ）等。捆绑机病毒前缀名为 Binder。

提示

按其寄生场所不同，计算机病毒可分为引导型病毒和文件型病毒两大类；按对计算机的破坏程度不同，病毒可分为良性病毒和恶性病毒两大类。

（二）计算机感染病毒的表现

计算机感染病毒后，病毒不同其症状差异也较大；当计算机出现如下情况时，可以考虑是否已感染病毒。

- 计算机系统引导速度或运行速度减慢，经常无故死机。
- Windows 操作系统无故频繁出现错误，计算机屏幕上出现异常显示。
- Windows 系统异常，无故重新启动。

- 计算机存储的容量异常减少，执行命令出现错误。
- 在一些非要求输入密码的时候，要求用户输入密码。
- 不应占用内存的程序一直占用内存。
- 磁盘卷标发生变化，或者不能识别硬盘。
- 文件丢失或文件损坏，文件的长度发生变化。
- 文件的日期、时间和属性等发生变化，文件无法正确读取、复制或打开。

（三）计算机病毒的防治方法

计算机病毒的危害性很大，用户可以采取一些方法来防范病毒的感染。在使用计算机的过程中使用一些方法技巧可减少计算机感染病毒的概率。

- 切断病毒的传播途径。最好不要使用和打开来历不明的光盘和可移动存储设备，使用前最好先进行查毒操作以确认这些介质中无病毒。
- 良好的使用习惯。网络是计算机病毒最主要的传播途径，因此，用户在上网时不要随意浏览不良网站，不要打开来历不明的电子邮件，不下载和安装未经过安全认证的软件。
- 提高安全意识。在使用计算机的过程中，应该有较强的安全防护意识，如及时更新操作系统、备份硬盘的主引导区和分区表、定时体检计算机、定时扫描计算机中的文件并清除威胁文件等。

任务实现

（一）启用 Windows 防火墙

防火墙是协助确保信息安全的硬件或者软件，使用防火墙可以过滤掉不安全的网络访问服务，提高上网安全性。Windows 7 操作系统提供了防火墙功能，用户应将其开启。

【例 12-9】启用 Windows 7 的防火墙。

（1）选择【开始】/【控制面板】命令，打开“所有控制面板项”窗口，单击“Windows 防火墙”超链接。

（2）打开“Windows 防火墙”窗口，单击左侧的“打开或关闭 Windows 防火墙”超链接，如图 12-27 所示。

（3）打开“自定义设置”窗口，在“专用网络位置设置”和“公用网络位置设置”栏中单击选中“启用 Windows 防火墙”单选项，单击 确定 按钮，如图 12-28 所示。

微课：启用 Windows 防火墙

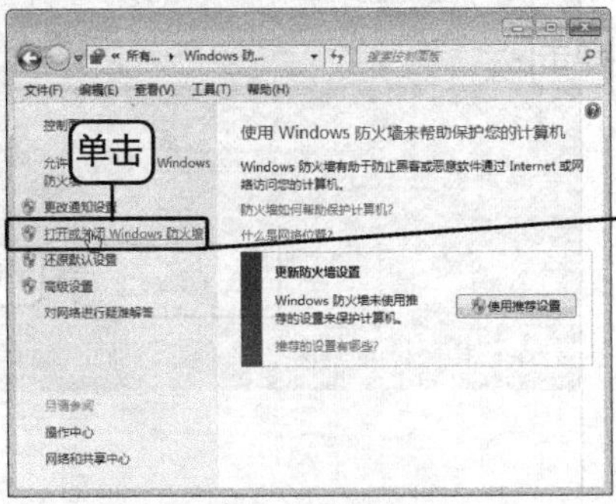

图 12-27　单击超链接

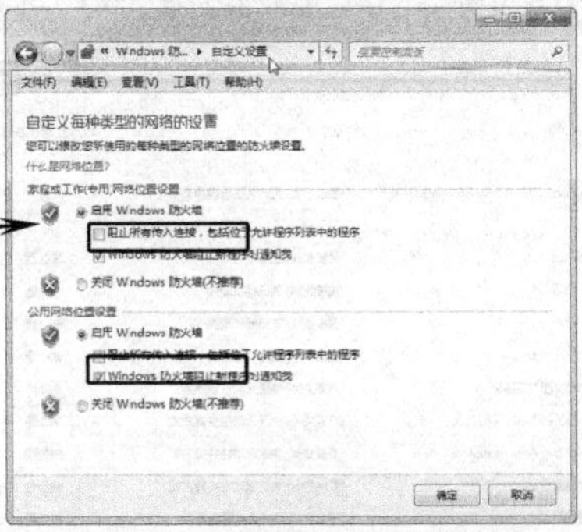

图 12-28　开启 Windows 防火墙

（二）使用第三方软件保护系统

对于普通用户而言，防范计算机病毒，保护计算机最有效、最直接的措施是使用第三方软件。一般使用两类软件即可满足需求，一是安全管理软件，如 QQ 电脑管家、360 安全卫士等；二是杀毒软件，如 360 杀毒、金山新毒霸、百度杀毒和卡巴斯基等。这些杀毒软件的使用方法都类似。

【例 12-10】使用 360 杀毒软件快速扫描计算机中的文件，然后清理有威胁的文件；接着在 360 安全卫士软件中对计算机进行体检，修复后扫描计算机中是否存在木马病毒。

微课：使用第三方软件保护系统

（1）安装 360 杀毒软件后，启动计算机的同时默认自动启动该软件，其图标在状态栏右侧的通知栏中显示，单击状态栏中的“360 杀毒”图标。

（2）打开 360 杀毒工作界面，选择扫描方式，这里选择“快速扫描”选项，如图 12-29 所示。

（3）程序开始对指定位置的文件进行扫描，将疑似病毒文件，或对系统有威胁的文件都扫描出来，并显示在打开的窗口中，如图 12-30 所示。

图 12-29　选择扫描位置

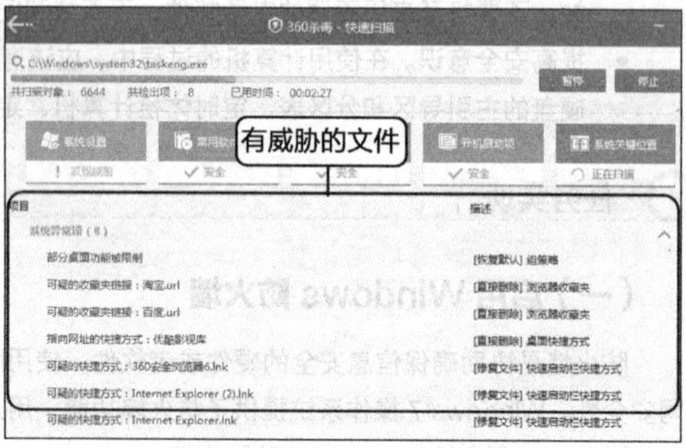

图 12-30　扫描文件

（4）扫描完成后，单击选中要清理的文件前的复选框，单击立即处理按钮，然后在打开的提示对话框中单击确认按钮确认清理文件，如图 12-31 所示。清理完成后，打开对话框提示本次扫描和清理文件的结果，并提示需要重新启动计算机，单击立即重启按钮。

（5）单击状态栏中的“360 安全卫士”图标，启动 360 安全卫士并打开其工作界面，单击中间的立即体检按钮，软件自动运行并扫描计算机中的各个位置，如图 12-32 所示。

图 12-31　清理文件

图 12-32　360 安全卫士

（6）360 安全卫士将检测到的不安全的选项列在窗口中显示，单击一键修复按钮，对其进行清理，如图 12-33 所示。

（7）返回 360 工作界面，单击左下角的“查杀修复”按钮，在打开界面中单击“快速扫描”按钮，将开始扫描计算机中的文件，查看其中是否存在木马文件，如存在木马文件，则根据提示单击相应的按钮进行清除。

图 12-33 修复系统

提示

在使用杀毒软件进行杀毒时，用户若怀疑某个位置可能有病毒，可只针对该位置进行病毒查杀，其方法是：在软件工作界面中单击“自定义扫描”按钮，打开“选择扫描目录”对话框，单击选中需要扫描文件位置前的复选框，单击扫描按钮。

项目十三

互联网思维与互联网+

互联网思维随着互联网的发展已深入人们的学习、工作和生活中，作为信息时代的大学生，如何正确理解互联网思维，如何看待互联网思维给人们生活带来的变化，如何将互联网思维应用于医学领域、融入到创新创业中去。本项目将通过 4 个典型的任务，介绍互联网思维的主要内容，互联网+医疗信息和互联网+创新创业。

课堂学习目标

- 互联网思维
- 互联网+医疗
- 互联网+创新创业
- 互联网+创新创业大赛

任务一　互联网思维的由来、核心概念

任务要求

小李是高校一名政治辅导员，按学校要求，他要对大一的学生普及互联网思维的概念和互联网思维的主要核心内容，但要能把这些内容深入浅出地传授给学生，必须他自己对互联网思维的由来及主要核心内容做一个充分的理解。

本任务要求认识互联网思维的由来、互联网思维的发展、互联网思维的主要核心内容及主要的技术支撑，以及互联网思维在生活中的实践和思考。

相关知识

（一）互联网主要影响人物

马云：阿里巴巴集团主要创始人。1999 年创办阿里巴巴，并担任阿里集团 CEO、董事局主席，2013 年 5 月 10 日，辞任阿里巴巴集团 CEO，继续担任阿里集团董事局主席。

李彦宏：百度公司创始人、董事长兼首席执行官，全面负责百度公司的战略规划和运营管理。

雷军：小米科技创始人、董事长兼首席执行官；金山软件公司董事长；著名天使投资人。

马化腾：腾讯公司董事会主席兼 CEO。

周鸿祎：360 公司董事长兼 CEO，知名天使投资人。曾供职于方正集团，后历任 3721 公司创始人等职务。

（二）大数据的 3 个本质

（1）在线：首先大数据必须是永远在线的，而且在线的还得是热备份的，不是冷备份的，不是放在磁带里的，是随时能调用的。不在线的数据不是大数据，因为你根本没时间把它导出来使用。只有在线的数据才能马上被计算、被使用。

（2）实时：大数据必须实时反应。例如，我们上淘宝输入一个商品，后台必须在 10 亿件商品当中，瞬间进行呈现。如果要等一个小时才呈现，相信没有人再上淘宝。十亿件商品、几百万个卖家、一亿的消费者，瞬间完成匹配呈现，这才叫大数据。

（3）全貌：大数据还有一个最大的特征，它不再是样本思维，它是一个全体思维。以前一提到数据，人们第一个反应是样本、抽样，但是大数据不再抽样，不再调用部分，我们要的是所有可能的数据，它是一个全貌，其实叫全数据比大数据更准确。

任务实现

（一）互联网思维的由来

“互联网思维”一词的意思是指要基于互联网的特征来思考。早在 2011 年，百度公司创始人李彦宏在一些演讲中，就曾提到这个概念，由于当时他的描述非常的碎片化，所以并没有引起足够的重视。在互联网行业主要的社区网站之一“知乎”上，最早关于“互联网思维”的提问，也要追溯到 2011 年，但当时几乎无人应答。

2012 年，雷军开始频繁提及一个相关词汇——互联网思想，几年来，雷军一直试图总结出互联网企业的与众不同，并进行结构性的分析。从他的两篇文章中，可以追溯他思路的变化：2008 年的《关于互联网的两次长考》，以及 2012 年的《用互联网思想武装自己》。在 2012 年的每一场公开演讲中，雷军都会使用这个词，但起初小米影响力尚有限，除了众多“米粉”十分推崇之外，并没有引起其他人包括媒体的跟进。

互联网行业领军人物和新闻联播的连续引用，将这个词迅速推上了风口浪尖。之后就像我们看到的那样，各类媒体争相报道，各种解读喧闹日隆。

（二）互联网思维的发展

- 2013 年 11 月 3 日，新闻联播发布了专题报道：互联网思维带来了什么！
- 2013 年 11 月 8 日，马化腾在“道农沙龙”演讲的结束语：互联网已经改变了音乐、游戏、媒体、零售和金融等行业，未来互联网精神将改变每一个行业，传统企业即使还想不出怎么去结合互联网，但一定要具备互联网思维。
- 2015 年 12 月 16 日，马化腾出席了第二届世界互联网大会开幕式。2016 年 3 月 3 日，全国两会马化腾带来五个准备提交的建议案，其中涉及“互联网+”落地措施、分享经济、互联网医疗、数字内容产业和互联网生态安全。

（三）互联网思维的概念

对互联网思维的不同理解：

周鸿祎：用户至上、体验为王、免费模式、颠覆式创新。

雷军：七字诀——专注、极致、口碑、快。

马化腾：简约思维、No.1 思维、产品思维、粉丝思维、爆点思维、痛点思维、标签思维、尖叫点思维、迭代思维、流量思维、整合思维。

马云：跨界、大数据、简捷、整合。

综合以上的看法对互联网思维的理解：

在移动互联网、大数据、云计算、智能终端的时代背景下，对市场、对用户、对产品、对企业价值链乃至对整个商业生态进行重新审视的思考方式。互联网思维主要包括：

用户思维；服务思维；简约思维；专注思维；极致思维；迭代思维；跨界思维；大数据思维。

（1）用户思维——以用户体验为中心。用户思维颠覆了传统商业世界的两大规则：竞品研究；功能至上。从“用户至上，产品为王”转变到“以用户体验为中心”。

（2）服务思维——服务决定成败，服务创造价值。比尔·盖茨说：“21 世纪所有的行业都是服务性行业”。现在，服务已不再是狭隘的服务，而是一种大服务观念，它是一种人与人之间的沟通与互动，来源于所有人和所有行业，也就是说，我们每个人都是在从事服务业。

（3）简约思维——简单就是美。乔布斯打算进入手机领域的时候，只有一个理由：已有的手机都太复杂，太难操作了，世界需要一款简约到极致的手机。因此，他给设计团队下达了当时看似无法完成的任务：iPhone 手机面板上只需要一个控制键。大道至简，简约而不简单，更是一种至高境界！

（4）专注思维——少就是多，舍就是得。乔布斯名言：“上帝给了我们十支手写笔，我们不要再多发明一个了。”

（5）极致思维——产品的核心能力。雷军：“做到极致就是把自己逼疯，把别人逼死！”中国民族工艺：刺绣、陶瓷、景泰蓝、宝剑（如越王勾践）。案例：中国大妈因扫出全球最干净机场，成为日本国宝级匠人。

《千手观音》——我国著名编导张继刚，历时 7 年倾力创作的大型原创音画舞剧。

（6）迭代思维——以“快”制胜，走向更好、更高。快是迭代的必然要求，重复只是迭代的表现形式，迭代的真正内涵是积累、是升华。运用迭代思维，最重要的是要选择好迭代的起点。每一次迭代，都是从新的起点开始，新的起点是新的高点，实现由量变到质变。

（7）跨界思维——跨界融合，开创新格局。跨界是当今互联网上谈论最多的思维模式，从最开始的苹果跨界进入手机行业颠覆诺基亚，微信跨界进入通信领域颠覆运营商的语音和短信业务，到互联网金融颠覆传统银行的巨大影响，让人们领略到跨界思维的巨大革命力量。

大数据思维——带来一种新的思维革命。2015 年 5 月 10 日，阿里巴巴集团董事局主席马云在淘宝十周年晚会上，做卸任阿里集团 CEO 职位前的演讲，马云说，“我们还没搞懂 PC 互联网的时候，移动互联网来了，我们还没搞懂移动互联网的时候，大数据来了。”阿里巴巴集团执行副总裁曾鸣，提出互联网最重要的关键词之一就是大数据，他对大数据思维有独到的理解，认为大数据真正的本质不在于“大”，而是在于背后跟互联网相通的一整套新的思维。

（四）互联网思维的核心

互联网思维其实不神秘、不深奥，就在我们每天的生活中。互联网思维的核心：“互、联、网”，“云计算”，“大数据”。

互联网真正核心有两点：第一个是云上的，随时可以因用户而改变；第二个是数据驱动的。

任务二　互联网+医疗健康

任务要求

小明是一名即将毕业的医药信息管理专业学生，目前正在着手寻找工作。为了能够充分了解互联网时代医药健康行业未来的发展趋势，以及人才市场的用工需求，为自己未来的职业生涯做好规划，小明计划进行一次市场调研。

本任务要求结合个人对于互联网+医疗健康的认识，运用 Word 或 PowerPoint 软件制作一份互联网医疗健康产业最新发展趋势调查报告。

相关知识

在互联网+医疗健康产业发展浪潮中，诞生了春雨医生、宝宝树、杏树林、IHealth 等一批具有代表性的成功案例。

1. 春雨医生

春雨医生（原名：春雨掌上医生）创立于 2011 年 7 月，致力于为国人提供更优质、经济、便捷的健康服务。

公司主产品“春雨医生”APP（见图 13-1）专注于利用手机终端实现医生与患者随时随地的远程交流。并在此基础上，面向个人用户、医药企业、医疗机构、地方政府提供健康档案、空中医院、互联网医院和开放平台等深入服务，它发展成为了一个大型的移动医疗服务平台。此外，春雨医生沉淀大量技术和知识资产，在机器学习、人工智能和互联网技术开发等能力上处于行业内领先的水平。

图 13-1　春雨医生

2. 宝宝树网站

宝宝树网站是备受关注的育儿网站，通过为父母提供高质量、多类型的线上及线下服务，宝宝树旨在搭建独一无二的全方位平台，让父母们在这里进行有价值的育儿方法经验分享，得到愉快的和有意义的育儿及成长体验，为千万新手爸爸妈妈提供资源共享的交流平台，同时满足他们多层次、全方位、适应时代进步的育儿需求。

宝宝树自 2007 年 3 月 8 日正式上线公测（见图 13-2），经过近十年的迅速成长，现已经超过美国母婴社区 Babycenter。宝宝树上汇聚活跃的年轻妈妈群体多数为 80 后乃至 85 后，日益凸显出对互联网从知识、交流到记录乃至电子商务的巨大依赖和需求。

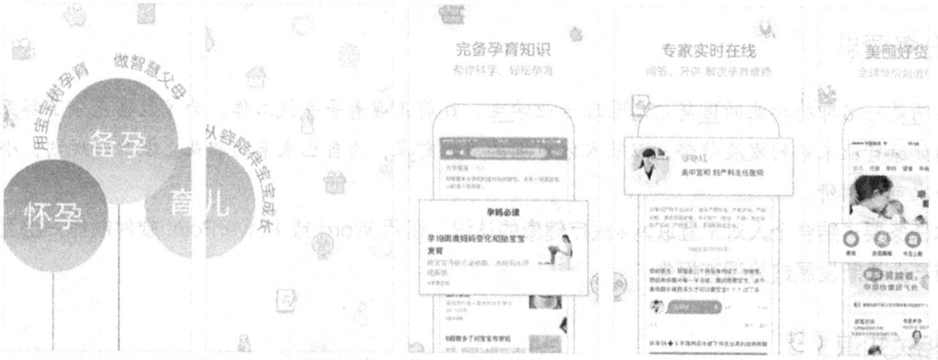

图 13-2　宝宝树

3. 杏树林

杏树林信息技术（北京）有限公司提供移动互联网医疗应用解决方案，总部位于北京。杏树林专注为医学专业人士开发移动工具，让行医更轻松。公司旨在为中国的医务工作者提供基于智能手机和平板电脑的临床信息服务。公司的目标是通过移动工具，让医生的工作更有效，让行医更轻松。

公司的主要产品“病历夹”“医口袋”和“医学文献”（见图 13-3），是专门为医务人员量身打造的免费智能手机应用，为医生提供个性化的文献和参考资料，包括药典、检验、医学计算以及病历手机整理等。目前，主要产品“注册医生”及“医学生”用户已超过 20 万，周活跃度超过 40%。杏树林目前已获得国际知名风险投资的三轮投资。

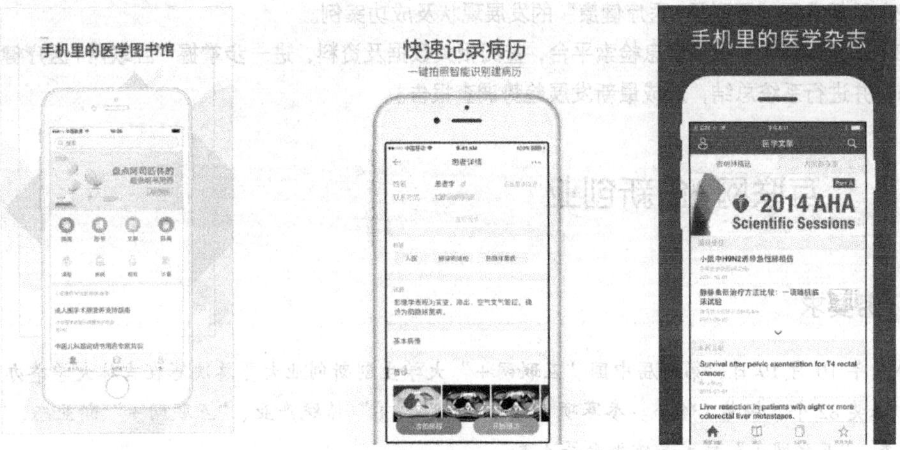

医口袋　　　　病历夹　　　　医学文献

图 13-3　杏树林

4. iHealth

iHealth（爱和健康）是全球移动健康领域的行业领先企业，致力于让所有人更简单、有效地管理好个人健康。旗下健康类智能硬件产品涵盖了血压计、血糖仪、血氧仪、体重计等多个品类，通过其 iHealth 云服务平台，还能基于用户的个性化数据，与医院诊所、保险公司等合作提供专业的慢病管理服务，帮助用户养成更健康的生活习惯。iHealth MyVitals 个人健康信息管理 APP 如图 13-4 所示。

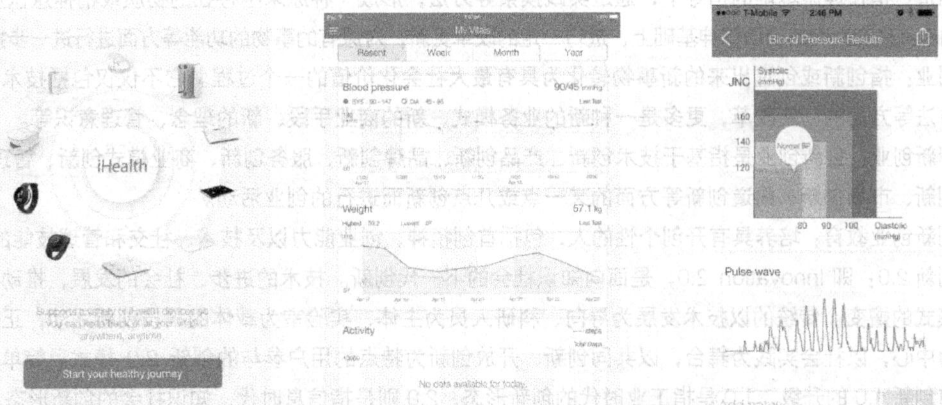

图 13-4　iHealth MyVitals 个人健康信息管理 APP

任务实现

我们要做好，是互联网与医疗卫生相结合，即“互联网+医疗健康”。

（1）了解“互联网+医疗健康”的概念。互联网+医疗健康是以互联网为载体、以信息技术为手段（包括通信/移动技术、云计算、物联网、大数据等）与传统医疗健康服务深度融合而形成的一种新型医疗健康服务业态的总称。

（2）了解我国"互联网+医疗健康"的发展现状及成功案例。

（3）通过互联网及相关信息检索平台，查阅相关数据及资料，进一步掌握"互联网+医疗健康"产业发展动态，并进行系统总结，形成最新发展趋势调查报告。

任务三 互联网+创新创业

任务要求

2015年10月19日，第一届中国"互联网＋"大学生创新创业大赛总决赛在吉林大学举办，产生金奖34个、银奖82个、铜奖184个。参赛项目分为"互联网＋"传统产业、"互联网＋"新业态、"互联网＋"公共服务、"互联网＋"技术支撑平台等4类。

中国"互联网+"大学生创新创业大赛不仅仅是一项活动赛事，它推动高校教育教学改革，从培养就业从业人才转向培养创新创业人才，提高学生的创新精神、创业意识和创新创业能力，培养造就拥有知识、有能力、有眼界的创新创业人才。

本任务要求认识互联网+创新创业概念的产生、互联网+创新创业概念的发展过程、互联网+创新创业的主要核心内容及主要的技术支撑，以及互联网+创新创业在生活中的实践和思考。

相关知识

创造：指在理论基础的指导下，通过实践摸索等方法，形成一种原来不存在的物质或精神意识形态。

创新：只在原有的物质精神基础上，进行一定的改革更新，对原有的事物的功能等方面进行进一步提升。

创业：指创新或创造出来的新事物转化为具有最大社会化价值的一个过程。它不仅仅包括技术手段、方式方法等方面的创新改革，更多是一种新的业务模式、新的商业手段、新的理念、管理意识等。

创新创业：创新创业是指基于技术创新、产品创新、品牌创新、服务创新、商业模式创新、管理创新、组织创新、市场创新、渠道创新等方面的某一点或几点创新而进行的创业活动。

创新创业教育：培养具有开创个性的人，包括首创精神、创业能力以及技术、社交和管理技能的培养。

创新2.0：即Innovation 2.0，是面向知识社会的下一代创新。技术的进步、社会的发展，推动了科技创新模式的嬗变。传统的以技术发展为导向、科研人员为主体、实验室为载体的科技创新活动，正转向以用户为中心，以社会实践为舞台，以共同创新、开放创新为特点的用户参与的创新2.0模式。简单地说就是以前创新1.0的升级，1.0是指工业时代的创新形态，2.0则是指信息时代、知识社会的创新形态。

任务实现

（一）互联网+创新创业的产生

2014年11月，首届世界互联网大会提出，互联网是大众创业、万众创新的新工具。其中"大众创业、万众创新"是中国经济提质增效升级的"新引擎"。

2015年3月，全国两会上，全国人大代表马化腾提交了《关于以"互联网+"为驱动，推进我国经济社会创新发展的建议》的议案，表达了对经济社会创新的建议和看法。他希望持续以"互联网+"为驱动，鼓励产业创新、促进跨界融合、惠及社会民生，推动我国经济和社会的创新发展。

2015 年 3 月 5 日上午十二届全国人大三次会议，提出“制定‘互联网+’行动计划，推动移动互联网、云计算、大数据、物联网等与现代制造业结合，促进电子商务、工业互联网和互联网金融健康发展，引导互联网企业拓展国际市场。”

（二）互联网+创新创业的发展

- 2015 年 5 月，出台的《关于积极推进“互联网+”行动的指导意见》《国务院办公厅关于深化高等学校创新创业教育改革的实施意见》等相关政策，引导了互联网+与产业发展相融合，与高校人才培养相结合，构建推动快速发展综合政策支持和人才发展体系，实现互联网与产业的深度融合，进一步深化我国高校创新教育改革。
- 2015 年 5 月至 10 月，主题为“‘互联网+’成就梦想　创新创业开辟未来”的首届中国“互联网＋”大学生创新创业大赛在全国拉开帷幕。

（三）互联网+创新创业的概念

互联网+创新创业是指利用网络技术，在传统产业上进行技术创新、产品创新、品牌创新、服务创新、商业模式创新、管理创新、组织创新、市场创新和渠道创新等。

互联网+创新创业将会给各行各业带来颠覆性变化，开放、创新将是未来行业发展的趋势。互联网+创新创业的发展离不开人才的培养和支持，大学生是互联网创新的主力军，是国家发展、社会发展的重要力量来源。而高校作为高素质人才培养的基地，互联网+创新创业思维促使高校进行人才培养方案改革，培养目标更多转向为将大学生培养成有创新思维和创新理念的实践者，具有创新能力的人才。

- 在医疗方面。互联网与医疗业的结合不仅使病患在看病、取药过程方便快捷，还通过创新思维开通网络挂号（见图 13-5）、网上问诊的方式，方便外地患者进行远程问诊、预约挂号，有效为患者提供高质量的医疗服务，是推动医疗业向更快、更好方向发展的有效途径。
- 在媒体方面。互联网不仅限网络技术这一价值，还创新改革挖掘用户数据的价值。对用户的网络数据，如搜索内容、网页浏览偏好、应用的下载量等信息进行数据的收集、整合、分析，可以挖掘出用户的阅读习惯及个人偏好，这有利于媒体调整宣传策略，从而进行有效宣传。百度搜索是广为人知的免费搜索工具，用户在使用搜索工具时候，搜索引擎将用户个人的偏好、个人的需求收集起来，将信息整合后输送给广告商（见图 13-6）。

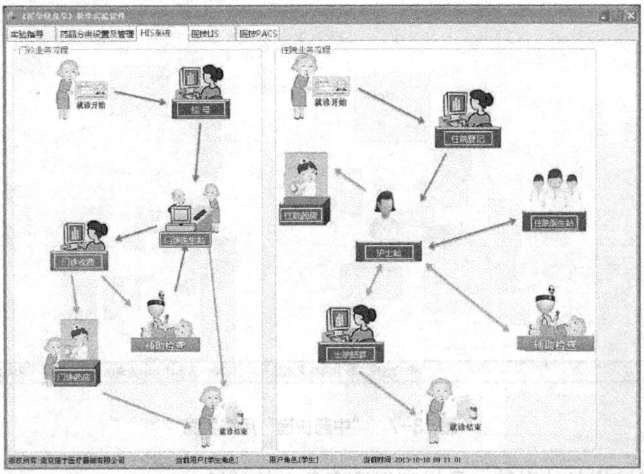

图 13-5　预约挂号系统

图 13-6 网页广告

- 医疗与物流结合。在部分中医院，互联网技术建立了患者的电子病历、患者数据库或者健康数据库进行数据留存，创新改革后，患者还可以登录自己的账号进行中药代煎、中药快递服务等（见图 13-7）。

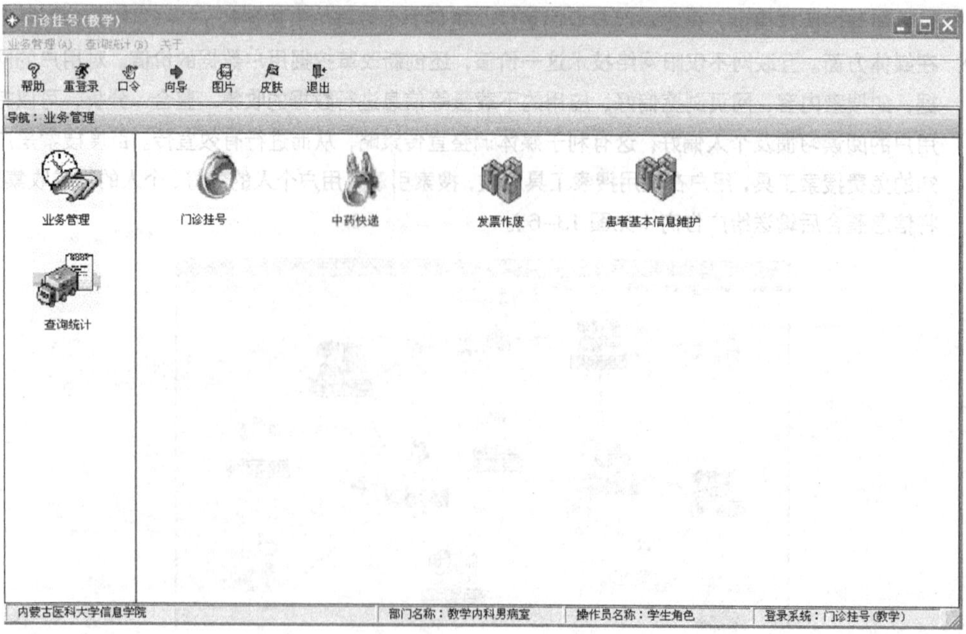

图 13-7 “中药快递”用户界面

技术创新是国家经济增长的引擎，是提高经济竞争力的关键。

任务四　“互联网+”大学生创新创业大赛

任务要求

本任务要求认识“互联网+”大学生创新创业大赛的产生、“互联网+”大学生创新创业大赛的发展过程、“互联网+”大学生创新创业大赛的赛事项目，“互联网+”大学生创新创业大赛的实践效果。

相关知识

创客：指出对于兴趣与爱好，努力把各种创意转变为现实的人。

创客运动：创客+互联网+产业，创客空间、创客社团兴起，逐渐为人们所熟悉，也开始成为引领全球新工业革命的新助推器。

创业策划书是呈现给创业者的书面摘要内容，它简述拟创办企业的产品市场需求、企业未来发展战略及盈利分析。一份优秀的创业策划书是敲响投资者大门的“敲门砖”。

一般的创业策划书包括：公司运营模式、公司产品的市场分析、盈利模式等。

创业项目策划书写格式

一、项目企业摘要

创业项目概念与概貌

市场机遇与市场谋略

目标市场及发展前景

创业项目的竞争优势

创业项目营收与盈利

创业项目的核心团队

创业项目股权与融资

其他需要着重说明的情况或数据

（可以与下文重复，本概要将作为项目摘要由投资人浏览）

二、业务描述

企业的宗旨（200字左右，我们是做什么的）

商机分析（请通过实例与数字论证）

行业分析，应该回答主要业务与阶段战略等问题

三、产品与服务

产品与服务概况。

四、市场营销

介绍企业所针对的市场、营销战略、竞争环境、竞争优势与不足、主要对产品的销售金额、增长率和产品或服务所拥有的核心技术、拟投资的核心产品的总需求等。

五、创业团队

全面介绍公司管理团队情况，主要包括：

1. 公司的管理机构，主要股东、董事、关键雇员、薪金、股票期权、劳工协议、奖惩制度及各部门的构成等情况用明晰的形式展示出来。

2. 展示公司管理团队的战斗力和独特性及与众不同的凝聚力和团结奋斗精神。

六、财务预测

七、资本结构

八、投资者退出方式

九、风险分析

任务实现

（一）“互联网+”大学生创新创业大赛的产生

为贯彻落实《国务院办公厅关于深化高等学校创新创业教育改革的实施意见》(国办发〔2015〕36号)，进一步激发高校学生的创新创业热情，展示高校的创新创业教育成果，教育部会同国家发展和改革委员会、工业和信息化部、人力资源和社会保障部、共青团中央和吉林省人民政府于2015年5月至10月举办了首届中国“互联网+”大学生创新创业大赛。

（二）“互联网+”大学生创新创业大赛的发展

- 2015年5月，教育部会同工业和信息化部、国家发展改革委、人力资源和社会保障部、共青团中央及吉林省人民政府成立首届“互联网+”大学生创新创业大赛组委会。
- 2015年5月至10日，主题为“‘互联网+’成就梦想　创新创业开辟未来”的首届中国“互联网+”大学生创新创业大赛在全国拉开帷幕。
- 2016年2月，教育部会同中央网信办、国家发展改革委、工业和信息化部、人力资源和社会保障部、国家知识产权局、中国科学院、中国工程院、共青团中央、湖北省人民政府成立第二届“互联网+”大学生创新创业大赛组委会。
- 2016年3月至10月，主题为“拥抱‘互联网+’时代，共筑创新创业梦想”的第二届中国“互联网+”大学生创新创业大赛在全国拉开帷幕。
- 2017年3月，教育部会同中央网信办、国家发展改革委、工业和信息化部、人力资源和社会保障部、国家知识产权局、中国科学院、中国工程院、共青团中央和陕西省人民政府成立第三届“互联网+”大学生创新创业大赛组委会。2017年3月至10月，主题为“搏击‘互联网+’新时代壮大创新创业生力军”的第三届中国“互联网+”大学生创新创业大赛在全国拉开帷幕。

（三）“互联网+”大学生创新创业大赛的赛事内容

2015年首届大赛分创意组与实践组：创意组申报人是团队负责人或创业企业法人代表，为普通高校在校生；实践组申报人是创业企业法人代表，为普通高校在校生或毕业5年内的毕业生。项目包含四种类型：①是“互联网+”传统产业；②是“互联网+”新业态；③是“互联网+”公共服务；④是“互联网+”技术支撑平台。大赛经过专家委员会评审、组织委员会审定，最终评出金奖项目34个、银奖项目82个、铜奖项目 184 个，单项奖项目 4 个、优秀组织奖 9 个、集体奖 20 个。

2016 年第二届大赛，则将参赛项目细化为创意组、初创组、成长组，并根据行业领域细化为 6 大类 27 个行业，6 种类型分别是：①“互联网+”现代农业；②“互联网+”制造业；③“互联网+”信息技术服务；④“互联网+”商务服务；⑤“互联网+”公共服务；⑥“互联网+”公益创业。大赛全国总决赛于 2016 年 10 月 13—15 日在华中科技大学圆满落幕。经过大赛专家委员会评审、组织委员会审定，最终评出大赛冠、亚、季军 4 名，金奖项目 32 个、银奖项目 115 个、铜奖项目 448 个，单项奖项目 4 个、参赛鼓励奖项目 24 个、优秀组织奖 10 个、先进集体奖 22 个。

大赛的专家委员会则由行业企业、创投风投机构、大学科技园、高校和科研院所专家组成，负责参赛项目的评审工作，指导大学生创新创业。

（四）“互联网+”大学生创新创业大赛的实践效果

大赛的参赛项目把互联网、人工智能、大数据、云计算等先进的信息技术与教育、医疗、交通、金融等行业结合，培育出基于互联网新时代的新产品、新服务、新业态、新模式。

首届“互联网+”大学生创新创业大赛获得金奖的四川大学口腔医学博士王仕锐、郑力维创立的“‘Medlinker’医生联盟学术交流平台”，简称“医联”（见图 13-8），成立至今一直秉承着“医者世界・因你不同”的发展理念，致力于为中国医生提供全方位、个性化的医疗服务，该产品的实名医生用户数达到 40 万，三甲医生达到 23 万，涵盖 34 个省份、48 个科室，用户覆盖 2.5 万所医院。医联用户均为通过实名认证的在职医生，在医生联盟中，用户可以通过与其他的行业精英分享专业知识、经验和见解，为彼此提供高质量的内容。

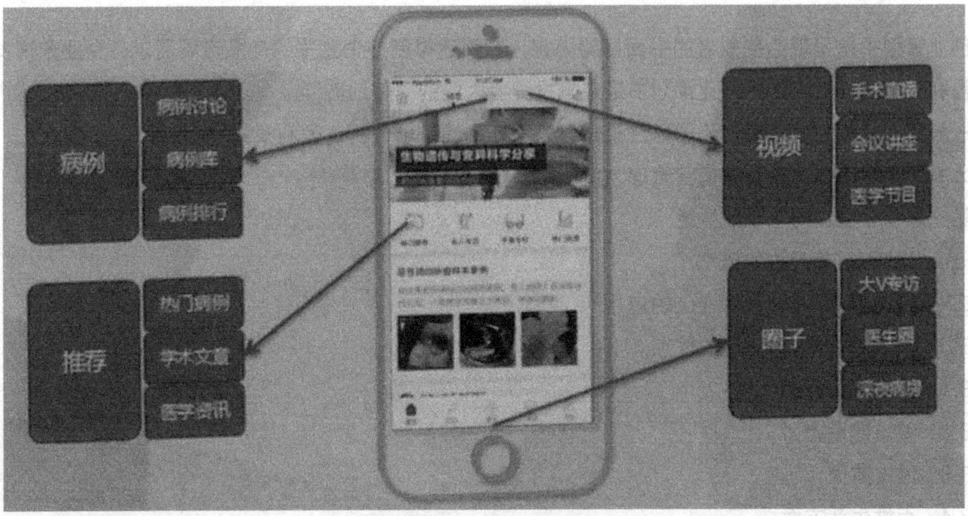

图 13-8　医联产品展示

首届“互联网+”大学生创新创业大赛获得季军的北京大学硕士戴威和 4 名骑行爱好者创立了“ofo 共享单车”（见图 13-9），他提出了“以共享经济+智能硬件，解决最后一公里出行问题”，创立了国内首家以平台共享方式运营校园自行车业务的新型互联网科技公司。ofo 以“ofo 共享单车”为核心的产品，基于移动 App 和智能硬件开发，为广大市民提供便捷经济、绿色低碳的共享单车服务。目前，“ofo 共享单车”已经进驻全国 20 座城市。

图 13-9 ofo 共享单车计划

（五）创业策划书

创业策划书是呈现给创业者的书面摘要内容，它简述拟创办企业关的产品市场需求、企业未来发展战略及盈利分析。一份优秀的创业策划书是敲响投资者大门的“敲门砖”。

一般的创业策划书包括：公司运营模式、公司产品的市场分析、盈利模式等。

××××城市公共自行车运营管理方案

第一章　公共自行车系统概述

一、公共自行车系统的概念

二、公共自行车在城市绿道上的应用

三、城市公共自行车系统的优点

3.1　节能环保方面

3.2　城市建设方面

3.3　经济方面

3.4　百姓生活方面

第二章　××××公共自行车系统原理

一、系统组成方案

1.1　系统结构图

1.2　自行车服务点结构图

二、硬件系统方案

三、软件系统方案

第三章　××××公共自行车系统相关产品简述

一、后台服务中心产品

二、站点控制、自助服务终端产品

三、锁止器系统产品

四、监控终端产品

五、公共自行车产品

六、软件系统产品

第四章　运营方案

一、工程概况

二、公共自行车网点规划